基礎・原理からよく理解するための

はじめて学ぶ
ディジタル・フィルタと
高速フーリエ変換

● 三上 直樹 著

CQ出版社

はじめに

　ディジタル信号処理とは，アナログ信号をディジタル的に処理する技術のことである．つまり，従来アナログ信号を処理する場合，抵抗器，コンデンサ，OPアンプなどのアナログ電子回路素子で行っていたものを，計算や論理演算などを使ってディジタル的に処理を行うのがディジタル信号処理である．しかしディジタル信号処理は，アナログ的に行っていたものの単なる置き換えではない．従来のアナログ電気回路による処理では理論的には可能であっても実現するには大きな困難をともなう処理が，ディジタル信号処理を使うことで，容易に実現できるようになった．

　このディジタル信号処理は，通信，音響，音声，画像，メカトロニクス，医用，計測，制御などの広い分野で，共通する必要不可欠の基盤技術となっている．身近なところでも，携帯電話，ハンズフリー電話機，モデム，ハードディスクのコントローラ，ディジタル・カメラなど多くの機器で，ディジタル信号処理が使われており，今後ともディジタル信号処理技術は工学全般にわたっての基盤技術として，ますます重要になることはまちがいない．

　筆者は，1998年にCQ出版社より出版された拙著「ディジタル信号処理の基礎」を使って，いままでに勤務先の大学をはじめ，他大学や一般の技術者向けにもディジタル信号処理に関する講義や講演を行ってきた．そのような場で出されたいろいろな質問や疑問，わかりにくいと指摘された点などを考慮に入れ，さらに具体的な例を増やすなどして今回大幅に書き直した．そのため，ディジタル信号処理を初めて学ぶ読者にとっても，旧著に比べてさらにハードルが低くなっていると思う．

　なお，今回新たに，基礎からは一歩進んだ内容であるが，適応フィルタと複素信号処理の簡単な説明を追加した．これらは，従来のアナログ電気回路による処理では実現が非常に困難だった処理であり，ディジタル信号処理技術を使ってはじめて実現できるといっても過言ではないような，ディジタル信号処理の特徴を発揮できる処理だからである．

　本書には，ディジタル信号処理の大きな柱といわれているディジタル・フィルタとFFTを中心に，ディジタル信号処理の基礎について書かれている．なお，ディジタル信号処理で扱う信号は，音声や音響信号のように1次元の信号のほかに，静止画像のような2次元信号，動画像のような3次元信号，さらにはもっと高次元の信号もある．しかし，2次元以上の信号を扱う場合であっても1次元信号に対する考え方が基本になり，それが理解できていれば2次元以上の信号の扱いは容易になるので，扱う信号を1次元信号に限定するのは旧著と同じである．

　なお，ディジタル信号処理が今日のように広い分野で使われるようになったのはDSP（Digital Signal Processor）に負うところが大きく，今日ディジタル信号処理が使われている機器にも多くの場合，DSPが組み込まれている．ところで，DSPも基本的にはプログラム内蔵型のプロセッサの一種であり，今日ではDSPのプログラムを開発する場合，アセンブリ言語ではなく高級言語（とくにC/C++）を使うことが多い．そのため，とくにDSPのプログラミングだからといって，DSPのアーキテクチャなどDSPそのものを知らなくても差し支えない場合が多いので，本書でも旧著と同様にDSPについては取り上げない．

　本書の中で，やや高度な議論や関連する参考事項をコラムという形で示したが，この部分もかな

り追加した．これらのコラムは，本書をひととおり読む場合に話の展開上はとくに理解していなくても差し支えないので，最初は読み飛ばしてもかまわない．

また，式の導出やその際に必要な公式などは，できるだけ脚注で説明するようにして，数学などの他の書物を参照しなくてもよいように配慮した．さらに，C/C++で書かれたソース・リストを載せ，具体的な処理方法がわかるようにした．なお，ディジタル・フィルタ設計プログラムのソース・リストについては分量が非常に多いので本書には載せていないが，その実行ファイルとあわせて，CQ出版社のサイト(http://www.cqpub.co.jp/)の，本書に関する箇所で公開している．

最後になったが，CQ出版社の山岸誠仁氏にはこの本の執筆を勧めていただいたこと，また同社の相原洋氏をはじめ関係各位には編集に際してのお世話になったことを，ここに記して感謝の意を表す．

2005年1月　三上 直樹

目次

はじめに……………………………………………………………………………………2

第1章　ディジタル信号処理とは ──────────── 9

1.1　ディジタル信号処理とは何か ……………………………………………9
1.2　ディジタル信号処理の応用分野 …………………………………………12
1.3　なぜディジタル信号処理か …………………………………………………13
1.4　ディジタル信号処理システムとDSP ……………………………………15
1.5　簡単なディジタル・フィルタ ― 移動平均 ― ……………………………16

第2章　アナログ信号からディジタル信号へ ──────── 19

2.1　ディジタル信号処理システムと信号 ……………………………………19
2.2　アナログ信号の標本化と量子化 …………………………………………19
2.3　標本化定理とエイリアシング ……………………………………………22
Column A　アナログ信号の再生 ……………………………………………23
Column B　標本化定理とアンチエイリアシング・フィルタ ……………26
付録2.1　標本化の数学的な表現 ……………………………………………27

第3章　離散時間システムの基礎 ──────────── 29

3.1　差分方程式 ……………………………………………………………………29
3.2　離散時間システムのブロック図による表現 ……………………………30
3.3　ステップ応答 …………………………………………………………………32
3.4　伝達関数と周波数応答 ………………………………………………………35
3.5　簡単なディジタル・フィルタとその周波数特性の例 …………………39
3.6　伝達関数の極・零点配置と周波数特性 …………………………………45
3.7　離散時間システムの構成 ……………………………………………………51

Column C	差分方程式とアナログ電気回路 ･････････････････････････ 31
Column D	オイラーの公式 ････････････････････････････････････ 38
Column E	周波数特性表示における横軸の周波数表現について ･･･････････ 40
付録3.1	シグナル・フロー・グラフ ･･････････････････････････ 53

第4章　z変換と離散時間システム ─────── 55

4.1	z変換 ･･ 55
4.2	逆z変換の計算方法 ･･････････････････････････････････ 58
4.3	z変換の応用 ･･ 61
4.4	伝達関数とインパルス応答 ････････････････････････････ 62
Column F	z変換とラプラス変換の関係 ･･････････････････････ 56
Column G	線形性と時不変性 ･･････････････････････････････ 63
Column H	伝達関数と周波数応答の関係 ････････････････････････ 66

第5章　ディジタル・フィルタの構成法 ─────── 69

5.1	フィルタに関する基礎的事項 ･･････････････････････････ 69
5.2	FIRフィルタとIIRフィルタ ･･････････････････････････ 72
5.3	FIRフィルタの構成法 ････････････････････････････････ 74
5.4	IIRフィルタの構成法 ････････････････････････････････ 81
Column I	再帰形のFIRフィルタ ･･････････････････････････ 74
Column J	直線位相特性 ･･････････････････････････････････ 76
Column K	格子形FIRフィルタの係数を直接形の係数から求める方法 ･･････ 82
Column L	格子形IIRフィルタの係数を直接形の係数から求める方法 ･･････ 89

目 次

第6章　ディジタル・フィルタの設計 ——— 91

- 6.1　FIRフィルタの設計法（窓関数法）……………………………………92
- 6.2　FIRフィルタの設計法（Parks-McClellan法）…………………………99
- 6.3　IIRフィルタの設計法（双一次z変換法）……………………………100
- Column M　アナログ・フィルタの伝達関数 …………………………………102
- 付録6.1　ディジタル・フィルタ設計プログラム ………………………………106

第7章　ディジタル・フィルタにおける誤差とその対策 —— 111

- 7.1　標本化に起因する誤差とその対策 ……………………………………111
- 7.2　有限ビット幅に起因する誤差とその対策 ……………………………114

第8章　信号の発生方法 ——— 123

- 8.1　正弦波の発生方法 ………………………………………………………123
- 8.2　正弦波発生法の応用 ……………………………………………………125
- 8.3　白色雑音の発生方法 ……………………………………………………127

第9章　離散的フーリエ変換とFFT ——— 133

- 9.1　離散的フーリエ変換（DFT）……………………………………………133
- 9.2　高速フーリエ変換（FFT）………………………………………………141
- Column N　フーリエ級数展開とDFTの関係 …………………………………135
- Column O　負の周波数 …………………………………………………………138

第10章　FFTの応用 ―――――――――― 147

10.1　スペクトル解析への応用 ・・・・・・・・・・・・・・・・・・・・・・・・・・・・・・・・・・・147
10.2　FIRフィルタ処理の高速化への応用 ・・・・・・・・・・・・・・・・・・・・・・・156
10.3　相関関数の高速計算への応用 ・・・・・・・・・・・・・・・・・・・・・・・・・・・・163
Column　P　窓関数のスペクトル ・・・・・・・・・・・・・・・・・・・・・・・・・・・・・・157

第11章　さらに進んだディジタル信号処理 ―――― 171

11.1　複素信号処理 ・・・171
11.2　適応フィルタ ・・・181
Column　Q　離散的理想ヒルベルト変換器 ・・・・・・・・・・・・・・・・・・・・・・176
Column　R　ディレイ・フリー・ループ ・・・・・・・・・・・・・・・・・・・・・・・・・・182

索　引・・・189

ディジタル信号処理とは

1.1 ディジタル信号処理とは何か

　半導体技術の急速な発達により，コンピュータを取り巻く環境も，マルチメディアの時代からインターネット時代を経て，現在はユビキタス・コンピューティング(ubiquitous computing)の時代を迎えようとしている．ディジタル信号処理(digital signal processing)は，このような技術を支える基盤技術の一つとして重要な役割を担っており，現代社会において，なくてはならない技術である．

　ところで，私たちの身のまわりの物理現象から発生する情報の多くは，アナログ信号の形で伝えられる．たとえば，私たちが日常的に使っている音声はいろいろな情報をもっているが，音声はマイクを通して電圧値に変換され，時間とともに変化するアナログの電気信号になる．このようなアナログの信号を，コンピュータをはじめとするディジタル処理を行う装置で扱うための技術がディジタル信号処理である．

　もう少し具体的な例で考えてみよう．図1-1には，ゲルマニウム・ラジオの回路図と各ブロックの機能を示している．このシステムではアナログ信号をアナログ的に処理しているので，アナログ信号処理システムの一例ということができる．このシステムと同じような機能をもつシステムをディジタル的に行う算術演算，論理演算，条件判断などの操作で実現するのがディジタル信号処理ということになる．

　ディジタル信号処理では図1-1のシステムと同じような機能をもつシステムをどのようにして実現するのかを見てみよう．ディジタル信号処理の実現手段は大きく分けてソフトウェアつまりプログラムとして実現する場合と，ハードウェアで実現する場合がある．ここでは，ソフトウェアで実現するものとすると，各ブロックでの処理は，たとえば表1-1[注1]に示すように書くことができる．

注1：実際に図1-1のシステム全体と同じような働きのシステムを実現するためには，表1-1に示すもの以外にA-D変換やD-A変換などの処理が必要になるが，ここでは省略している．

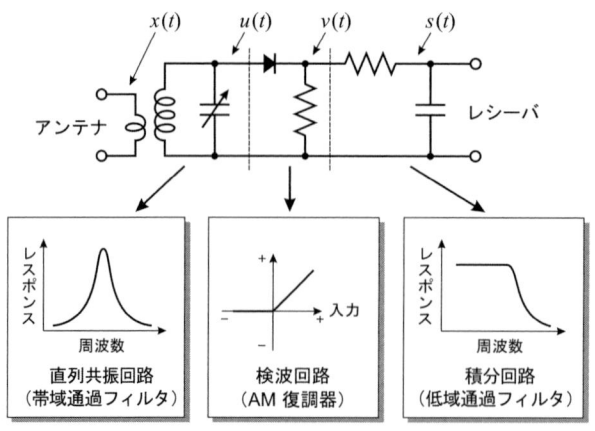

図1-1 ゲルマニウム・ラジオにおける信号処理のようす

表1-1 ゲルマニウム・ラジオをディジタル信号処理で実現する(プログラムで実現する場合)

機能	差分方程式	C言語

帯域通過フィルタ	$u[n] = \sum_{m=1}^{M_1} a_m u[n-m] + \sum_{k=0}^{K_1} b_k x[n-k]$	```for (m=1; m<=M1; m++)```
		``` u[n] += a[m]*u[n+m];```
		```for (k=0; k<=K1; k++)```
		``` u[n] += b[k]*x[n+k];```

AM復調器	$v[n] = \begin{cases} u[n], & u[n] \geq 0 \\ 0, & u[n] < 0 \end{cases}$	```if (u[n]>=0) v[n] = u[n];``` ```else v[n] = 0;```

低域通過フィルタ	$s[n] = \sum_{m=1}^{M_2} g_m s[n-m] + \sum_{k=0}^{K_2} h_k v[n-k]$	```for (m=1; m<=M2; m++)```
		``` s[n] += g[m]*s[n+m];```
		```for (k=0; k<=K2; k++)```
		``` s[n] += h[k]*v[n+k];```

差分方程式で使われている$x[n]$などは図1-1の$x(t)$などを標本化した値を表す.

　表1-1では，2列目に差分方程式というものが出てくるが，この式がディジタル信号処理における処理方法を表す式であり，このような計算を行うのがディジタル信号処理である．この差分方程式については**第3章**で説明する．なお，**表1-1**の差分方程式の中で出てくる$x[n]$，$u[n]$などは，**図1-1**で$x(t)$，$u(t)$などのアナログ信号を標本化したものに対応する．標本化については**第2章**で説明する．第3列目には，各ブロックの処理に対応する差分方程式に基づいて，C言語を使って記述した例を示す．

　ここで，ディジタル信号処理はアナログ信号処理の近似ではないということに注意しなければならない．**図1-1**で直列共振回路や積分回路の動作は微分方程式を使って記述できるが，**表1-1**の差分方程式はこの微分方程式の単なる近似ないしはシミュレーションのためのものではない．たとえば，直列共振回路は帯域通過フィルタ[注2]として働くが，この電気回路で実現される周波数特性と差分方程式で実現される周波数特性は同じである必要はない．差分方程式に求められるのは，ただ単に帯

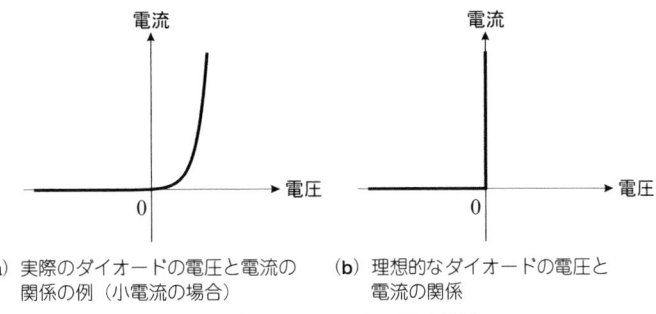

(a) 実際のダイオードの電圧と電流の関係の例（小電流の場合）　　(b) 理想的なダイオードの電圧と電流の関係

図1-2　ダイオードの電圧-電流特性

域通過フィルタとしての機能を実現することであり，この電気回路の周波数特性とできるだけ同じ特性が実現されることが求められているわけではない．また，**図1-1**の検波回路にはダイオードが使われているが，このダイオードの典型的な電圧―電流特性は**図1-2(a)**のようになる．したがって，**図1-1**の検波回路の働きをできるだけ忠実に差分方程式を使って記述しようとすると，**表1-1**に示す式よりももっと複雑な式になってしまう．しかし，実際にダイオードの特性として求められるのは**図1-2(b)**の特性であり，**表1-1**に示す検波回路のブロックに対応する差分方程式は，この**図1-2(b)**の特性を実現したものになっている．この例からも，ディジタル信号処理は，アナログ電気回路で行う処理の近似やシミュレーションでないことがわかるであろう．

ところで信号にもいろいろあるが，**図1-1**のシステムで扱っている信号は時間信号である．時間信号は，もっとも簡単な場合，時間を変数とする1次元の関数として表現される．信号にはこのような1次元の時間信号のほかに，静止画像のように時間ではなく位置を変数とする2次元の関数として表現される信号や，動画像のように2次元の関数が時間とともに変化する，つまり三つの変数をもつ3次元関数として表現されるものもある．本書ではそのような信号は扱わず，1次元の時間信号[注3]に限定する．しかし，1次元の時間信号についての取り扱いをしっかり身に付けていれば，それ以外の信号の取り扱いも比較的簡単に理解することができる．

話はかわるが，「ディジタル信号処理」という言葉は専門的な用語としてすでに定着している言葉だが，その内容が誤解されている場合もときどき見られる．つまり，この言葉はどこで区切るかによって意味が違ってくる．「ディジタル信号｜処理」のように区切るとディジタル信号を扱う処理という意味になるので，論理回路やコンピュータを含む非常に広い内容になってしまう．それに対して「ディジタル｜信号処理」のように区切れば，信号処理をディジタル的な手段で行うという意味になり，専門用語としてもこの意味で使われている．この場合，対象となる信号は主としてアナロ

注2：ある範囲の周波数成分のみを通過させる働きをもったフィルタ．
注3：時間信号に限定するということは本質的なことではないが，限定しない場合に用語が煩雑になる．たとえば時間信号に対して周波数ということばがあるが，変数が位置に対応するような信号に対しては空間周波数という用語になる．このように変数に対応する量が変化すると，それに対応して用語も変える必要があるので，時間信号に限定しない場合，記述が煩雑になってしまう．そのため，本書では時間信号に限定する．

グ信号になる．本書で扱うのは，もちろん「ディジタル｜信号処理」である．

ディジタル信号処理に関する文献は数多く出版されているためここでは示さないが，本書をひととおり読んだ後でもっと本格的に学びたいという読者のために一つだけ挙げるとすると，A. V. OppenheimとR. W. Schaferの"Discrete-time Signal Processing"[1] が非常に役に立つものと思われる．

1.2 ディジタル信号処理の応用分野

ディジタル信号処理技術は，図1-3に示すように，通信をはじめ，音響，音声，画像，計測，制御などの広い分野のシステムを実現するうえで，共通の基盤技術の中でも重要なものの一つということができる．私たちに身近なところでも，携帯電話をはじめとしてディジタル信号処理を応用した製品がたくさん出回っている．

そのようなものの例として，ハンズフリー(handsfree)電話機の中でディジタル信号処理がどのように使われているか見てみよう．図1-4に，ハンズフリー電話機による通話系の模式図[2]を示す．このような電話を使って通話するときのことを考えてみよう．

送話者の声はマイク1で拾われ増幅されて受話者のスピーカから再生される．ハンズフリーの電話機では，スピーカ2と受話者の距離が離れている場合が多いので，スピーカからはある程度大きな音が出力される．そのため，何も処理を施さなければ，この音がマイク2で拾われ，それが増幅されて送話者側のスピーカ1へ送られ，送話者の声が再生される．送話者側もハンズフリー電話機を使っているとすると，スピーカ1から出た送話者の声が再び増幅されスピーカ2で再生されるという繰り返しになるので，音響エコーを生じて通話の品質を落とすことになる．また，条件によっ

＜通信＞	＜音響信号処理＞	＜音声信号処理＞
モデム 符号化 エコー・キャンセラ 自動等化 スペクトル拡散通信	音響信号情報圧縮 (MP3 等) 音場制御 電子楽器 アクティブ騒音制御 適応形マイク・アレイ	音声分析 音声合成 音声認識 音声情報圧縮 テキスト-音声変換
＜画像処理＞	＜計測システム＞	＜制御＞
画像情報圧縮 (JPEG, MPEG) 画像強調 画像復元 画像認識	センサ信号処理 振動解析 ロックイン・アンプ 相関関数 高速フーリエ変換 (FFT)	モータ制御 ハードディスク制御 ロボット アクティブ振動制御
＜自動車＞	＜医用システム＞	＜天文学，地球探査＞
エンジン制御 アクティブ・サスペンション アンチロック・ブレーキ カー・オーディオの音場制御	CT 脳波解析 心電図解析 血流計測 X線写真等の自動診断	VLBI（超長基線干渉計） 合成開口電波望遠鏡 開口合成レーダ 地震波解析

図1-3　ディジタル信号処理の応用分野

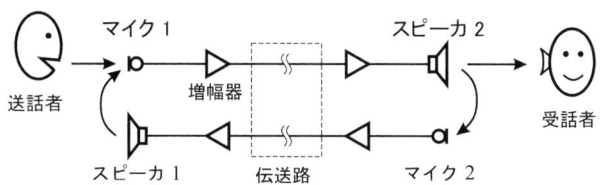

図1-4　ハンズ・フリー電話機による通信系の模式図

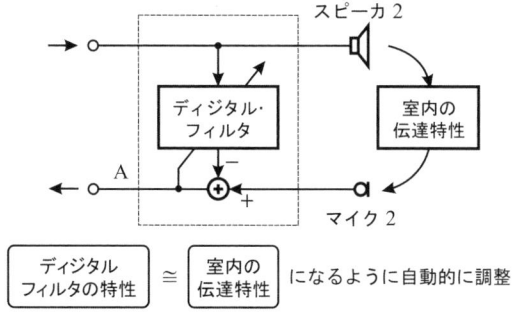

図1-5　音響エコー・キャンセラの原理

てはハウリング(howling)を生じ，使い物にならない場合も出てくる．

　そこで，このようなハンズフリー電話機にはディジタル信号処理技術の一つである適応フィルタを使って，音響エコーをキャンセルしハウリングを生じさせない工夫がなされている．そのためのシステムが音響エコー・キャンセラで，その原理の概略を**図1-5**に示す．

　この図のディジタル・フィルタは特性を変えられるようになっており，この特性を室内の伝達特性に一致するように調整すれば，ディジタル・フィルタの出力信号とマイク2で拾う信号は同じものになる．したがって，図のようにマイク2で拾った信号からディジタル・フィルタの出力信号を引き算すれば，マイク2で拾った音を打ち消すことができる．その結果，送話者の声がまた送話者側へ戻るということを防ぐことができる．

　実際には，室内の伝達特性は状況に応じて変化するので，事前にディジタル・フィルタの特性を調整しておくことはできない．そこで，このディジタル・フィルタの特性を，人手を介することなく，適応アルゴリズムによって自動的に調整し，図のA点に現れる信号がもっとも小さくなるようにする．これが，音響エコー・キャンセラの基本的な考え方になる．

1.3　なぜディジタル信号処理か

　1.2では，ディジタル信号処理がいろいろな分野で応用されていることを説明してきた．それでは，なぜディジタル信号処理が使われるようになってきたのかというと，いろいろと利点が多いからである．しかし，ディジタル信号処理には利点とともに欠点がある．そのため，ディジタル信号処理

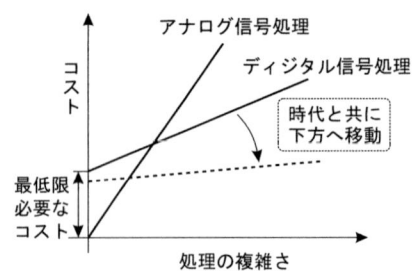

図1-6 アナログ信号処理とディジタル信号処理のコストの比較

を使う場合は，その長所と短所をしっかりと把握しておく必要がある．

次に，アナログ電子回路などを使って行われるアナログ信号処理と比較した場合の，ディジタル信号処理の長所と短所を示す．

〈長所〉

(1) ディジタル信号処理では，計算機のプログラムとして表現できる処理は，原理的にどんなものであっても実現できる．そのため，アナログ信号処理が得意としない非線形の処理[注4]や適応的な処理が容易に実現できる．

(2) 情報圧縮，誤り訂正，暗号化などの他のディジタル処理と協調して働かせることが簡単なので，データの蓄積，伝送などにとっても非常に都合がよく，いろいろな付加価値も期待できる．

(3) データを表現するためのビット長を増やせば増やすほど高精度化が簡単に実現できる．

(4) 温度，湿度などによる変化や経年変化がまったくないので，安定した品質が実現できる．

(5) LSI化が可能なので，小型化，経済化，高信頼化，低電力化を達成することができる．

(6) ディジタル信号処理は多くの場合，ディジタル信号処理専用のプロセッサであるDSP（Digital Signal Processor）のプログラムとして実現されるので，そのような場合にはシステムの仕様の変更などに柔軟に対応できる．

〈短所〉

(1) アナログ信号をリアルタイムで処理する場合，一つの入力サンプルに対する処理は，基本的に次のサンプルが入力されるまでに完了させなければならない．そのため，あまり高い周波数の信号は扱えない．

(2) データや演算の際のビット長が十分に確保できない場合には，その誤差の対策を考えなければならないこともある．

(3) 簡単な処理の場合でも，ディジタル的な処理を行う部分のほかにA-D変換器，D-A変換器，その他の周辺回路が必要になるため，小規模でしかも単体のディジタル信号処理システムを考えた場合に，コストや回路規模の点で不利になる場合もある．そのようすをおおまかに**図1-6**に示す．

注4：非線形の処理にはいろいろなものがあるが，信号同士の乗算がその代表的なものである．たとえば，変調や復調の処理を行う場合に，信号同士の乗算を使う場合がある．

以上のように，ディジタル信号処理にはいくつかの欠点がある．(1)については，リアルタイム処理を行うものと仮定すると，現在のところ数MHz程度の帯域の信号，たとえば動画像のリアルタイム処理程度であれば十分扱うことができる．しかし，GHz程度の周波数になると，アナログ信号処理の独壇場になってしまう．(2)の誤差に関しては，半導体技術の発達のおかげで，ビット長の十分に長いものを簡単に利用できるようになっている．そのため，誤差に関する問題は，それほど大きな問題ではなくなりつつある．(3)に関してはこれも半導体技術の発達のおかげで，A-D/D-A変換器や周辺回路を1チップ化することが容易になっているので，あまり大きな問題にはならない．また，最近のディジタル機器は，たとえばディジタル・カメラ付携帯電話のように複合化される傾向にあり，単体として実現する場合には経済的に不利であっても複合化されることで，総体としてみたときにはそれほどコスト的に不利にはならないケースも多い．

　したがって，ここであげたディジタル信号処理の短所も，しだいに短所ではなくなりつつあるといってよい．

1.4　ディジタル信号処理システムとDSP

　図1-7に，典型的なディジタル信号処理システムの構成を示す．この図の個々のブロックの役割については**第2章**で説明する．この中で，ディジタル・システムの部分が中心的な役割を果たしている．ディジタル信号処理というと，このディジタル・システムの中で行われる，計算をはじめとする各種ディジタル的な処理を指す．

　ディジタル・システムの部分を実現するには，**図1-7**に示すように，大きく分けてハードウェアによる方法，つまり布線論理(wired logic)で実現する方法と，ソフトウェアによる方法，つまりプログラム論理(program logic)で実現する方法がある．

　ディジタル信号処理における処理の多くは算術的演算で，とくに加算，乗算が中心になる．一方，

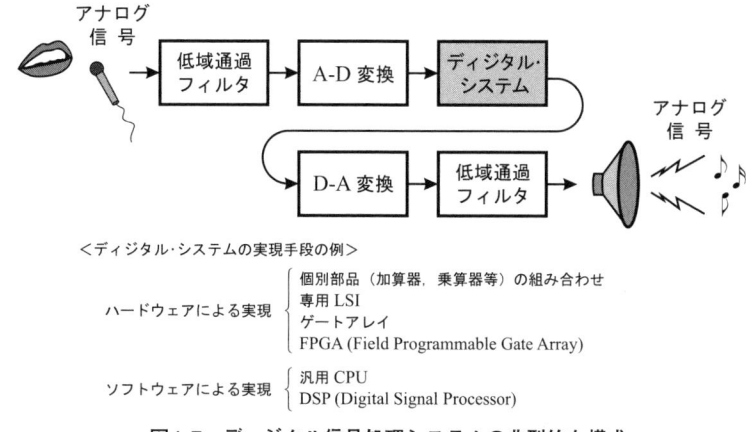

図1-7　ディジタル信号処理システムの典型的な構成

マイクロプロセッサは1970年代の初めに現れたが，その当時のマイクロプロセッサは算術演算能力，とくに乗算の能力が劣っていた．そのため，1980年代以前に，リアルタイムで働くディジタル信号処理システムを実現しようとすると，どうしても個別の加算器や乗算器などを組み合わせた布線論理として実現する必要があった．したがって，コスト的にも高価になり，またシステムの仕様が変更されるたびにハードウェアの設計をやり直さなければならないため，ディジタル信号処理の利用はごく限られた範囲にとどまっていた．

しかし，1980年代に入るとVLSI技術の驚異的な発達のおかげで，非常に高速なストアド・プログラム型のプロセッサが1チップで実現できるようになり，DSP(Digital Signal Processor)と呼ばれるディジタル信号処理専用のマイクロプロセッサも登場した．そのおかげで，プログラム論理であってもリアルタイム処理が可能となった．ところで，DSPはマイクロプロセッサの一種なので，行わせる処理はプログラムによって記述する．そのため，布線論理として実現されていたそれまでのディジタル信号処理システムに比べ，非常に柔軟なシステムを比較的簡単に作ることができるようになった．

今日使われている，ディジタル信号処理を応用する機器にはDSPが組み込まれているものが多い．したがって，ディジタル信号処理の応用分野が飛躍的に拡大したのは，DSPが登場したおかげだといっても過言ではない．なお，本書ではDSPについては取り上げないので，興味ある読者は拙著[3]などを参照していただきたい．

ところで，処理速度が要求される場合は，どうしてもハードウェアによる処理に頼らざるを得ない場合も出てくる．そのような場合，とくに大量に使われるような処理では，専用のLSIでディジタル・システムの部分を実現する場合もある．また，ゲートアレイやFPGAを使えば，それほど大量に使われなくても，あまり高コストにならずに実現ができる場合もある．

つまり，現在リアルタイム処理を行うようなディジタル信号処理システムを実現する場合，DSP，専用LSI，ゲートアレイ，FPGAが主として使われ，処理速度や処理の複雑さにより住み分けがなされている．専用処理速度がそれほど要求されないが，処理がある程度複雑な場合はDSPが使われる傾向にある．逆に，処理はそれほど複雑ではないが，処理速度が要求されるような場合には，専用LSI，ゲートアレイ，FPGAが使われる傾向にある．また，リアルタイム処理が要求されない場合は，汎用のCPUでディジタル信号処理を行う場合も多い[注5]．

1.5　簡単なディジタル・フィルタ ― 移動平均 ―

ディジタル信号処理の中でも中心的な役割を担っているのがディジタル・フィルタである．ディジタル・フィルタという言葉を初めて聞くと，何か非常に高度な最先端の難しい処理を行っているように思うかもしれないが，じつはそれほど高度でも難しいことでもない．とくに，ディジタル・フィル

注5：最近では汎用のCPUでも演算能力が非常に高くなっているので，パソコンのCPUでもある程度のディジタル信号処理はリアルタイムで実行できるようになっている．

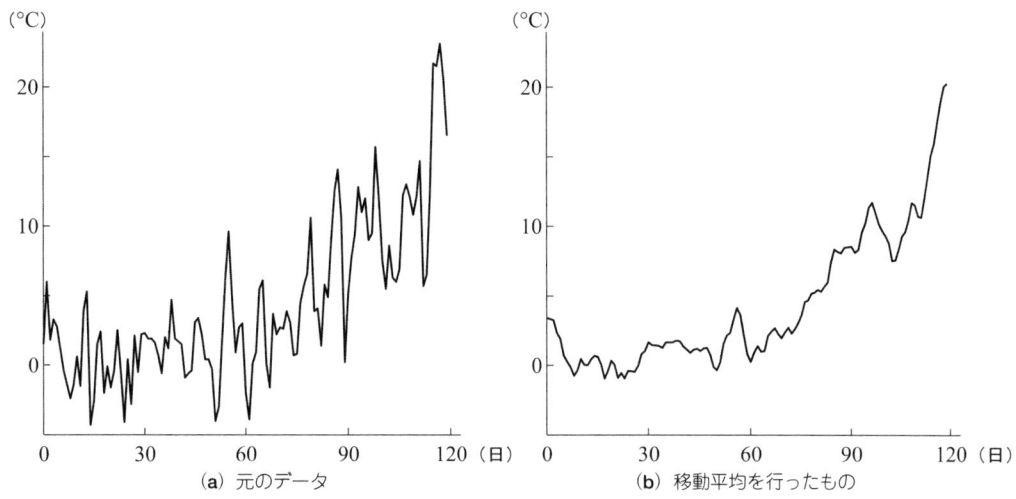

図1-8　札幌市の1997年1月1日〜4月30日における1日ごとの最高気温の変化

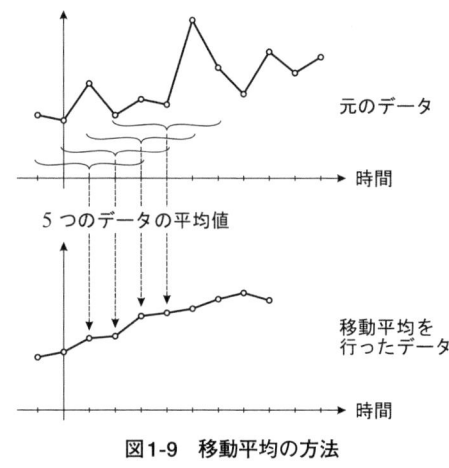

図1-9　移動平均の方法

タの処理を行っているという意識がなくてもディジタル・フィルタと等価な処理を行っている場合がある．そこで，次にそのような実例を示す．

図1-8(a)には札幌市の1997年1月1日〜4月30日における，1日ごとの最高気温[注6]の変化を表したものを示す．このグラフでは日ごとのバラツキが大きいため全体の傾向はつかみにくくなっている．そこで，グラフをもっと滑らかにすることを考える．このときよく使われるのが移動平均（moving average）で，**図1-8**(b)には元のデータの移動平均を計算したものを示す．このグラフからは全体の傾向がよくわかる．つまり，1,2月は低めで，3月から上昇傾向にあり，その期間では8日前後の周

注6：日刊紙に掲載されたデータを利用して作成．

期があるように見える.

　ここで使われている移動平均のようすを**図1-9**に示す.**図1-8(b)**のデータを得るために,このように平均の計算で使う5個のデータを一つずつずらしながら,5点のデータの平均を計算していった.

　この移動平均は,従来から統計的な処理の中で,時系列データの変化の傾向を読み取る場合によく使われる初歩的な処理であるが,この移動平均の処理がまさにディジタル・フィルタそのものである.移動平均を行うと,**図1-9**からもわかるように,データの変動が比較的滑らかになる.このデータの変動を時間信号の波形とみなすと,波形が滑らかだということは,その信号に高い周波数成分があまり含まれていないということができる.したがって,移動平均は一種の低域通過フィルタ(lowpass filter),つまり高い周波数成分は通しにくく,低い周波数成分はよく通すようなフィルタであるということができる.移動平均が低域通過フィルタと等価であることは,**第3章**の中で説明する.

参考文献
1) A. V. Oppenheim, R. W. Schafer, with J. R. Buck;Discrete-time signal processing, 2nd Ed., Prentice-Hall, 1998.
2) 大賀寿郎,山崎芳男,金田豊;音響システムとディジタル処理,p.209,電子情報通信学会,1995年.
3) 三上直樹;C言語によるディジタル信号処理入門,CQ出版社,2002年.

アナログ信号からディジタル信号へ

2.1 ディジタル信号処理システムと信号

　第1章で説明したように，ディジタル信号処理では基本的に，アナログ信号に対してディジタル的な手段により処理を行う．そのためのシステムの基本的な構成は第1章でも示したが，もう少し詳しく示すと図2-1のようになる．この図には，各部分での信号のイメージもいっしょに示した．ディジタル信号処理とは，この図の中で「ディジタル・システム」と書かれているブロックの中で行う処理である．

　ところで，ディジタル信号処理を行うためには，図2-1からわかるように，まずアナログ信号をディジタル・システムで扱えるような形に変換する必要がある．このとき注意しなければならない点については，この章で説明する．また，処理した結果は再びアナログ信号に戻す場合が多い．このときにも注意すべき点はあるが，それについては第7章7.1節(b)アパーチャ効果とその対策のところで説明する．

2.2 アナログ信号の標本化と量子化

　ディジタル信号処理システムでは，アナログ信号[注1]は最初に一定の間隔T(これを標本化間隔という)ごとに標本化(sampling)されて離散的信号(discrete signal)に変換される．次に，A-D変換器により量子化(quantization)，つまり数値化されてディジタル信号(digital signal)になり，ディジタル・システムに入力される．そのようすを図2-2に示す．

　ディジタル・システムが実際に扱うのは，図2-2(c)の状態のディジタル信号になる．しかし，ディジタル信号処理システムでは，一般にA-D変換器のビット長を十分にとる場合が多いので，その場合には図2-2(c)に示す量子化幅Δは十分狭くなる．したがって，ディジタル信号処理の理論の展開

注1：離散的信号と対比して，アナログ信号を連続信号(continuous signal)と呼ぶ場合もある．

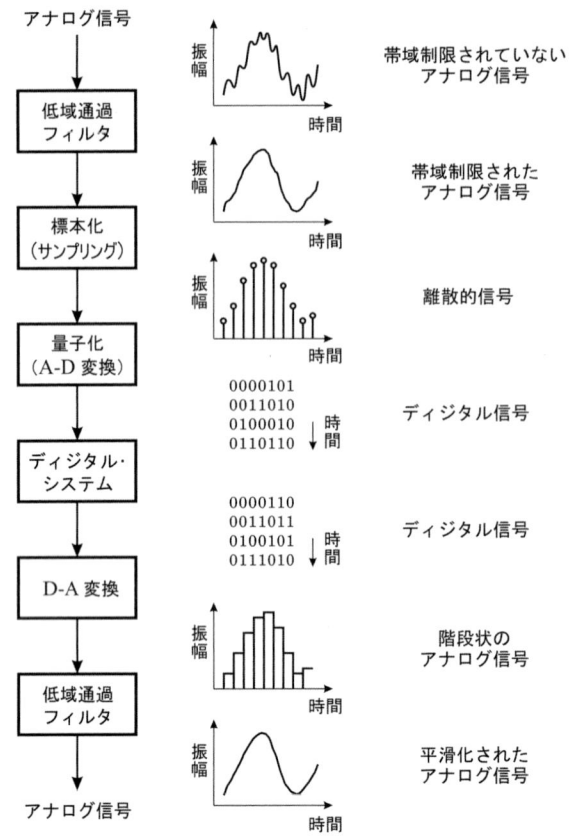

図2-1 典型的なディジタル信号処理システムと各部分での信号のようす

の上では，量子化幅Δは0と仮定する．つまり，ディジタル信号処理の理論では"ディジタル"とはいっても信号を図2-2(c)ではなく，図2-2(b)の離散的信号であるものとして扱う．いい換えれば，信号のとり得る値は量子化されていない連続量と仮定する．

その結果，理論と実際では多少の食い違いが生ずることになるが，A-D変換器のビット長を十分にしておけば，実用的にはこの違いは無視できる．もちろんビット長が十分ではない場合には問題になるが，これは誤差の問題として，ディジタル信号処理の中心的な理論とは別に扱う[注2]．

上で説明したように，通常は，量子化幅を無視するのに対して，ディジタル信号処理では標本化間隔は無視しない．むしろ，標本化間隔が0ではなくある有限の値であるということは，ディジタル信号処理を行う上での大前提となる．

それでは，次に標本化間隔について考える．図2-3に，アナログ信号を標本化するようすを示す．図2-3(a)は，時間変動が小さい信号を標本化するようすである．この場合は，標本化された信号を

注2：本書では，この種の問題を**第7章**で扱う．

20　第2章　アナログ信号からディジタル信号へ

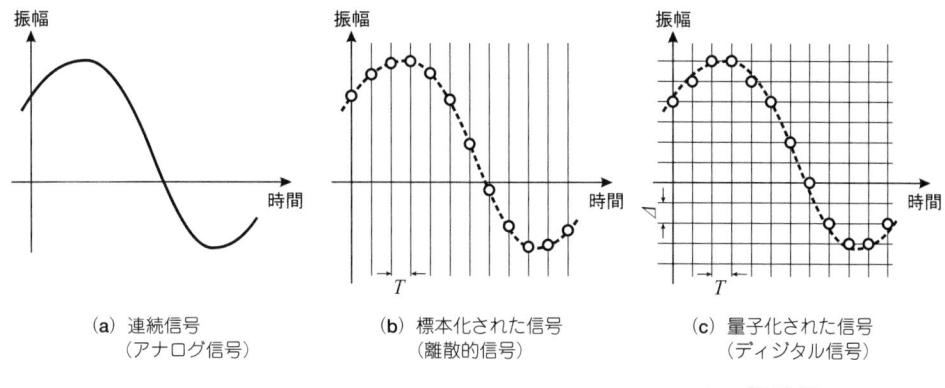

(a) 連続信号　　　　　(b) 標本化された信号　　　(c) 量子化された信号
　（アナログ信号）　　　　（離散的信号）　　　　　　（ディジタル信号）

$\varDelta$　：量子化幅
T　：標本化間隔
$1/T$：標本化周波数

図 2-2　アナログ信号の標本化，量子化のようす

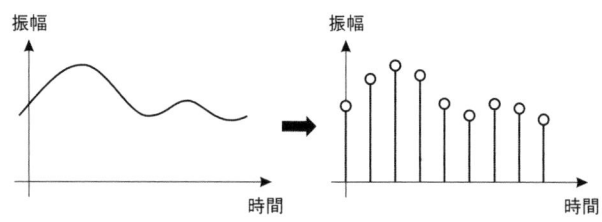

(a) 高い周波数成分を含んでいない信号の標本化のようす

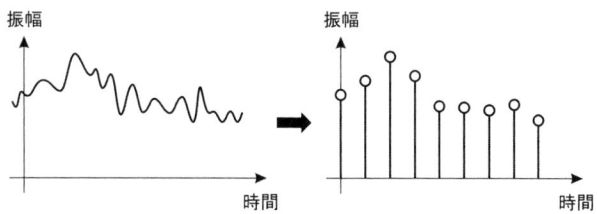

(b) 高い周波数成分を含んでいる信号の標本化のようす

図 2-3　アナログ信号と標本化間隔の適，不適

滑らかにつなげていくと元のアナログ信号の波形を想像することができる．一方，図 2-3(b) は時間変動の大きい信号の場合で，このときは標本化された信号を滑らかにつなげていっても，元のアナログ信号の波形を想像することはできない．以上のことから，図 2-3(b) の場合は標本化の間隔が適切ではなく，標本化の間隔をもっと狭くしなければならないことがわかる．

　時間変動の大きい信号とは，いい換えると高い周波数成分を含む信号ということになる．したがって，一般的には高い周波数成分が含まれているアナログ信号を標本化する場合は，その周波数に応じて標本化の間隔を狭くする必要がある．逆に，標本化間隔を最初に決めてしまえば，それに

応じてアナログ信号に含まれる高い周波数の成分を取り除く必要が出てくる．これを行うのが，**図2-1**で標本化の前にある低域通過フィルタで，標本化を行う前にこの低域通過フィルタによりアナログ信号の帯域制限を行い，高い周波数の成分を取り除いている．

以上のことから，標本化の間隔を合理的な理由に基づいて適切に決める必要がある．このとき重要なのが標本化定理で，次の節で説明する．

なお，本書では離散的信号を次のように表現するものとする．

離散的信号の表現

アナログ信号を $x(t)$ とすると，これを間隔 T で標本化して得られる信号は基本的に $x(nT)$, (n：整数)と書くことができる．しかし，通常のディジタル信号処理システムの中では，T は一定にする場合が多いので，その場合は T を明記しなくてもとくにさしつかえない．そのため，単に $x(n)$ と書く場合もある．あるいは，n を下付き添え字にして x_n と書く場合もある．

本書では，T を明記する必要がない場合は，アナログ信号との区別を明確に表すために，$x(n)$ とは書かずに，$x[n]$ と書くことにする．

2.3　標本化定理とエイリアシング

高い周波数の成分を含んだアナログ信号を標本化する場合，**2.2節**で見てきたように標本化間隔を狭くする必要がある．したがって，標本化間隔は狭ければ狭いほど良いように思われるかもしれない．しかし，標本化間隔を狭くするためには，より高速のA-D変換器やディジタル・システムを使わなければならない．また，単位時間あたりのデータ量も増えてしまうため，データを蓄積したり伝送したりする場合にも不利になってくる．そのため，標本化間隔をむやみに狭くすることはできない．そこで，標本化間隔を決めるための合理的な基準が必要になる．

なお，標本化の過程の数学的な表現と，標本化で得られる離散的信号のスペクトルの関係については**付録2.1**に示す．

(a) 標本化定理

標本化間隔を決めるための基準を規定した定理は標本化定理(sampling theorem)またはサンプリング定理と呼ばれている．この標本化定理によると，標本化間隔は次のように決めればよい．

標本化間隔(標本化周波数)の決め方

標本化の対象となっているアナログ信号が，周波数 f_0 以上の周波数成分をもたない場合，いい換えれば $0 \sim f_0$ に帯域制限されていると仮定する[注3]．このとき，標本化により得られた離散的信号が，元のアナログ信号のすべての周波数成分に関する情報を失わないようにするためには，標本化間隔 T は次の式を満足する必要がある．

$$T \leq \frac{1}{2f_0} \quad \cdots\cdots(2\text{-}1)$$

なお，標本化間隔Tの逆数$1/T$は標本化周波数またはサンプリング周波数と呼ばれる．この標本化周波数をf_sとすると，式(2-1)の代わりに次のように表現できる．

$$f_s \geq 2f_0 \quad \text{..(2-2)}$$

式(2-1)または(2-2)を満足するようにして標本化された離散的信号から，元のアナログ信号を正確に再生することが可能になるというのが標本化定理である．元のアナログ信号を正確に再生する方法については**コラムA**に示す．

(b) 標本化の例とエイリアシング

標本化定理を理解するために，次のような例を考える．**図2-4**に，3kHzと7kHzの正弦波を，それぞれ10kHzで標本化したようすを示す．この図からわかるように，3kHzの正弦波も7kHzの正弦波も，10kHzで標本化してしまえば，**図2-4(c)**のように離散的信号としてはまったく同じものになる．この例の場合，3kHzは標本化定理を満足するが，7kHzは標本化定理を満足していない．そのため，標本化定理を満足しない7kHzの場合，元のアナログ信号が7kHzの正弦波であるということがわからなくなる．

このように，アナログ信号の中に標本化周波数の1/2よりも高い周波数成分が含まれているとき，

注3：ただし，信号が$f_1 \sim f_2 (f_1 > 0)$の範囲に帯域制限されている場合，標本化周波数f_sは次の条件を満足すればよい．

$$\frac{2f_2}{m+1} \leq f_s \leq \frac{2f_1}{m}, \quad m：整数$$

詳しくは次の文献を参照のこと．
P. F. Panter；Modulation, noise, and spectrum analysis, pp.524-527, McGraw-Hill, 1965.

Column A

アナログ信号の再生

$0 \sim f_0$に帯域制限されているアナログ信号$x(t)$を，標本化定理を満足するような標本化間隔Tで標本化する．この信号を$x(nT)$とする．このとき，標本化周波数$f_s(=1/T)$とすると，元のアナログ信号$x(t)$は$x(nT)$から次の式により完全に再生することができる．

$$x(t) = \sum_{n=-\infty}^{\infty} x(nT) \frac{\sin\{\pi f_s(t-nT)\}}{\pi f_s(t-nT)} \quad \text{..(A-1)}$$

この式は，離散的信号$x(nT)$を，遮断周波数が$f_s/2$の理想的低域通過フィルタに通せば，元のアナログ信号$x(t)$とまったく同じ信号を再生できるということを意味する．この理想的低域通過フィルタとは次の式で表される周波数特性$H(f)$をもつフィルタである．

$$H(f) = \begin{cases} 1, & 0 \leq f \leq f_s/2 \\ 0, & f > f_s/2 \end{cases} \quad \text{..(A-2)}$$

ただし，この理想的低域通過フィルタは，実際に実現することはできない．

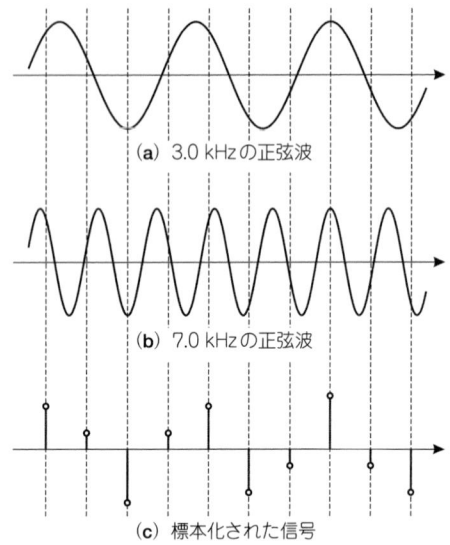

図2-4　正弦波の標本化のようす(標本化周波数 = 10 kHz)

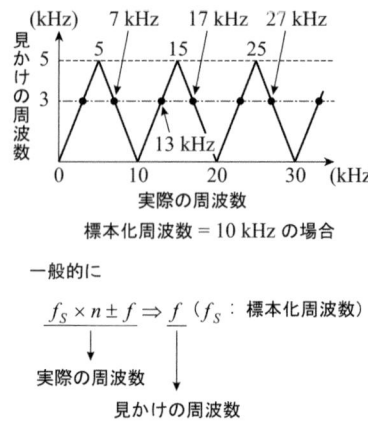

図2-5　エイリアシングのようす

これを標本化すると元のアナログ信号の周波数成分に関する情報が正しく保たれないことになる．このような現象はエイリアシング(aliasing)と呼ばれている．

　なお，図2-4の例では，10 kHzで標本化した場合に，標本化された信号は3 kHzか7 kHzかの区別がつかなくなるようすを示したが，13 kHz，17 kHz，23 kHz，…の正弦波を標本化したものも3 kHzの正弦波を標本化したものと区別がつかなくなる．そのようすを図2-5に示す．

　エイリアシングを防止するためには，標本化定理に基づいて標本化周波数を決める必要がある．そのためには，標本化するアナログ信号に含まれるもっとも高い周波数成分を事前に知らなければならない．しかし，必ずしも事前にもっとも高い周波数を知ることができるとは限らない．

　そこで，通常は扱うべきもっとも高い周波数以上の成分を低域通過フィルタで取り除いてから，そのもっとも高い周波数の2倍以上の標本化周波数で標本化を行う．図2-1で，標本化の前に置かれている低域通過フィルタはそのために必要となる．

　このような用途に使う低域通過フィルタをとくにアンチエイリアシング・フィルタ(anti-aliasing filter)と呼ぶ場合もある．

(c) 標本化周波数の1/2に近い周波数をもつ正弦波の標本化の例

　標本化定理は数学的には正しいが，これに基づいて標本化周波数を決めると，実用上問題が起こる場合がある．その例を図2-6に示す．図2-6(a)は4.6 kHzの正弦波で，これを10 kHzで標本化して得られた離散的信号を図2-6(c)に示す．

　この4.6 kHzという周波数は，標本化定理で決められる最高の周波数である5 kHzよりは低いので，標本化定理は満足している．ところが，図2-6(c)の離散的信号を見ると，元のアナログ信号が(a)に示す正弦波であったというよりは，むしろ(b)に示すような振幅変調された信号であったとみなした

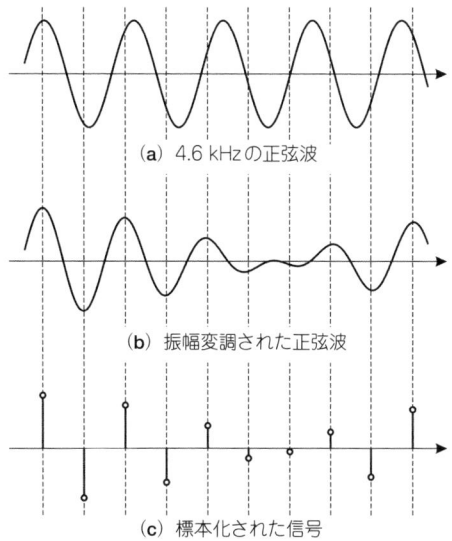

図2-6 標本化周波数の1/2に近い周波数の正弦波を標本化する場合のようす（標本化周波数 = 10kHz）

ほうが自然かもしれない．

　もちろん，**コラムA**の式(A-1)を使えば，**図2-6**(c)に示す離散的信号から(a)の正弦波を完全に再生することは可能になる．しかし，式(A-1)を使うためには無限の過去から無限の未来にわたって標本化された離散的信号が必要になる．とくに未来の状態は，まだ起こっていないことなので，元のアナログ信号が，ある数式で表されることがわかっているような場合は除いて，因果律(causality)に支配されているかぎりは式(A-1)を使うことはできない．

　以上のことから，実際問題としては標本化周波数を，標本化定理で決められる周波数よりもさらに高い値に設定する必要がある．この点については**コラムB**も参照のこと．

　なお，**図2-6**(b)の波形は，上での説明のように振幅変調したものと考えることもできるが，二つの異なる周波数をもつ正弦波を加え合わせたものと考えることもできる．じつは，**図2-6**(b)の波形は4.6kHzと5.4kHzの正弦波を加算して合成したものなので，この信号は標本化定理を満足していないことになる．

Column B

標本化定理とアンチエイリアシング・フィルタ

　一般に，標本化を行う場合に，標本化定理を満足させるため，アンチエイリアシング・フィルタを使う．このアンチエイリアシング・フィルタの周波数特性が**図B-1**(a)のような場合，つまり理想的な低域通過フィルタであれば，このフィルタを使うと，遮断周波数f_cより高い周波数成分は含まれていないことになる．したがって，このフィルタを通過した後の信号に含まれる最高の周波数をf_0とすると，$f_0=f_c$になるので，標本化周波数をf_sとすると，$f_s \geq 2f_c$であればよい．

　しかし，このようなフィルタを作ることはできない．実際に作ることが可能なのは**図B-1**(b)のような特性の低域通過フィルタになる．一般に，アンチエイリアシング・フィルタの通過帯域は扱うべき周波数範囲と同じにするのが普通なので，このフィルタの遮断周波数f_cは扱う周波数範囲の上限に選ぶ場合が多い．そのため，このフィルタを通過した後の信号には，遮断周波数f_c以上の周波数成分でも十分に小さくならずに残ってしまう．

　したがって，実際には使用するフィルタに応じて，その出力が十分小さくなるような周波数f_0を決め，標本化周波数をその2倍以上にしなければならない．実際のシステムにおいて，扱う周波数範囲の上限f_{MAX}と標本化周波数f_sの関係の例を**表B-1**に示す．

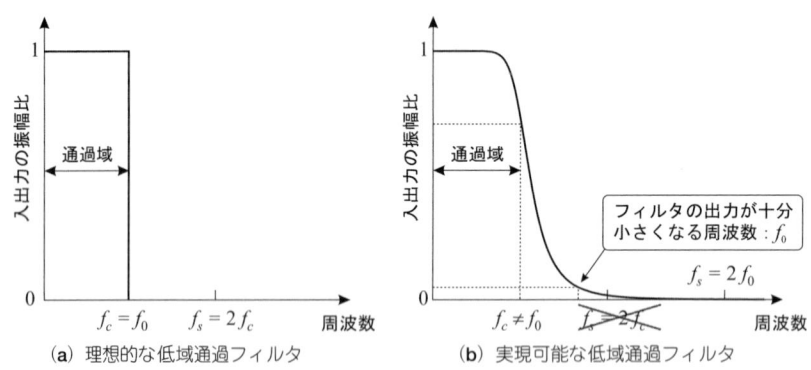

(a) 理想的な低域通過フィルタ　　　　(b) 実現可能な低域通過フィルタ

f_c：遮断周波数（cutoff frequency）
f_0：信号に含まれるもっとも高い周波数

図B-1　理想的な低域通過フィルタおよび実現可能な低域通過フィルタを使った場合の標本化周波数f_sの設定

表B-1　実際のシステムにおける扱う周波数範囲の上限f_{MAX}と標本化周波数f_sの関係の例

	f_{MAX}	f_s	f_s/f_{MAX}
CD	20 kHz	44.1 kHz	2.205
電話（固定）	3.4 kHz	8 kHz	2.353

付録 2.1 　標本化の数学的な表現

標本化の過程を数学的に表現する場合にはインパルス列を使う．そこで最初に，単位インパルスとインパルス列について説明する．次に，標本化の過程の数学的表現と，標本化で得られる離散的信号およびそのスペクトルについて説明する．

(a) 単位インパルスとインパルス列

単位インパルスはディラック(Dirac)のデルタ関数(delta function)あるいは単にデルタ関数とも呼ばれ，$\delta(t)$という記号で表す．このデルタ関数は普通の意味の関数ではなく，次の関係を満足するものとして定義される．

$$\int_{-\infty}^{\infty} \delta(t)\,dt = 1 \quad \cdots\cdots (\text{2-1-a})$$

$$\delta(t) = 0, \quad t \neq 0 \quad \cdots\cdots (\text{2-1-b})$$

このデルタ関数は次の性質をもっている．

$$\int_{-\infty}^{\infty} \delta(t-\tau) f(t)\,dt = f(\tau) \quad \cdots\cdots (\text{2-1-c})$$

このデルタ関数が時間軸上に間隔Tで並んでいるものがインパルス列で，$\delta_T(t)$と表すことにする．$\delta_T(t)$は次のように表現することができる．

$$\delta_T(t) = \sum_{n=-\infty}^{\infty} \delta(t-nT) \quad \cdots\cdots (\text{2-1-d})$$

$\delta_T(t)$のフーリエ変換は

$$\int_{-\infty}^{\infty} \delta_T(t) \exp(-j\omega t)\,dt = \omega_s \sum_{n=-\infty}^{\infty} \delta(\omega - n\omega_s), \quad \omega_s = \frac{2\pi}{T} \quad \cdots\cdots (\text{2-1-e})$$

となるので，$\delta_T(t)$のスペクトルは角周波数軸上で，間隔ω_sで等間隔に並ぶインパルス列になる．ここでTを標本化間隔とすれば，このω_sは標本化角周波数になる．

(b) 標本化の数学的な表現と離散的信号のスペクトル

アナログ信号$f(t)$を間隔Tで標本化して得られる離散的信号$f(nT)$はインパルス列$\delta_T(t)$を使って，次のように表すことができる．

$$f(nT) = f(t) \cdot \delta_T(t) \quad \cdots\cdots (\text{2-1-f})$$

つまり，標本化の過程は**図2-A**のように考えることができる．

離散的信号のスペクトル$F_D(\omega)$は式(2-1-f)のフーリエ変換で与えられる．フーリエ変換の性質を使うと，$F_D(\omega)$は次のようになる．

$$F_D(\omega) = \frac{1}{T} F(\omega) * \sum_{n=-\infty}^{\infty} \delta(\omega - n\omega_s) = \frac{1}{T} \sum_{n=-\infty}^{\infty} F(\omega - n\omega_s) \quad \cdots\cdots (\text{2-1-g})$$

ここで，$F(\omega)$はアナログ信号$f(t)$のスペクトルを，*の記号は畳み込み(コンボリューション，convolution)を表す．

したがって，アナログ信号のスペクトル$F(\omega)$と，アナログ信号を標本化して得られた離散的信号のスペクトル$F_D(\omega)$の関係は，**図2-B**のようになる．ただし，$f(t)$は$-\omega_0 \sim \omega_0$の範囲に帯域制限されているものとする．標本化された信号のスペクトルは式(2-1-g)で表されるので，この図からわかるように，

付録 2.1 (つづき)　標本化の数学的な表現

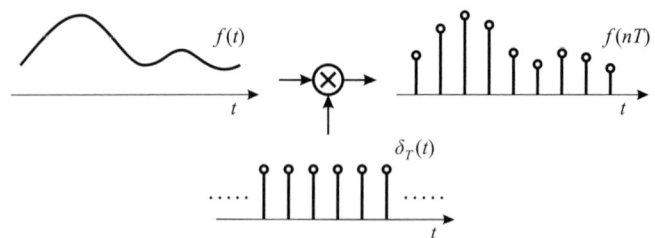

図2-A　アナログ信号の標本化の過程

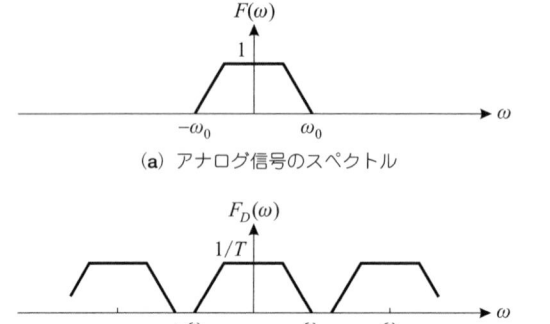

(a) アナログ信号のスペクトル

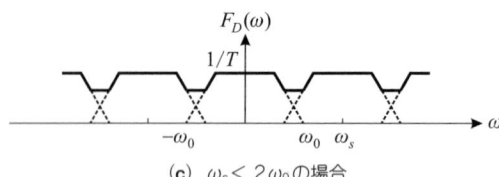

(c) $\omega_s < 2\omega_0$ の場合

図2-B　標本化された離散的信号のスペクトル

元のアナログ信号のスペクトルを角周波数軸上で間隔 ω_s ごとに，周期的に並べたものになる．

図2-B(b)の場合は，$\omega_0 \leq \omega_s/2$ なので，スペクトルは重ならない．したがって，

$$|\omega| \leq \omega_0 \tag{2-1-h}$$

の部分を取り出せば，元のアナログ信号のスペクトルと同じになり，この場合は元のアナログ信号を正確に再生することができる．一方，図2-B(c)では，$\omega_0 > \omega_s/2$ なので，スペクトルが重なっている．これはエイリアシングを発生している状態になる．この場合，このスペクトルから式(2-1-h)を満足する部分を取り出しても，元のアナログ信号のスペクトルとは同じにならない．そのため，元のアナログ信号を正確に再生することはできない．

第3章 離散時間システムの基礎

いよいよ，この章からディジタル信号処理を本格的に扱う．この章では最初に離散時間システムを表現する方法の一つとして差分方程式と，それを図として表現するためのブロック図について説明する．次に差分方程式の時間領域でのふるまいについて説明する．その後，離散時間システムの周波数領域でのふるまいを表現するため，伝達関数と周波数応答について説明する．さらに，簡単な離散時間システムの例を紹介して，その伝達関数や周波数応答を示す．そのほかに，伝達関数の極や零点，システムの構成法についても説明する．

3.1 差分方程式

離散時間システムの入出力信号の関係を時間領域で表現したものは差分方程式（difference equation）と呼ばれる．入力信号を$x[n]$，出力信号を$y[n]$としたときの差分方程式の例を次に示す．

$$y[n] = ay[n-1] + (1-a)\,x[n] \quad \cdots\cdots\cdots\cdots\cdots\cdots\cdots\cdots\cdots\cdots\cdots\cdots\cdots\cdots\cdots (3\text{-}1)$$

この差分方程式は，離散時間システムの中で行われる計算を表している．その計算のようすを**図3-1**に示す．この図からわかるように，式(3-1)は次のような計算処理に対応している．

まず，$n=k$を現在の時刻とすると，現在の出力信号$y[k]$は，現在の入力信号$x[k]$に係数$(1-a)$を乗算したものと，1サンプル[注1]前に計算された出力信号$y[k-1]$に係数aを乗算したものの和として計算される．このような処理を$n=\cdots,k-1,k,k+1,k+2,\cdots$に対して次々に行っていくことを，式(3-1)の差分方程式は表している．

なお，式(3-1)の差分方程式はアナログ回路素子による電気回路から導くこともできる．これについては**コラムC**に示す．

注1：標本化間隔一つ分．

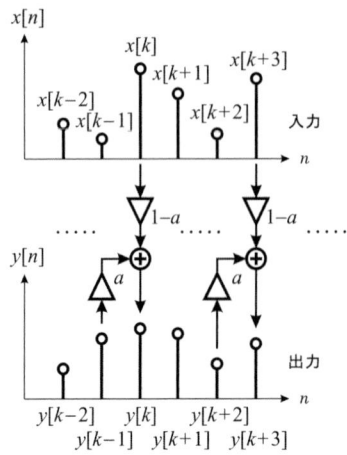

図3-1 差分方程式 $y[n]=ay[n-1]+(1-a)x[n]$ に対する処理

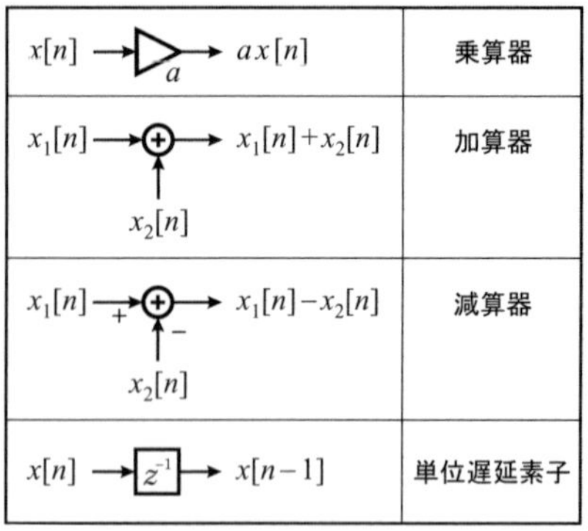

図3-2 ブロック図の要素

3.2 離散時間システムのブロック図による表現

　差分方程式で表される処理を行うためのシステムの構成はブロック図[注2]（block diagram）により表すことができる．ブロック図の要素を**図3-2**に示す．この中で，加算器，減算器，乗算器についてはとくに説明するまでもないと思う．単位遅延素子[注3]というのは，1サンプル前の信号を出力するもので，メモリ（memory）のように記憶作用をもつ素子により実現できる．なお，ディジタル信号処理で，除算器はごくまれにしか使われることはないのでとくに決まった記号はない．

　式（3-1）の差分方程式に対応するブロック図は**図3-3**のようになる．差分方程式とこのブロック図の対応関係を示すため，この図には各部の信号のようすも示した．

＜ブロック図から差分方程式を求める例＞

　図3-3のブロック図の場合，差分方程式との対応付けはそれほど難しくはない．そこで，少し難しい例を使って，ブロック図から差分方程式を導いてみよう．

　図3-4のブロック図で表される離散時間システムの入出力に関する差分方程式を導く．まず，点Aの信号を $u[n]$ と置くと，次の連立差分方程式が得られる．

$$\begin{cases} u[n] = x[n] + a u[n-1] & \cdots\cdots\cdots (3\text{-}2\text{-}a) \\ y[n] = u[n] + b u[n-1] & \cdots\cdots\cdots (3\text{-}2\text{-}b) \end{cases}$$

この式から $u[n]$，$u[n-1]$ を消去し，$x[n]$ と $y[n]$ に関する式に変形する．そのため，まず式（3-2-a）×b から式（3-2-b）×a を引き算まとめると，

$$u[n] = \frac{1}{a+b}(a y[n] + b x[n]) \quad \cdots\cdots\cdots (3\text{-}2\text{-}c)$$

注2：その他に，シグナル・フロー・グラフもよく使われる．これについては**付録3.1**を参照のこと．
注3：単位遅延素子は**図3-2**に示すほかに，$\boxed{T}$ や $\boxed{D}$ という記号が使われる場合もある．

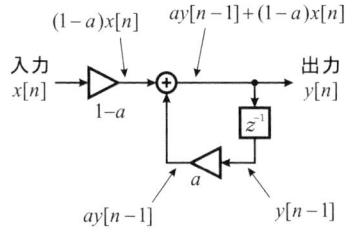

図3-3 差分方程式 $y[n]=ay[n-1]+(1-a)x[n]$ に対応する離散時間システムのブロック図

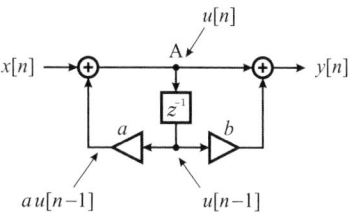

図3-4 このブロック図に対応する差分方程式を求める

> **Column C**
>
> ## 差分方程式とアナログ電気回路
>
> アナログ電気回路素子を使った簡単な回路を図C-1に示す．この回路は積分回路と呼ばれ，低域通過フィルタとして働く．この回路に対して入力信号 $x(t)$ と出力信号 $y(t)$ の関係を考える．なお，$x(t)$ と $y(t)$ は電圧とする．
>
> $x(t)$ と $y(t)$ の関係は微分方程式（differential equation）で表され，次のようになる．
>
> $$\frac{dy(t)}{dt} + \frac{1}{CR}y(t) = \frac{1}{CR}x(t) \quad \cdots\cdots\cdots\text{(C-1)}$$
>
> この微分方程式で，$x(t) \to x(nT)$，$y(t) \to y(nT)$ と置き換え，微分の箇所は次のような置き換えを行う．
>
> $$\frac{dy(t)}{dt} \Rightarrow \frac{y(nT)-y((n-1)T)}{T} \quad \cdots\cdots\cdots\text{(C-2)}$$
>
> ここで，T は標本化間隔を表す．さらに，
>
> $$a = \frac{CR}{CR+T} \quad \cdots\cdots\cdots\text{(C-3)}$$
>
> とおくと，
>
> $$y(nT) = ay((n-1)T) + (1-a)x(nT) \quad \cdots\cdots\cdots\text{(C-4)}$$
>
> が得られる．ところで，**第2章**でも説明したように，標本化間隔 T は通常一定なので，これを省略してもさしつかえない．そこで，
>
> $$y[n] = ay[n-1] + (1-a)x[n] \quad \cdots\cdots\cdots\text{(C-5)}$$
>
> のように書くことができる．このようにして式(3-1)の差分方程式を導くことができる．
>
>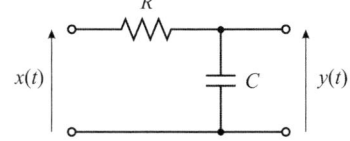
>
> 図C-1 アナログ電気回路素子による積分回路

になる．この式は，離散的変数nがいかなる値でも成り立つので，nの代わりに$n-1$と置き換えてもこの式は成り立つ．つまり，

$$u[n-1] = \frac{1}{a+b}(a\,y[n-1] + b\,x[n-1]) \quad\cdots\cdots\cdots\cdots\cdots\cdots\cdots\cdots\cdots\cdots\cdots\cdots\cdots\cdots\cdots\cdots\text{(3-2-d)}$$

が成り立つ．式(3-2-c)，(3-2-d)を式(3-2-b)に代入し，まとめると，次の式が得られる．

$$y[n] = a\,y[n-1] + x[n] + b\,x[n-1] \quad\cdots\cdots\cdots\cdots\cdots\cdots\cdots\cdots\cdots\cdots\cdots\cdots\cdots\cdots\text{(3-2-e)}$$

この式が図3-4のブロック図に対応する差分方程式ということになる．

3.3　ステップ応答

　システムがどのような働きをするのかは，そのシステムにある入力を加えたときに，その出力がどのようになるのかを調べることにより知ることができる．ある入力をシステムに加えたときの出力は，一般に応答(response)と呼ばれる．この応答は，入力の種類に応じて名前が付けられている．
　ここでは，入力信号として単位ステップ関数(unit step function)で表される信号，つまり単位ステップ信号を，式(3-1)の差分方程式で表されるシステムに入力したときの応答を考える．このときの応答はステップ応答(step response)と呼ばれる．アナログ信号の場合の単位ステップ信号を図3-5(a)に示すが，ここでは離散時間システムなので，これを標本化した図3-5(b)に示す信号を使う．
　差分方程式が与えられたとき，ある入力信号に対して，その出力を計算する方法はいくつかあるが，ここではもっとも素朴な方法で計算する．
　差分方程式を扱う場合，とくに何も条件が示されていなければ，$n<0$に対して出力は$y[n]=0$であるものとして扱う[注4]．
　入力信号は単位ステップ信号なので，$n \geq 0$に対しては$x[n]=1$になる．
　したがって，計算は，次のように$n=0$から始める．

$$\begin{aligned}
y[0] &= a\,y[-1] + (1-a)\cdot x[0] = 0 + (1-a)\cdot 1 = 1-a \\
y[1] &= a\,y[0] + (1-a)\cdot x[1] = a(1-a) + (1-a)\cdot 1 = (a+1)(1-a) \\
y[2] &= a\,y[1] + (1-a)\cdot x[2] = (a^2 + a + 1)(1-a) \quad\cdots\cdots\cdots\cdots\cdots\cdots\text{(3-3)}^{[注5]} \\
&\vdots \\
y[k] &= a\,y[k-1] + (1-a)\cdot x[k] = (a^k + a^{k-1} + \cdots + a^2 + a + 1)(1-a) = 1 - a^{k+1}
\end{aligned}$$

　以上の計算のためのプログラムは簡単に書くことができる．式(3-3)に対応する部分をC言語で書いたものをリスト3-1に示す．ここでは計算結果を標準出力に書き出すようにしている．

注4：今後も，とくに何も条件が示されていなければ，$n<0$に対して$y[n]=0$とする．
注5：$a^k + a^{k-1} + \cdots + a^2 + a + 1$の計算には，次に示す等比数列の和の公式で計算できる．

$$\sum_{k=0}^{K} s r^k = \frac{s(1 - r^{K+1})}{1 - r}$$

　ここで，sは初項，rは公比を表す．

リスト3-1 式(3-3)の計算に対応するプログラム

```
x = 1.0;
y = 0.0;
for (n = 0; n <= k; n++)
{
    y = a*y + (1.0 - a)*x;
    printf("y[%d] = %f¥n", n, y);
}
```

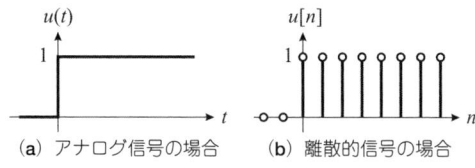

図3-5 単位ステップ信号

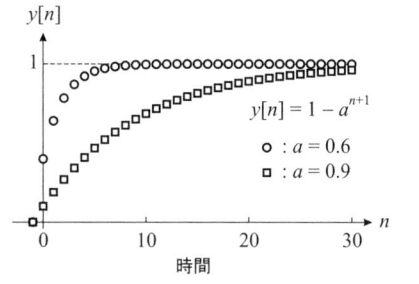
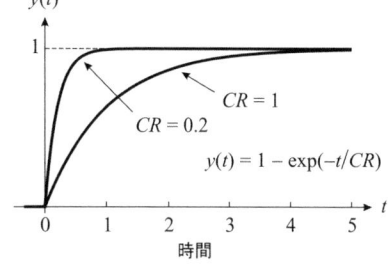

(a) 図3-2の離散時間システム(0 < a < 1の場合)のステップ応答　　(b) 積分回路(図C-1)のステップ応答

図3-6 離散時間システムと連続時間システムのステップ応答の比較

図3-6には離散時間システムの場合と，連続時間システム(コラムCで説明した積分回路)のステップ応答を示す．図3-6(a)は離散時間システムのステップ応答で，$0<a<1$の場合，図3-6(b)には積分回路に対するステップ応答を示す．この両者はよく似ていることがわかる．

次に式の上で比較してみる．図3-3の離散時間システムのステップ応答をあらためて書くと，次のようになる．

$$y[n] = 1 - a^{n+1} \tag{3-4}$$

コラムCの積分回路に対するステップ応答は式(C-1)の微分方程式を解けば求められ，次のようになる．

$$y(t) = 1 - \exp(-t/CR) \tag{3-5}$$

このように，この二つの式はどちらも指数関数になるので，図3-6(b)の波形を標本化したものが，

図3-6(a)に一致することがわかる[注6].

ところで，アナログ回路素子による積分回路で使っている抵抗器の抵抗値RおよびコンデンサのキャパシタンスCは，いずれも物理的な制約により必ず正の値になる．一方，差分方程式(3-1)の係数aは乗算の際の乗数なので，正の値でも負の値でもかまわない．そこで，係数aが$-1<a<0$の場合に対するステップ応答を求めると，図3-7のようになる．この場合は図3-6(a)とは異なり，nの増大とともにステップ応答は振動しながら1に収束している．このような現象は，受動アナログ回路素子による積分回路のステップ応答では見られない．したがって，係数aが$-1<a<0$の場合には，アナログ回路素子による積分回路には対応していないことになる．

以上は$|a|<1$の場合で，いずれにしてもnの増大とともにステップ応答は1に収束する．一方，図3-8には$a>1$の場合と$a<-1$の場合を示すが，この図からわかるように$|a|>1$の場合にはnの増大とともにステップ応答は発散する[注7].

以上をまとめると，図3-3の離散時間システムのステップ応答がアナログ回路素子による積分回路

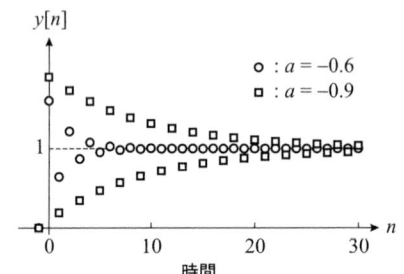

図3-7　図3-3の離散時間システムのステップ応答
($-1<a<0$の場合)

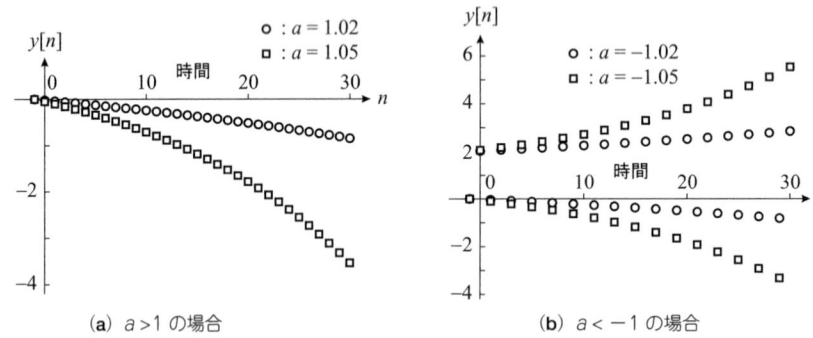

(a) $a>1$の場合　　　　　　　　　(b) $a<-1$の場合

図3-8　図3-3の離散時間システムのステップ応答

注6：$t=0$のときに式(3-5)は0となるが，$n=0$のときに式(3-4)は0にはならない．そこで，正確には式(3-4)を1サンプル分右にシフトした$1-a^n$で考える．ここで，$a=\exp(-T/CR)$とおくと，この式は式(3-5)を標本化間隔Tで標本化したものに等しくなる．
注7：このような状態は不安定な状態と呼ばれ，実際にはこのような状態で使われることはない．

のステップ応答を標本化したものと等しくなるのは $0<a<1$ の場合だけで，その他の場合は異なったものになる．

3.4 伝達関数と周波数応答

3.3では離散時間システムの時間領域のふるまいを見てきた．この節では周波数領域でのふるまいを調べるため，最初に伝達関数（transfer function）を求め，そこから周波数特性を表す関数である周波数応答（frequency response）を求める．

(a) 伝達関数の求め方（その1）

伝達関数[注8]（transfer function）は，次のように定義される．

> **伝達関数の定義**
>
> ある離散時間システムで，入力信号 $x[n]$ の z 変換を $X(z)$，出力信号 $y[n]$ の z 変換を $Y(z)$ とすると，その離散時間システムの伝達関数 $H(z)$ は，次の式で定義される．
>
> $$H(z) = \frac{Y(z)}{X(z)} \quad \cdots\cdots (3\text{-}6)$$
>
> ただし，$n<0$ に対して $x[n]=0$，$y[n]=0$ とする．

この定義でいきなり z 変換が出てきたが，伝達関数を求めるためには，次に示す z 変換についての二つの性質を知っていれば，z 変換そのものを知らなくてもさしつかえない．z 変換そのものについては**第4章**で説明する．

> **伝達関数を求めるために必要な z 変換の性質**
>
> 信号 $x[n]$ の z 変換が $X(z)$ であるとき，$X(z)=\mathscr{Z}\{x[n]\}$ と表すことにする．
>
> (1) **線形性**
>
> $$\mathscr{Z}\{a_1 x_1[n] + a_2 x_2[n]\} = a_1 \mathscr{Z}\{x_1[n]\} + a_2 \mathscr{Z}\{x_2[n]\} \quad \cdots\cdots (3\text{-}7\text{-a})$$
>
> ただし，a_1，a_2 は定数．
>
> (2) **時間軸上のシフト**
>
> $$\mathscr{Z}\{x[n-k]\} = z^{-k} \mathscr{Z}\{x[n]\} \quad \cdots\cdots (3\text{-}7\text{-b})$$

それでは準備ができたので，**図3-3**の離散時間システムの伝達関数を求めよう．このシステムに対する差分方程式をもう一度示す．

$$y[n] = ay[n-1] + (1-a)x[n] \quad \cdots\cdots (3\text{-}8)$$

ここで，入力信号 $x[n]$ の z 変換を $X(z)$，出力信号 $y[n]$ の z 変換を $Y(z)$ とする．まず，z 変換の性質 (2) より，$y[n-1]$ の z 変換は $Y(z)z^{-1}$ と表すことができる．次に z 変換の性質 (1) を考慮して式(3-8)の両辺

注8：システム関数（system function）と呼ばれる場合もある．

の z 変換を行うと次の式が得られる．

$$Y(z) = aY(z)z^{-1} + (1-a)X(z) \quad \cdots\cdots\cdots\cdots\cdots\cdots\cdots\cdots\cdots\cdots\cdots\cdots\cdots\cdots\cdots\cdots (3\text{-}9)$$

したがって，伝達関数 $H(z)$ は次のようになる．

$$H(z) = \frac{1-a}{1-az^{-1}} \quad \cdots\cdots\cdots\cdots\cdots\cdots\cdots\cdots\cdots\cdots\cdots\cdots\cdots\cdots\cdots\cdots\cdots\cdots (3\text{-}10)$$

なお，ここで説明した手順を逆にたどれば，システムの入力と出力の関係を表す差分方程式を，伝達関数から求めることができる．

(b) 伝達関数の求め方（その2）

ブロック図の構成要素の入出力の関係を z 変換された値で表現すれば，伝達関数はブロック図から直接求めることができる．図3-2に示すブロック図の要素に対して，それらの入力信号の z 変換と出力信号の z 変換との関係を図3-9に示す．この関係を使い，図3-3に示すブロック図の各部分における信号の z 変換を図3-10に示す．この式から，直ちに式(3-9)の関係を導くことができ，そこから伝達関数を導くことができる．

(c) 周波数応答の求め方

周波数応答[注9]（frequency response）は周波数特性を表す関数で，伝達関数から簡単に求めることができる．伝達関数は変数 z についての関数だが，この z に対して次のように置き換えると周波数応答が求められる．

$$z = \exp(j\omega T)$$

j：虚数単位（$j = \sqrt{-1}$）
T：標本化間隔 $\quad \cdots\cdots\cdots\cdots\cdots\cdots\cdots\cdots\cdots\cdots\cdots\cdots\cdots\cdots\cdots (3\text{-}11)$
ω：角周波数（$\omega = 2\pi f$, f は周波数）

図3-9 ブロック図の要素における，入力信号の z 変換と出力信号の z 変換との間の関係

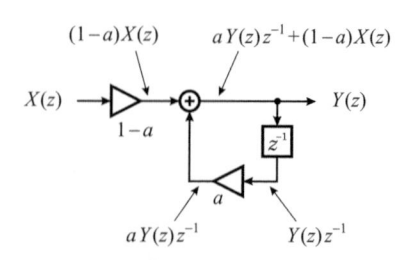

図3.10 図3-3のブロック図と各部における信号の z 変換との関係

注9：周波数応答関数と呼ばれる場合もある．

36　第3章　離散時間システムの基礎

なぜ，このような置き換えを行えばよいかという理由を説明するためには，畳み込みを使う必要があるので，**第4章**の**コラムH**で説明する．

式(3-10)に対して式(3-11)の置き換えを行うと，周波数応答$H(e^{j\omega T})$は次のように求められる．

$$H(e^{j\omega T}) = \frac{1-a}{1-a\exp(-j\omega T)} \quad \cdots\cdots(3\text{-}12)$$

この式の値は複素数になる．一方，周波数特性はシステムの入出力の振幅比に関する周波数特性（以下では単に振幅特性[注10]と呼ぶ）と，入出力の位相差に関する周波数特性（以下では単に位相特性と呼ぶ）に分けて考える場合が多い．振幅特性は$H(e^{j\omega T})$の絶対値に対応し，位相特性は$H(e^{j\omega T})$の偏角(argument)に対応する．$H(e^{j\omega T})$を絶対値$|H(\omega)|$と偏角$\theta(\omega)$で表したものは極形式と呼ばれ，次のようになる．

$$H(e^{j\omega T}) = |H(\omega)|\exp(j\theta(\omega)) \quad \cdots\cdots(3\text{-}13)$$

この式で，$|H(\omega)|$と$\theta(\omega)$は次のようになる．

$$|H(\omega)| = \left|\frac{1-a}{1-a\exp(-j\omega T)}\right| = \frac{|1-a|}{\sqrt{1+a^2-2a\cos\omega T}} \quad \cdots\cdots(3\text{-}14)$$

$$\begin{aligned}\theta(\omega) &= \arg\frac{1-a}{1-a\exp(-j\omega T)} \\ &= -\arg(1-a\exp(-j\omega T)) \\ &= -\tan^{-1}\frac{\operatorname{Im}\{1-a\exp(-j\omega T)\}}{\operatorname{Re}\{1-a\exp(-j\omega T)\}} \\ &= -\tan^{-1}\frac{a\sin\omega T}{1-a\cos\omega T}\end{aligned} \quad \cdots\cdots(3\text{-}15)$$

式(3-15)でRe{ }は実部，Im{ }は虚部を表す．なお，式(3-14)，(3-15)を求める場合にはオイラーの公式(Euler's formula)を使うので，これを**コラムD**に示す．

図3-11には振幅特性，**図3-12**には位相特性を示す．これらの図には，比較のため積分回路の周波数特性[注11]もあわせて示す．なお，この二つの図では，横軸は標本化周波数f_sを基準にして目盛りを付けている．この目盛りの付け方はいくつかの表現方法があり，これを**コラムE**に示す．

注10：振幅特性はデシベル(dB)で表現されることが多い．これは次のように計算する．

$$20\log_{10}|H(\omega)| = 20\log_{10}\frac{\text{出力の振幅}}{\text{入力の振幅}}$$

注11：積分回路の周波数応答$G(\omega)$は次のようになる．

$$G(\omega) = \frac{1}{j\omega CR+1}$$

したがって，振幅特性$|G(\omega)|$，位相特性$\theta(\omega)$は次の式で与えられる．

$$|G(\omega)| = \frac{1}{\sqrt{(CR\omega)^2+1}}, \quad \theta(\omega) = -\tan^{-1}CR\omega$$

また，定数aの値は注6で説明しているように，$a=\exp(-T/CR)$として計算した．

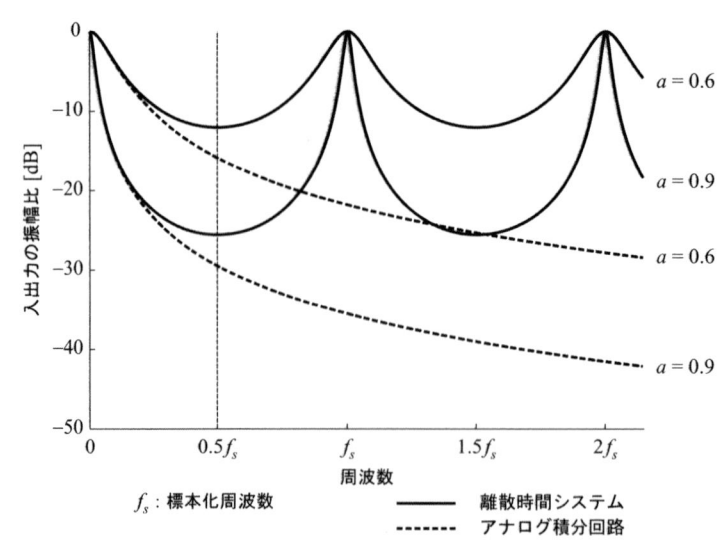

図3-11 離散時間システム(図3-3)の振幅特性

まず，振幅特性から見ていく．積分回路の振幅特性は破線で表しているが，周波数の上昇とともにその値が単調に小さくなっていくため，積分回路は低域通過フィルタとしての特性をもっていることがわかる．一方，離散時間システムの振幅特性は，$0 \sim 0.5f_s$ の周波数範囲では，周波数が高くなるにしたがって，その値がしだいに小さくなっている．とくに周波数が0に近いところではほぼ積分回路の振幅特性に一致している．しかし，周波数が $0.5f_s$ を越えると，いままでとは逆に周波数が高くなるにしたがって，その値がだんだん大きくなり，周波数 f_s では周波数0のときと同じ値になる．さらに周波数が高くなると，その値が小さくなり，あるところで再び上昇に転じるということを繰り返す．したがって，広い周波数範囲でながめると，離散時間システムの振幅特性は，f_s を周期とし

> **Column D**
>
> ### オイラーの公式
>
> オイラーの公式 (Euler's formula) を以下に示す．
>
> $$\begin{aligned} \exp(jx) &= \cos x + j\sin x \\ \exp(-jx) &= \cos x - j\sin x \end{aligned} \quad \cdots\cdots (\text{D-1})$$
>
> この式を組み合わせると，sin，cos は次のように表すことができる．
>
> $$\begin{aligned} \cos x &= \frac{\exp(jx) + \exp(-jx)}{2} \\ \sin x &= \frac{\exp(jx) - \exp(-jx)}{2j} \end{aligned} \quad \cdots\cdots (\text{D-2})$$

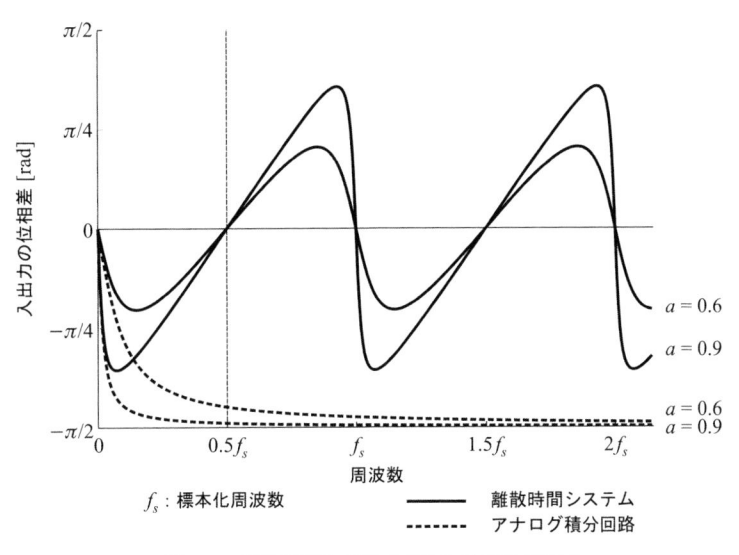

図 3-12　離散時間システム（図 3-3）の位相特性

て同じ特性が繰り返される．

　ところで，離散時間システムを扱う場合には標本化定理を満足するような周波数範囲で扱わなければならない．そうすると，扱う周波数範囲は $0 \sim 0.5f_s$ に限定されるので，この周波数範囲であれば，ここで考えている離散時間システムは低域通過フィルタとして働くことがわかる．

　次に，位相特性を見る．積分回路は周波数の増加とともに単調減少するという位相特性をもっている．一方，離散時間システムの位相特性は，周波数範囲を $0 \sim 0.5f_s$ に限定しても，その特性が積分回路の場合とはかなり異なっている．つまり，周波数が低いところでは，周波数の上昇とともに位相の遅れが増加するが，ある周波数を境に今度は，周波数の上昇とともに増加し，周波数が $0.5f_s$ では，位相遅れが0になる．周波数が $0.5f_s$ を越えると，今までとは逆の動きをし，周波数 f_s ではまた位相遅れが0になる．広い周波数範囲でながめると，振幅特性と同様に f_s を周期として同じ特性が繰り返される．

3.5　簡単なディジタル・フィルタとその周波数特性の例

(a) 移動平均

　第1章では，簡単なディジタル・フィルタの例として移動平均（moving average）を紹介した．移動平均をブロック図で表すと**図3-13**のようになる．これに対応する差分方程式を次に示す．

$$y[n] = \frac{1}{M+1} \sum_{m=0}^{M} x[n-m] \quad \cdots\cdots\cdots\cdots\cdots\cdots\cdots (3\text{-}16)$$

この差分方程式から伝達関数 $H(z)$ を求めると次のようになる．

$$H(z) = \frac{1}{M+1} \sum_{m=0}^{M} z^{-m} \quad \cdots\cdots (3\text{-}17)$$

次に，周波数特性を求めるため，伝達関数に対して $z = \exp(j\omega T)$ と置き換え，さらに振幅特性 $|H(\omega)|$ を求めると次のようになる．

$$|H(\omega)| = \frac{1}{M+1} \cdot \left| \frac{\sin\frac{(M+1)\omega T}{2}}{\sin\frac{\omega T}{2}} \right| \quad \cdots\cdots (3\text{-}18)^{注12}$$

$M = 1, 2, 6$ に対する振幅特性を**図3-14**に示す．この図からわかるように，移動平均は低域通過フィルタの一種であることがわかる．

注12： $\frac{\sin x}{x} = \operatorname{sinc} x$ と書くことがあるが，この表現を使うと振幅特性 $|H(\omega)|$ は次のように表すこともできる．

$$|H(\omega)| = \left| \frac{\operatorname{sinc}\frac{(M+1)\omega T}{2}}{\operatorname{sinc}\frac{\omega T}{2}} \right|$$

Column E

周波数特性表示における横軸の周波数表現について

周波数特性を表示する際に，横軸には周波数や角周波数を使う．しかし，離散時間システムの周波数特性を表示する際は，そのほかに正規化周波数や正規化角周波数を使うこともあるので，お互いの関係と単位について説明する．

周波数を f とすると，角周波数との関係はよく知られているように，

$$\omega = 2\pi f \quad \cdots\cdots (\text{E-1})$$

という関係がある．周波数の単位はHz，角周波数の単位はrad/sである．

次に，離散時間システムの周波数特性を表示する場合に特有なものとして，正規化周波数と正規化角周波数がある．これらは標本化周波数 f_s を基準にした表現である．

正規化周波数とは，周波数 f を標本化周波数 f_s で割ったものとして定義される．正規化周波数を F とすると，次のようになる．

$$F = f/f_s \quad \cdots\cdots (\text{E-2})$$

つまり，標本化周波数を1としたときの周波数と考えてもよい．なお，正規化周波数 F は無次元量であるので，単位はない．

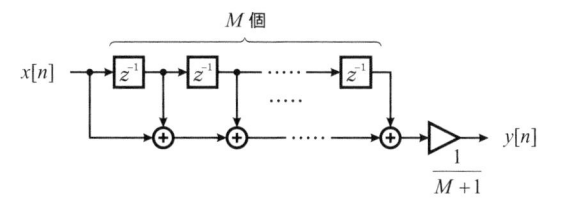

図3-13　移動平均を行うシステムのブロック図

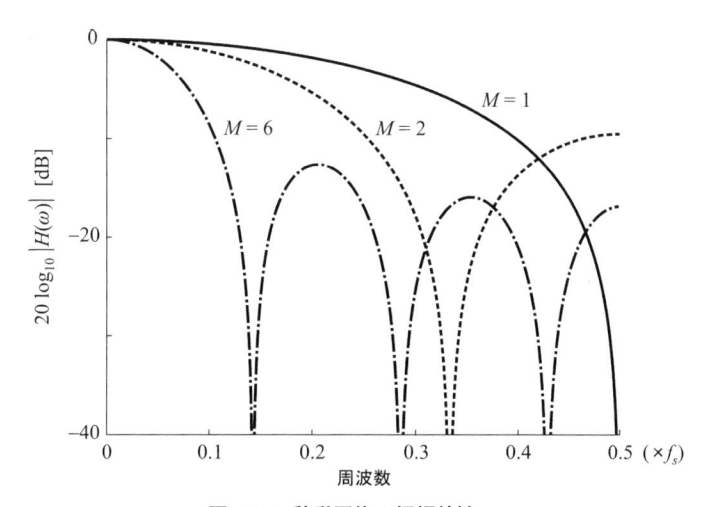

図3-14　移動平均の振幅特性

正規化角周波数Ωと標本化周波数f_sの関係は次のようになる．

$\Omega = \omega/f_s$

単位はradになる．正規化角周波数は標本化周波数を2π radとしたときの角周波数と考えることもできる．

離散時間システムの周波数特性を表示する際に使う，周波数，角周波数，正規化周波数，正規化角周波数の関係を図E-1にまとめて示す．

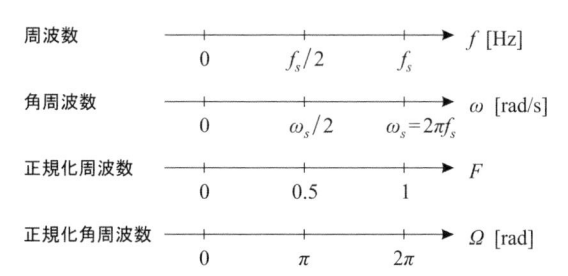

図E-1　離散時間システムで使う周波数，角周波数，正規化周波数，正規化角周波数の関係

3.5　簡単なディジタル・フィルタとその周波数特性の例

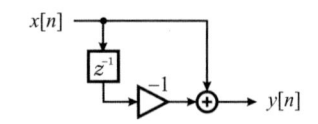

図3-15　差分を行うシステムのブロック図

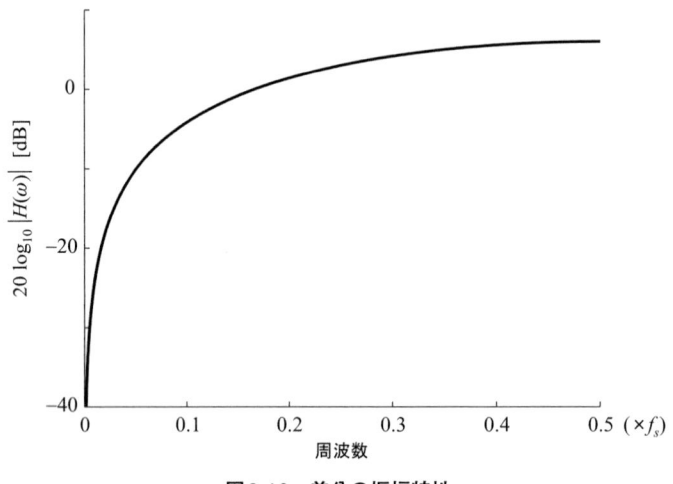

図3-16　差分の振幅特性

(b) 差分

次は，高域通過フィルタの働きをもつ離散時間システムの例を示す．次の差分方程式で表される処理は差分と呼ばれている．

$$y[n] = x[n] - x[n-1] \quad \cdots\cdots\cdots (3\text{-}19)$$

この式に対応するブロック図は図3-15のようになる．伝達関数$H(z)$と振幅特性$|H(\omega)|$は次のようになる．

$$H(z) = 1 - z^{-1} \quad \cdots\cdots\cdots (3\text{-}20)$$

$$|H(\omega)| = 2\left|\sin\frac{\omega T}{2}\right| \quad \cdots\cdots\cdots (3\text{-}21)$$

振幅特性は図3-16のようになり，この差分方程式で示されるシステムは高域通過フィルタの一種であることがわかる．

(c) 共振器

次の差分方程式を考える．

$$y[n] = a_1 y[n-1] + a_2 y[n-2] + (1 - a_1 - a_2)x[n] \quad \cdots\cdots\cdots (3\text{-}22)$$

$$a_1 = 2\exp(-\pi B_0 T)\cos 2\pi F_0 T$$
$$a_2 = -\exp(-2\pi B_0 T)$$
$$b_0 = 1 - a_1 - a_2$$

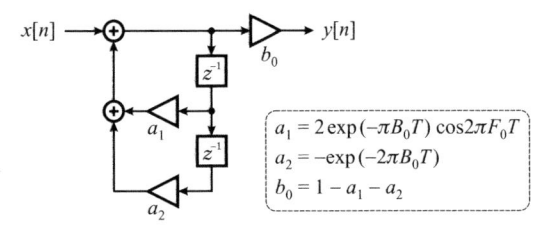

図3-17 共振器のブロック図

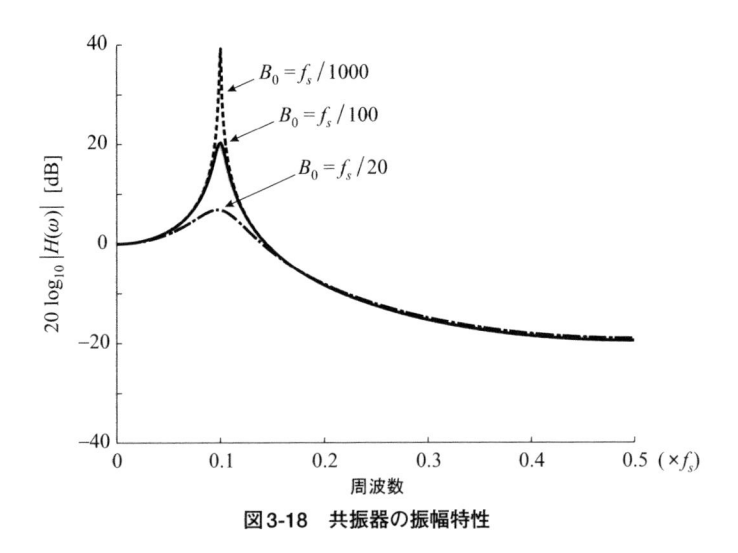

図3-18 共振器の振幅特性

この差分方程式に対応するブロック図を**図3-17**に示す．伝達関数は次のようになる．

$$H(z) = \frac{1 - a_1 - a_2}{1 - a_1 z^{-1} - a_2 z^{-2}} \quad \cdots\cdots (3\text{-}23)$$

このシステムは，伝達関数の分母＝0，つまり $1 - a_1 z^{-1} - a_2 z^{-2} = 0$ を z について解いたときの根が共役複素根になる場合に，共振器になる．その条件は，次の式で与えられる．

$$a_1^2 + 4a_2 < 0 \quad \cdots\cdots (3\text{-}24)$$

振幅特性を計算すると，

$$|H(\omega)| = \frac{|1 - a_1 - a_2|}{\sqrt{1 + a_1^2 + a_2^2 + 2a_1(a_2 - 1)\cos\omega T - 2a_2\cos 2\omega T}} \quad \cdots\cdots (3\text{-}25)$$

になる．この式で，a_2 が1よりわずかに小さい場合，共振器の共振周波数 F_0，共振の帯域幅[注13] B_0 を使うと，係数 a_1, a_2 は以下のように表すことができる．

注13：通常，共振器の帯域幅は，共振周波数における振幅に対して，値が $1/\sqrt{2}$（–3dB）になる点での周波数幅で定義される．

3.5 簡単なディジタル・フィルタとその周波数特性の例

$$a_1 = 2\exp(-\pi B_0 T)\cos 2\pi F_0 T \quad \cdots\cdots\cdots (3\text{-}26\text{-}a)$$

$$a_2 = -\exp(-2\pi B_0 T) \quad \cdots\cdots\cdots (3\text{-}26\text{-}b)$$

図3-18には，$F_0 = f_s/10$とし，B_0を変えた場合の振幅特性を示す．

(d) ノッチ・フィルタ

共振器は特定の周波数成分を強調する働きをもっているが，これと逆の働き，つまり，特定の周波数成分を取り除く働きをするフィルタはノッチ・フィルタ (notch filter) と呼ばれている．

次の差分方程式を考える．

$$y[n] = a_1 y[n-1] + a_2 y[n-2] + c_0(x[n] + b_1 x[n-1] + x[n-2]) \quad \cdots\cdots\cdots (3\text{-}27)$$

この差分方程式で，係数a_1, a_2は式(3-26-a)，(3-26-b)の値[注14]を使い，係数b_1, c_0を以下のように設定すると，ノッチ・フィルタを実現することができる．

$$b_1 = -2\cos 2\pi F_0 T \quad \cdots\cdots\cdots (3\text{-}28\text{-}a)$$

$$c_0 = \frac{1 - a_1 - a_2}{2 + b_1} \quad \cdots\cdots\cdots (3\text{-}28\text{-}b)$$

このノッチ・フィルタの伝達関数$H(z)$は，次のようになる．

$$H(z) = \frac{c_0(1 + b_1 z^{-1} + z^{-2})}{1 - a_1 z^{-1} - a_2 z^{-2}} \quad \cdots\cdots\cdots (3\text{-}29)$$

対応するブロック図を図3-19に示す．図3-20には，$F_0 = f_s/10$とし，B_0を変えた場合の振幅特性を示す．

(e) オールパス・フィルタ

最後に，オールパス・フィルタ (all-pass filter) を示す．オールパス・フィルタの振幅特性は周波数によらず一定で，位相特性だけが周波数により変化する．差分方程式の例を次に示す．

$$y[n] = ay[n-1] - ax[n] + x[n-1] \quad \cdots\cdots\cdots (3\text{-}30)$$

対応するブロック図を図3-21に示す．伝達関数$H(z)$は次のようになる．

$$H(z) = \frac{z^{-1} - a}{1 - az^{-1}} \quad \cdots\cdots\cdots (3\text{-}31)$$

この伝達関数において，分母の式，分子の式はともにz^{-1}に関する1次式になっているので，このようなオールパス・フィルタを1次のオールパス・フィルタと呼ぶ．振幅特性は周波数にはよらずに常に1になる[注15]．

次に，位相特性を求める．周波数応答$H(\omega)$は次のようになる．

注14：ただし，F_0はノッチの周波数，B_0はノッチの幅になる．

注15：$|H(\omega)| = \sqrt{\dfrac{\exp(-j\omega T) - a}{1 - a\exp(-j\omega T)} \cdot \dfrac{\exp(j\omega T) - a}{1 - a\exp(j\omega T)}} = \sqrt{\dfrac{1 - a\exp(-j\omega T) - a\exp(j\omega T) - a^2}{1 - a\exp(j\omega T) - a\exp(-j\omega T) - a^2}} = 1$

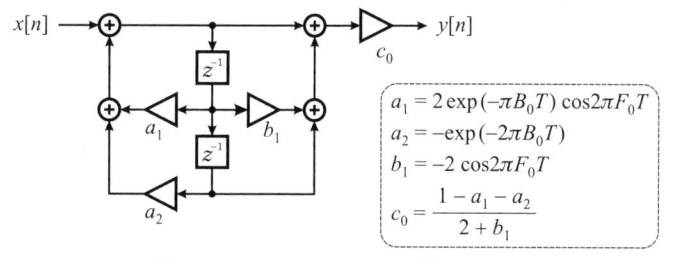

図3-19 ノッチ・フィルタのブロック図

$a_1 = 2\exp(-\pi B_0 T)\cos 2\pi F_0 T$
$a_2 = -\exp(-2\pi B_0 T)$
$b_1 = -2\cos 2\pi F_0 T$
$c_0 = \dfrac{1 - a_1 - a_2}{2 + b_1}$

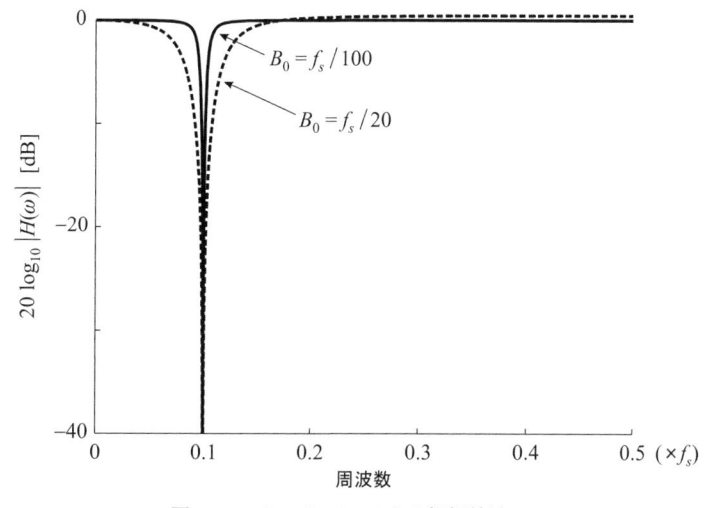

図3-20 ノッチ・フィルタの振幅特性

$$H(\omega) = \frac{\cos\omega T - a - j\sin\omega T}{1 - a\cos\omega T + ja\sin\omega T} \qquad \text{(3-32)}$$

したがって，位相特性 $\theta(\omega)$ は次の式で与えられる．

$$\theta(\omega) = -\tan^{-1}\frac{\sin\omega T}{\cos\omega T - a} - \tan^{-1}\frac{a\sin\omega T}{1 - a\cos\omega T} \qquad \text{(3-33)}$$

このオールパス・フィルタの位相特性を図3-22に示す．

3.6 伝達関数の極・零点配置と周波数特性

次に，伝達関数の極および零点と周波数特性の関係を考える．ディジタル信号処理で普通に使われる離散時間システムの伝達関数 $H(z)$ は，次に示すように，一般に z^{-1} についての有理関数（rational function）で表される．

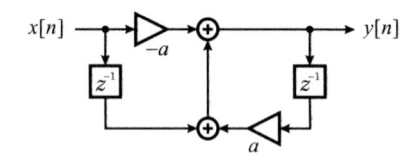

図3-21　1次オールパス・フィルタのブロック図

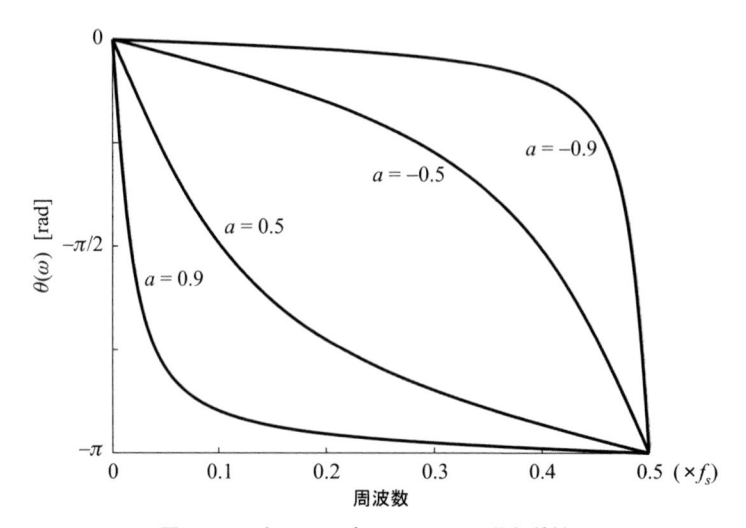

図3-22　1次オールパス・フィルタの位相特性

$$H(z) = \frac{b_0 + b_1 z^{-1} + b_2 z^{-2} + \cdots + b_N z^{-N}}{1 - a_1 z^{-1} - a_2 z^{-2} - \cdots - a_M z^{-M}} \quad \cdots\cdots (3\text{-}34)^{注16}$$

　この伝達関数は変数zの関数であるが，変数zは複素数なので，伝達関数は複素関数（complex function）ということになる．一般に，複素関数の性質は，その極（pole）と零点（zero）により決定されるので，離散時間システムの周波数特性も極と零点で決定される．一般的な複素関数の場合，とくに極を求める場合にいろいろとやっかいなことがあるが，複素関数が有理関数である場合には，極や零点を簡単に求めることができる．

　複素関数が有理関数の場合，関数の値を無限大に発散させるzが極，値を0にするzが零点になる．したがって，$z=0$の点を除く[注17]と，式(3-34)の分母を0にするzが極，分子を0にするzが零点である．つまり極は，

$$1 - a_1 z^{-1} - a_2 z^{-2} - \cdots - a_M z^{-M} = 0 \quad \cdots\cdots (3\text{-}35)$$

注16：分母が$1-a_1z^{-1}-a_2z^{-2}-\cdots-a_Mz^{-M}$という形になっているが，このように表現するとブロック図との対応関係が付けやすくなるためである．したがって，$1+a_1z^{-1}+a_2z^{-2}+\cdots+a_Mz^{-M}$と書いても差し支えない．

注17：$z=0$に存在する極や零点は，振幅特性には影響を及ぼさない．位相特性には影響を及ぼすが，その影響は周波数に比例する位相遅れを生じるだけである．そのため，通常は離散的システムの伝達関数を考える場合に，$z=0$に存在する極や零点を無視しても差し支えない場合が多い．

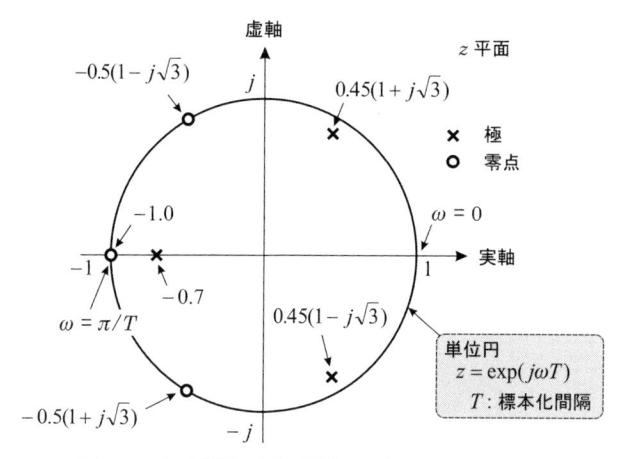

図3-23　伝達関数の極，零点の配置の例

を満足する z，零点は，

$$b_0 + b_1 z^{-1} + b_2 z^{-2} + \cdots + b_N z^{-N} = 0 \quad\quad\quad (3\text{-}36)$$

を満足する z として求められる．

たとえば，伝達関数が次のように与えられているとする．

$$H(z) = \frac{1 + 2z^{-1} + 2z^{-2} + z^{-3}}{1 - 0.2z^{-1} + 0.18z^{-2} - 0.567z^{-3}} \quad\quad\quad (3\text{-}37)$$

極は，

$$1 - 0.2z^{-1} + 0.18z^{-2} - 0.567z^{-3} = (1 + 0.7z^{-1})(1 - 0.9z^{-1} + 0.81z^{-2}) = 0 \quad\quad\quad (3\text{-}38)$$

より，

$$z = -0.7,\ 0.45\left(1 \pm j\sqrt{3}\right)$$

に存在する．零点は，

$$1 + 2z^{-1} + 2z^{-2} + z^{-3} = (1 + z^{-1})(1 + z^{-1} + z^{-2}) = 0 \quad\quad\quad (3\text{-}39)$$

より，

$$z = -1,\ 0.5\left(1 \pm j\sqrt{3}\right)$$

に存在する．

　離散時間システムの周波数特性は，複素平面上の極と零点の配置から知ることができる．式(3-37)の伝達関数に対する極と零点を複素平面上に配置したようすを図3-23に示す．

　図3-23で，紙面に垂直な方向は伝達関数の絶対値を表しているものと考えると，極に対応するあ

3.6　伝達関数の極・零点配置と周波数特性

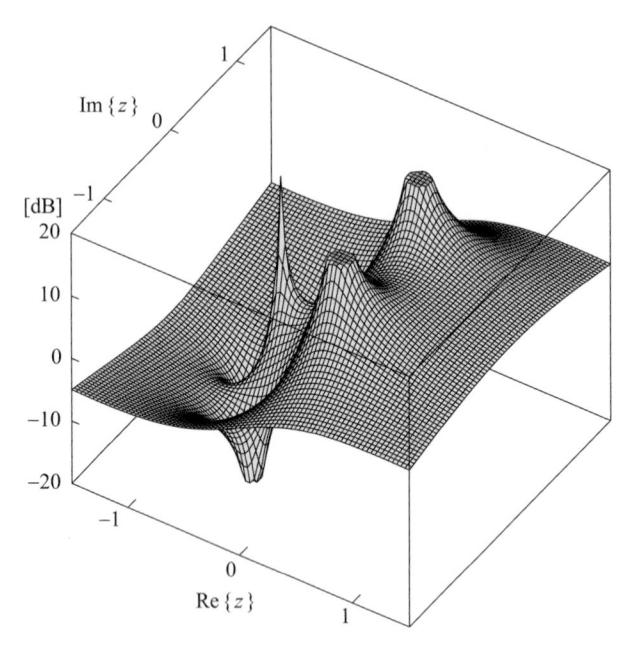

図3-24　伝達関数の絶対値の3次元的な表示

たりでは紙面より手前に飛び出しており，零点に対応するあたりでは紙面より奥に引っ込んでいるものと考えることができる．つまり，3次元的には図3-24のような状態になっているものと考える．この図では伝達関数の絶対値をdB単位で表し，さらに，-20～20dBの範囲だけを示している．

　3.4節では周波数応答を求めるため，$z = \exp(j\omega T)$とおいたが，この式でωを$0 \sim 2\pi/T$の範囲で変化させると，zの軌跡は半径1の円(単位円)になる．一方，振幅特性は$z = \exp(j\omega T)$における$|H(z)|$の値なので，図3-23で，$z = \exp(j\omega T)$における紙面に垂直な方向が振幅特性の値を表していることになる．したがって，図3-23から図3-24のような状態を想像すれば振幅特性がわかることになる．実際に振幅特性を求めてみると，図3-25のようになる．

　なお，図3-25では隠れて見えない部分があるので，この図を真上から見た状態で3次元的に見える図を図3-26に示す．この図はランダム・ドット・ステレオグラム[1]などと呼ばれるもので，この図は交差法[注18]で見たときに，極の付近が手前に飛び出し，零点の付近が奥に引っ込んで見える．この図も図3-24と同様に，-20～20dBの範囲だけを示している．

　周波数応答は，図3-23の極と零点の配置から幾何学的に求めることもできる．このようすを図3-27に示す．まず，単位円の上を動く点をPとする．点Pから，零点までの距離をそれぞれu_1, u_2, u_3とし，極までの距離をそれぞれv_1, v_2, v_3とする．このとき振幅特性$|H(\omega)|$は次のように与えられる．

注18：図の上方に○印が二つあるが，交差法では右目で左の○印，左目で右の○印を見るようにすると，この図は立体的に見える．

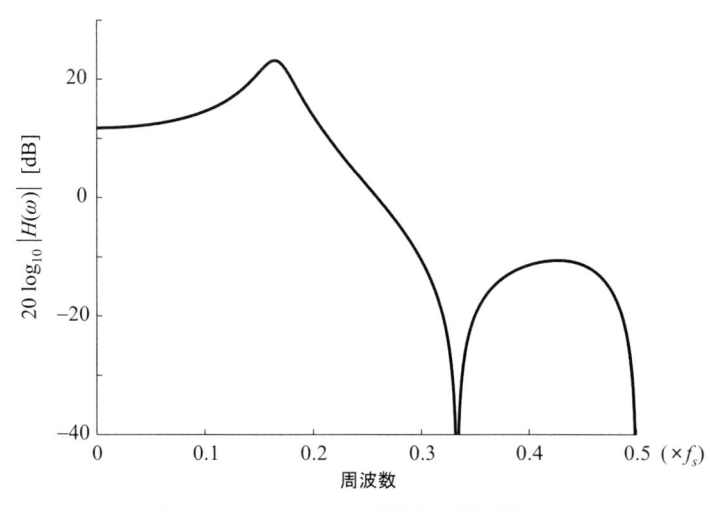

図3-25 式(3-34)の伝達関数の振幅特性

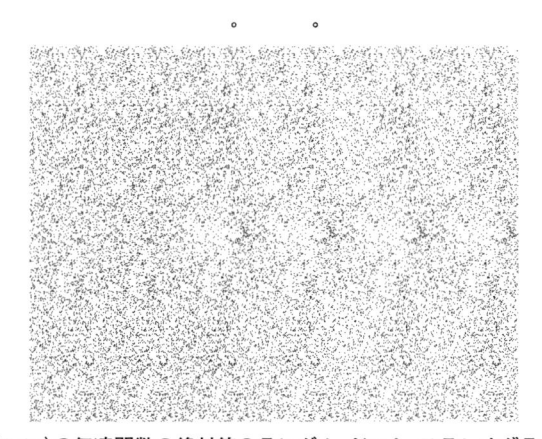

図3-26 式(3-34)の伝達関数の絶対値のランダム・ドット・ステレオグラムによる表示

$$|H(\omega)| = \frac{u_1 \cdot u_2 \cdot u_3}{v_1 \cdot v_2 \cdot v_3} \quad \cdots\cdots\cdots\cdots\cdots (3\text{-}40)$$

また，実軸の正の方向に対して，点Pと零点を結ぶ直線とのなす角をϕ_1, ϕ_2, ϕ_3とし，極を結ぶ直線とのなす角をψ_1, ψ_2, ψ_3とする．このとき，位相特性$\theta(\omega)$は次のように与えられる．

$$\theta(\omega) = \phi_1 + \phi_2 + \phi_3 - (\psi_1 + \psi_2 + \psi_3) \quad \cdots\cdots\cdots\cdots\cdots (3\text{-}41)$$

なお，原点に存在する極や零点は，振幅特性を考える際は無視してもさしつかえないが，位相特性を求める際は，原点に存在する極や零点を考慮する必要がある．

＜2次システムの極，零点配置と振幅特性の例＞

例として，伝達関数が一組の共役複素極をもつ場合と，一組の共役複素零点をもつ場合の，極や

振幅特性: $|H(\omega)| = \dfrac{u_1 \cdot u_2 \cdot u_3}{v_1 \cdot v_2 \cdot v_3}$

位相特性*: $\theta(\omega) = \phi_1 + \phi_2 + \phi_3 - (\psi_1 + \psi_2 + \psi_3)$

＊：位相特性を考える際は，原点に存在する極や零点を考慮する必要がある．

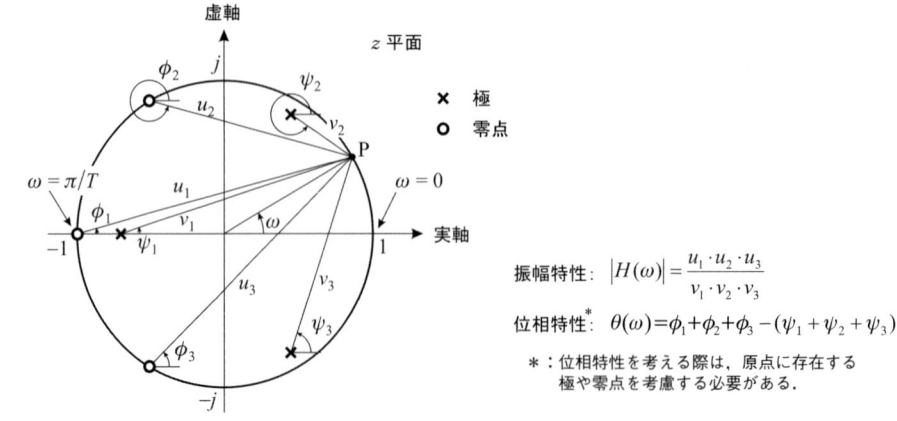

図3-27　伝達関数の極，零点の配置と周波数応答の幾何学的解釈

零点の配置と振幅特性を示す．

一組の共役複素極が $z = r_p \exp(\pm j\theta_p)$ に存在するとき，その伝達関数は次のようになる．

$$H(z) = \dfrac{1}{(1 - r_p \exp(j\theta_p) z^{-1})(1 - r_p \exp(-j\theta_p) z^{-1})} = \dfrac{1}{1 - 2r_p \cos\theta_p z^{-1} + r_p^2 z^{-2}} \quad \cdots\cdots (3\text{-}42)^{注19}$$

また，一組の共役複素零点が $z = r_z \exp(\pm j\theta_z)$ に存在するとき，その伝達関数は次のようになる．

$$H(z) = (1 - r_z \exp(j\theta_z) z^{-1})(1 - r_z \exp(-j\theta_z) z^{-1}) = 1 - 2r_z \cos\theta_z z^{-1} + r_z^2 z^{-2} \quad \cdots\cdots (3\text{-}43)^{注20}$$

図3-28に極，零点の配置と振幅特性を示す．この図で，縦軸は振幅特性の絶対値の対数に対応する．横軸は標本化周波数を1としたときの周波数，つまり正規化周波数[注21]で表している．

図3-28(a)には，極の位置について絶対値は一定（$r_p=0.9$）にして，偏角 θ_p を変化させた場合を示す．θ_p が π に近づくにつれて振幅特性におけるピークの位置が右側に移動する，つまりピークの周波数が高くなることがわかる．図3-28(b)には，極の位置について偏角は一定（$\theta_p=\pi/3$）にして，絶対値 r_p を変化させた場合を示す．この場合は，振幅特性において，ピークの位置，つまり周波数は変わらないが，r_p を1に近づけるとピークが鋭く，r_p を0に近づけるとピークが緩やかになるようすがわかる．

図3-28(c)には零点の位置について絶対値は一定（$r_z=0.9$）にして，偏角 θ_z を変化させた場合，図3-28(d)には零点の位置について偏角は一定（$\theta_z=\pi/3$）にして，絶対値 r_z を変化させた場合を示す．ピークが逆に谷状になることを除いて，極の場合と同様の結果になっている．

注19：この伝達関数は $z=0$ に二重の零点をもつので，正確には一組の共役複素極と二重の零点をもつということになる．しかし，前にも説明したように，離散時間システムでは $z=0$ に存在する零点は振幅特性に影響を及ぼさないので，この零点については無視して，単に一組の複素共役極をもつ伝達関数という言い方をしている．

注20：離散時間システムでは $z=0$ に存在する極は振幅特性に影響を及ぼさないので，$z=0$ に存在する二重極については無視し，一組の複素共役零点をもつ伝達関数という言い方をしている．

注21：コラムEを参照のこと．

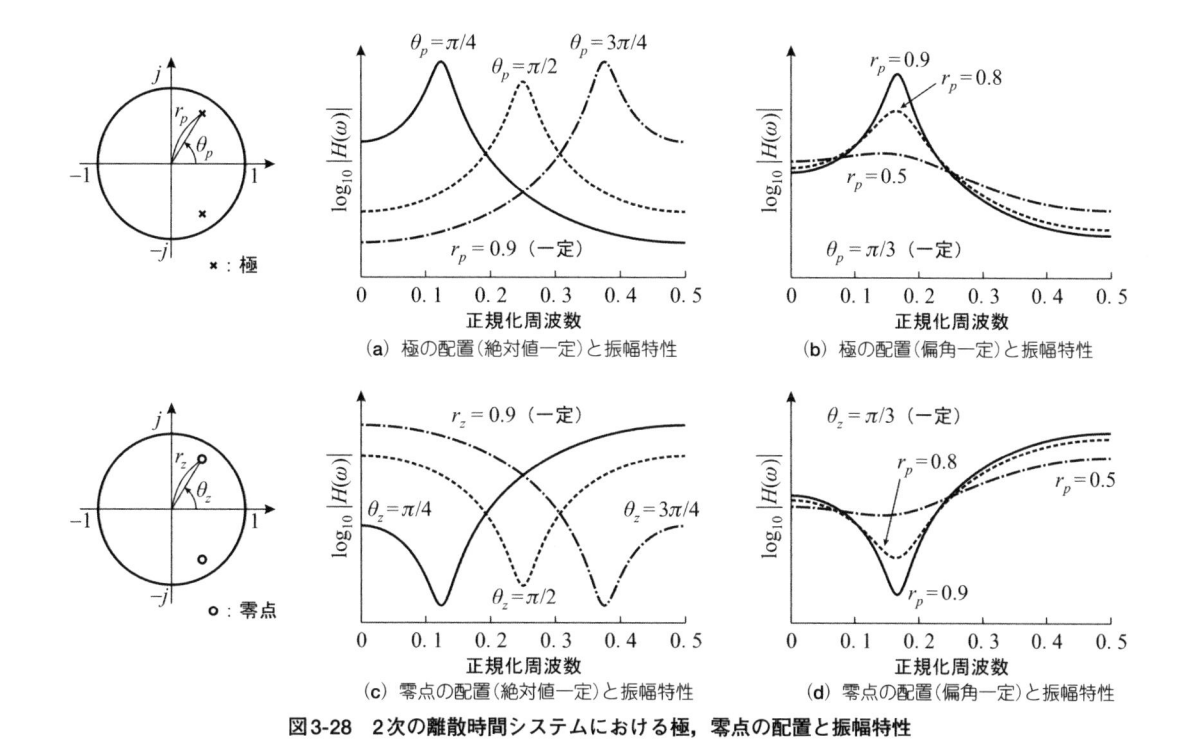

図3-28 2次の離散時間システムにおける極，零点の配置と振幅特性

3.7 離散時間システムの構成

離散時間システムを構成する場合，小さなシステムを組み合わせて大きなシステムを構成する場合がある．ここでは代表的な構成方法である縦続形構成と並列形構成について説明する．

(a) 縦続形構成

図3-29(a)に示すように，二つのシステムを構成したものが縦続形(cascade)構成である．この図で1段目，つまり伝達関数が$H_1(z)$であるシステムの入出力の関係は，

$$U(z) = H_1(z) \cdot X(z) \quad \cdots\cdots (3\text{-}44)$$

になる．2段目の伝達関数が$H_2(z)$であるシステムの入出力の関係は次のようになる．

$$Y(z) = H_2(z) \cdot U(z) \quad \cdots\cdots (3\text{-}45)$$

したがって，全体の入出力の関係は式(3-45)に式(3-44)を代入すると求められ，次のようになる．

$$Y(z) = H_2(z) \cdot H_1(z) \cdot X(z) \quad \cdots\cdots (3\text{-}46)$$

式(3-46)で，$H_2(z) \cdot H_1(z)$という乗算は，$H_1(z) \cdot H_2(z)$という具合に順番を変えても同じである[注22]．した

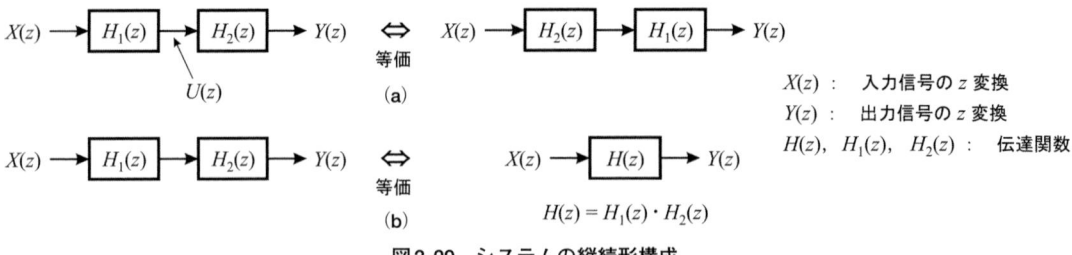

図3-29 システムの縦続形構成

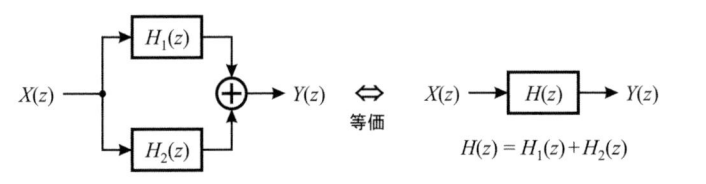

図3-30 システムの並列形構成

がって，式(3-46)は次のように書いてもよい．

$$Y(z) = H_1(z) \cdot H_2(z) \cdot X(z) \quad \cdots\cdots\cdots\cdots\cdots\cdots\cdots\cdots\cdots\cdots\cdots\cdots\cdots\cdots\cdots\cdots\cdots\cdots\cdots\cdots\cdots\cdots\cdots\cdots\cdots\cdots\cdots (3\text{-}47)$$

以上のことから，図3-29(a)の右側の構成と左側の構成は等価であることがわかる．
また，図3-29(b)に示すように，

$$H(z) = H_1(z) \cdot H_2(z) \quad \cdots\cdots\cdots\cdots\cdots\cdots\cdots\cdots\cdots\cdots\cdots\cdots\cdots\cdots\cdots\cdots\cdots\cdots\cdots\cdots\cdots\cdots\cdots\cdots\cdots\cdots\cdots\cdots\cdots (3\text{-}48)$$

の関係があれば，右側のように一つのシステムにまとめることができる．逆に，右側のシステムを，左側のように二つのシステムを縦続接続した構成に変換することも可能である．

(b) 並列形構成

二つのシステムを図3-30の左側のように接続して構成したものが並列形(parallel)構成である．この場合，左側のシステムを右側のように一つのシステムにまとめた場合，その伝達関数$H(z)$は以下のようになる．

$$H(z) = H_1(z) + H_2(z) \quad \cdots\cdots\cdots\cdots\cdots\cdots\cdots\cdots\cdots\cdots\cdots\cdots\cdots\cdots\cdots\cdots\cdots\cdots\cdots\cdots\cdots\cdots\cdots\cdots\cdots\cdots\cdots (3\text{-}49)$$

また，縦続形構成の場合と同様に，その逆も成り立つ．

参考文献

1) 三上直樹；アルゴリズム教科書，第8章，CQ出版社，1996年．

注22：正確には，たとえば行列同士の乗算の場合のように，乗算の順番を変えたときに結果は同じとは限らない場合がある．しかし本書の範囲ではそのようなことは想定していない．通常の複素数であれば乗算の順番を変えても結果は同じになる．

付録 3.1　シグナル・フロー・グラフ

本書では，離散時間システムを図として表現する場合にブロック図を使うが，そのほかによく使われるものとしてシグナル・フロー・グラフ(signal flow graph)があるので，簡単に紹介する．図3-3のブロック図に対応するシグナル・フロー・グラフを図3-Aに示す．

シグナル・フロー・グラフでは，信号を節点(node)で表し，その近くに信号を表す記号を書く．この信号を表す記号は省略する場合もある．また，乗算器や単位遅延素子は信号の流れの方向に一致する矢印のついた枝(branch)で表し，その矢印の近くにはトランスミッタンス(transmittance)，つまり乗算の定数や単位遅延を表す記号(z^{-1})，伝達関数を書く．乗算の定数が1の場合にはトランスミッタンスを省略する．

シグナル・フロー・グラフを一般的に描いたものを図3-B(a)に示し，この図のいくつかの節点間の関係を図3-B(b)に示す．この図では，$x_1[n]$, $x_2[n]$, $w_1[n]$, $w_2[n]$, $y_1[n]$, $y_2[n]$が各節点の信号を表す．また，a, z^{-1}, $G(z)$がトランスミッタンスを表す．

節点には入力点，出力点，分岐点，加算点の種類があるが，どれも同じ記号を使う．端に存在する節点を入力点または出力点を表す．そのどちらかということは枝の矢印の向きから決定される．その他，端以外の節点も二つの意味をもっている．一つは加算点でもう一つは分岐点である．この区別も枝の矢印の向きからわかる．

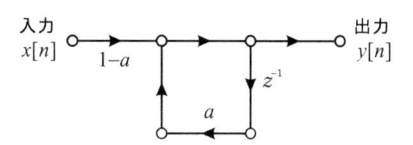

図 3-A　図3-3のブロック図に対応するシグナル・フロー・グラフ

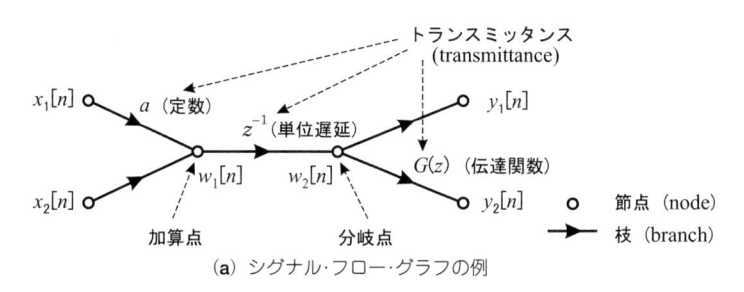

(a) シグナル・フロー・グラフの例

時間領域	z 領域
$w_1[n] = a \cdot x_1[n] + x_2[n]$ ↔	$W_1(z) = a \cdot X_1(z) + X_2(z)$
$w_2[n] = w_1[n-1]$ ↔	$W_2(z) = W_1(z) \cdot z^{-1}$
$y_2[n] = \sum_k w_2[k] \cdot g[n-k]$ ↔	$Y_2(z) = W_2(z) \cdot G(z)$

(b) 節点の間の関係の例

図 3-B　シグナル・フロー・グラフの説明

第4章 z変換と離散時間システム

4.1 z変換

アナログ電子回路素子によるシステムを解析する際に，ラプラス変換（Laplace transform）は非常に有効な手段になるが，離散時間システムの場合はラプラス変換の代わりに z 変換が使われる．ラプラス変換と z 変換の関係はコラムFで説明する．

(a) z変換の定義

離散的信号 $f[n]$ の z 変換 $F(z)$ は，次のように定義される[注1]．

z変換の定義

$$F(z) = \sum_{n=0}^{\infty} f[n] z^{-n} \quad \cdots\cdots (4\text{-}1)$$

これとは逆に，z 変換 $F[z]$ が与えられているとき，それに対応する離散的信号 $f[n]$ を求めるには逆 z 変換を使う．その定義は次のようになる．

$$f[n] = \frac{1}{2\pi j} \oint_C F(z) z^{n-1} dz \quad \cdots\cdots (4\text{-}2)$$

ここで，C は積分路を表す閉曲線で，積分は左回り（counterclockwize）に行う．通常，この積分路は

注1：この定義は片側 z 変換（one-sided z-transform）と呼ばれる場合もある．これに対して，両側 z 変換（two-sided z-transform）と呼ばれるものもあり，こちらは次のように定義される．

$$F(z) = \sum_{n=-\infty}^{\infty} f[n] z^{-n}$$

本書で扱っているような時間信号を対象とするディジタル信号処理の場合，信号やシステムの多くは因果的（causal）である．因果的信号（causal signal）とは $n<0$ に対して $f[n]=0$ になる信号である．また，因果的システム（causal system）とは，入力信号より出力信号が先に現れないようなシステムのことである．したがって，本書では z 変換として片側 z 変換を使うことになる．もし，信号やシステムが因果的ではない場合は，両側 z 変換を使わなければならない．

被積分 $F(z)z^{n-1}$ のすべての極を囲むように決める．式(4-2)からは，逆z変換の計算は難しそうに見えるが，実際はこの積分を行わなくても逆z変換を計算することができる．詳しくは **4.2節** で説明する．

z変換の簡単な計算例として，次の指数関数のz変換の計算を示す．

$$f[n] = \begin{cases} 0, & n < 0 \\ a^n, & n \geq 0 \end{cases} \quad \cdots\cdots\cdots (4\text{-}3)$$

この離散的信号のz変換を$F(z)$とすると，

$$F(z) = \sum_{n=0}^{\infty} a^n z^{-n} = \sum_{n=0}^{\infty} \left(az^{-1}\right)^n = \frac{1}{1-az^{-1}} \quad \cdots\cdots\cdots (4\text{-}4)$$

この計算は，無限等比級数の和の公式[注2]を使うと簡単にできる．ただし，式(4-4)の計算は次の条件が成り立たない場合は計算ができない．

Column F

z変換とラプラス変換の関係

関数$f(t)$のラプラス変換$F(s)$は，次の式で定義される．

$$F(s) = \int_0^{\infty} f(t) e^{-st} dt \quad \cdots\cdots\cdots (\text{F-1})$$

関数$f(t)$を標本化間隔Tで標本化した信号$f(nT)$は **付録2.1** で説明したように，デルタ関数$\delta(t)$を使って表現できる．この関数$f(t)$が$t<0$のとき$f(t)=0$であれば，$f(nT)$は次のように表すことができる．

$$f(nT) = f(t) \sum_{n=0}^{\infty} \delta(t - nT) \quad \cdots\cdots\cdots (\text{F-2})$$

したがって，標本化した信号$f(nT)$のラプラス変換を$F_s(s)$とすると，次のようになる．

$$\begin{aligned}
F_s(s) &= \int_0^{\infty} f(nT) e^{-st} dt \\
&= \int_0^{\infty} \left[f(t) \sum_{n=0}^{\infty} \delta(t - nT) \right] e^{-st} dt \quad \cdots\cdots\cdots (\text{F-3}) \\
&= \sum_{n=0}^{\infty} f(nT) e^{-snT}
\end{aligned}$$

この式で，$z = e^{sT}$と置き換え，$F_s(s)$の代わりに$F(z)$と書くことにすると，次の式を得る．

$$F(z) = \sum_{n=0}^{\infty} f(nT) z^{-n} \quad \cdots\cdots\cdots (\text{F-4})$$

ところで，**第2章** でも説明したように，標本化間隔Tは通常一定なので，これを省略してもさしつかえない．そこで，この式は次のように書いてもさしつかえない．

$$F(z) = \sum_{n=0}^{\infty} f[n] z^{-n} \quad \cdots\cdots\cdots (\text{F-5})$$

この式は式(4-1)に示すz変換の定義に一致する．

$|az^{-1}|<1$, つまり $|z|>|a|$ .... (4-5)

この条件を満足しない場合，無限級数は発散するので，値を求めることはできない．

このように，z変換を使う場合は，式(4-1)が収束するようなzの範囲，つまりzの収束領域(region of convergence)を考慮する必要がある．しかし，本書の範囲では，収束領域についてはとくに考慮しなくても大きな支障は生じない．

代表的な離散的信号のz変換の例を**表4-1**に示す．

(b) z変換の性質

z変換の性質は，すでに伝達関数を求めるために使っているが，ここではそれ以外の性質も含めて示す．以下では，小文字で信号を表す関数を示し，大文字でそのz変換を示し，$\mathscr{Z}\{\cdot\}$でz変換の操作を表すことにする．また，

$\mathscr{Z}\{x[n]\}=X(z)$, $\mathscr{Z}\{y[n]\}=Y(z)$

とする．さらに，$n<0$に対して$x[n]=0$, $y[n]=0$とする．

表4-1 代表的な離散的信号のz変換の例

信号：$x[n], n\geq 0$	z変換：$X(z)$
$\delta[n]$：単位インパルス関数	1
$u[n]$：単位ステップ関数	$\dfrac{1}{1-z^{-1}}$
a^n	$\dfrac{1}{1-az^{-1}}$
$\sin[\omega Tn]$	$\dfrac{(\sin\omega T)z^{-1}}{1-2(\cos\omega T)z^{-1}+z^{-2}}$
$\cos[\omega Tn]$	$\dfrac{1-(\cos\omega T)z^{-1}}{1-2(\cos\omega T)z^{-1}+z^{-2}}$
$e^{-aTn}\sin[\omega Tn]$	$\dfrac{e^{-aT}(\sin\omega T)z^{-1}}{1-2e^{-aT}(\cos\omega T)z^{-1}+e^{-2aT}z^{-2}}$
$e^{-aTn}\cos[\omega Tn]$	$\dfrac{1-e^{-aT}(\cos\omega T)z^{-1}}{1-2e^{-aT}(\cos\omega T)z^{-1}+e^{-2aT}z^{-2}}$

- いずれの信号$x[n]$も $n<0$ に対して，$x[n]=0$とする．
- T：サンプリング間隔

注2：無限等比級数の和の公式は次のようになる．

$\displaystyle\sum_{n=0}^{\infty}ar^n=\dfrac{a}{1-r}$, ただし，$|r|<1$の場合．

z変換には以下の性質がある．

(1) 線形性： $\mathcal{Z}\{ax[n]+by[n]\} = a\mathcal{Z}\{x[n]\} + b\mathcal{Z}\{y[n]\}$， a，b，は定数
(2) 時間軸上のシフト： $\mathcal{Z}\{x[n-k]\} = z^{-k}\mathcal{Z}\{x[n]\}$
(3) 指数関数の乗算： $\mathcal{Z}\{a^n x[n]\} = X(z/a)$
(4) 時間領域での畳み込み： $\mathcal{Z}\{x[n]*y[n]\} = X(z)\cdot Y(z)$

ただし，$*$は畳み込み演算を表す記号で，

$$x[n]*y[n] = \sum_{m=-\infty}^{\infty} x[m]\cdot y[n-m] = \sum_{m=-\infty}^{\infty} x[n-m]\cdot y[m]$$

のように定義される．

(5) z領域での畳み込み：
$$\mathcal{Z}\{x[n]\cdot y[n]\} = \frac{1}{2\pi j}\oint_C X(zv^{-1})Y(v)v^{-1}\,dv$$
$$= \frac{1}{2\pi j}\oint_C X(v)Y(zv^{-1})v^{-1}\,dv$$

4.2 逆z変換の計算方法

逆z変換の計算法には，留数定理（residue theorem）を使う方法[注3]，べき級数展開法，部分分数展開法がよく使われる．ここではもっとも簡単な部分分数展開法について説明し，計算の例を示す．そのほかの方法については参考文献1）などを参照してほしい．

ディジタル信号処理に現れるz変換された関数の多くは，基本的にz^{-1}に関する有理関数として表される．その関数を$F(z)$とすると，

$$F(z) = \frac{b_0 + b_1 z^{-1} + b_2 z^{-2} + \cdots + b_N z^{-N}}{1 - a_1 z^{-1} - a_2 z^{-2} - \cdots - a_M z^{-M}} \quad \cdots\cdots (4\text{-}6)$$

のようになる．この場合，逆z変換の計算を行うためには，式(4-2)の積分を計算する必要はなく，この$F(z)$を分数式の和の形に変形する，つまり部分分数展開することで，簡単に逆z変換を行うことができる．

以下では二つのケースについて説明するが，いずれの場合も分母多項式$=0$，つまり，

$$1 - a_1 z^{-1} - a_2 z^{-2} - \cdots - a_M z^{-M} = 0$$

を満足する根は単根で，それらを$p_k (k=1,2,\cdots,M)$とする．

◆ $M > N$の場合

式(4-6)で，$M > N$，つまり分母の次数が分子の次数よりも大きい場合は，次のようにして逆z変換

注3：逆z変換の定義 $f[n] = \frac{1}{2\pi j}\oint_C F(z)z^{n-1}\,dz$ において，$F(z)$がz（またはz^{-1}）に関する有理関数の場合に，逆z変換は留数定理により次のように計算できる．被積分関数$F(z)z^{n-1}$の極の中で，積分路の内部にK個の極$z_k (k=1,2,\cdots,K)$が存在し，z_kに対する被積分関数の留数を $\operatorname*{Res}_{z=z_k} F(z)z^{n-1}$ と書くことにすると，逆z変換は次の式で計算できる．

$$f[n] = \sum_{k=1}^{K} \operatorname*{Res}_{z=z_k} F(z)z^{n-1}$$

を行うことができる．

まず，式(4-6)を次の形に部分分数展開する．

$$F(z) = \frac{A_1}{1-p_1 z^{-1}} + \frac{A_2}{1-p_2 z^{-1}} + \cdots + \frac{A_M}{1-p_M z^{-1}} \quad \cdots (4\text{-}7)$$

ここで，$A_k (k=1,2,\cdots,M)$は定数で，次のようにして求めることができる．

$$A_k = \left(1-p_k z^{-1}\right) F(z)\Big|_{z=p_k}, \quad k=1,2,\cdots,M \quad \cdots (4\text{-}8)$$

一方，逆z変換はz変換とは逆の操作なので，逆z変換の記号を$\mathscr{Z}^{-1}\{\cdot\}$と書くことにすると，**表4-1**より，

$$\mathscr{Z}^{-1}\left\{\frac{1}{1-az^{-1}}\right\} = \begin{cases} a^n, & n \geq 0 \\ 0, & n < 0 \end{cases} \quad \cdots (4\text{-}9)$$

になることがわかる．さらに，z変換の性質で示したように，z変換は線形の変換なので，逆z変換も線形の変換になる．したがって，式(4-7)の逆z変換は次のようになる．

$$f[n] = \begin{cases} A_1 p_1^n + A_2 p_2^n + \cdots + A_M p_M^n, & n \geq 0 \\ 0, & n < 0 \end{cases} \quad \cdots (4\text{-}10)$$

なお，式(4-10)は単位ステップ信号$u[n]$を使って，次のように場合分けをしないで表現する場合もある．

$$f[n] = \left(A_1 p_1^n + A_2 p_2^n + \cdots + A_M p_M^n\right) u[n] \quad \cdots (4\text{-}11)$$

◆ $M \leq N$の場合

式(4-6)で$M \leq N$，つまり分子の次数が分母の次数に等しいか大きい場合は，次のようにして逆z変換を行うことができる．

まず，分子多項式の次数が分母多項式の次数より小さくなるように除算を行い，さらに有理関数の部分を部分分数に展開して，次のような形に変形する．

$$F(z) = B_K z^{-K} + B_{K-1} z^{-(K-1)} + \cdots + B_1 z^{-1} + B_0 + \frac{A_1}{1-p_1 z^{-1}} + \frac{A_2}{1-p_2 z^{-1}} + \cdots + \frac{A_M}{1-p_M z^{-1}} \quad \cdots (4\text{-}12)$$

ここで，$K=N-M$である．この式で，

$$\frac{A_1}{1-p_1 z^{-1}} + \frac{A_2}{1-p_2 z^{-1}} + \cdots + \frac{A_M}{1-p_M z^{-1}}$$

の部分の逆z変換については$M>N$の場合と同じように考えればよい．

$B_k z^{-k} + B_{k-1} z^{-(k-1)} + \cdots + B_1 z^{-1} + B_0$の逆$z$変換は次のように考える．まず，**表4-1**より，

$$\mathscr{Z}^{-1}\{1\} = \delta[n] \quad \cdots (4\text{-}13)$$

になることがわかる．これに時間軸上のシフトに関するz変換の性質を使うと，次のようになる．

$$\mathscr{Z}^{-1}\{z^{-k}\} = \delta[n-k], \quad k=1,2,\cdots,K \quad \cdots (4\text{-}14)$$

したがって，

$$\mathscr{Z}^{-1}\{B_K z^{-K} + B_{K-1} z^{-(K-1)} + \cdots + B_1 z^{-1} + B_0\} = B_K \delta[n-K] + B_{K-1}\delta[n-(K-1)] + \cdots + B_1\delta[n-1] + B_0\delta[n]$$ ………… (4-15)

になる．以上のことをまとめると，$F(z)$ の逆 z 変換 $f(n)$ は次のようになる．

$$f[n] = \begin{cases} B_K\delta[n-K] + B_{K-1}\delta[n-(K-1)] + \cdots + B_1\delta[n-1] + B_0\delta[n] \\ \qquad\qquad + A_1 p_1^n + A_2 p_2^n + \cdots + A_M p_M^n, \quad n \geq 0 \\ 0, \qquad\qquad\qquad\qquad\qquad\qquad\qquad\qquad n < 0 \end{cases}$$ ………… (4-16)

<逆 z 変換の例>

◆ 例 1 ： $F(z) = \dfrac{0.2}{1 - 1.1z^{-1} + 0.3z^{-2}}$ の逆 z 変換

この式を部分分数に展開すると，次の形になる．

$$\frac{0.2}{1 - 1.1z^{-1} + 0.3z^{-2}} = \frac{0.2}{(1 - 0.6z^{-1})(1 - 0.5z^{-1})} = \frac{A_1}{1 - 0.6z^{-1}} + \frac{A_2}{1 - 0.5z^{-1}}$$ ………… (4-17)

ここで，式 (4-8) を適用すると，A_1, A_2 は次のように求められる．

$$A_1 = \left.\frac{0.2}{1 - 0.5z^{-1}}\right|_{z=0.6} = 1.2 \quad A_2 = \left.\frac{0.2}{1 - 0.6z^{-1}}\right|_{z=0.5} = -1$$ ………… (4-18)

したがって，逆 z 変換 $f[n]$ は次のようになる．

$$f[n] = \left(1.2 \cdot 0.6^n - 0.5^n\right) u[n] = \left(2 \cdot 0.6^{n+1} - 0.5^n\right) u[n]$$ ………… (4-19)

◆ 例 2 ： $F(z) = \dfrac{1 - 0.3z^{-1} + 0.1z^{-2} - 0.1z^{-3}}{1 + 0.3z^{-1} - 0.1z^{-2}}$ の逆 z 変換

最初に，以下のように割り算を行う．

$$\begin{array}{r}
z^{-1} + 2 \\
-0.1z^{-2} + 0.3z^{-1} + 1 \overline{\smash{)}\,-0.1z^{-3} + 0.1z^{-2} - 0.3z^{-1} + 1} \\
\underline{-0.1z^{-3} + 0.3z^{-2} + z^{-1}} \\
-0.2z^{-2} - 1.3z^{-1} + 1 \\
\underline{-0.2z^{-2} + 0.6z^{-1} + 2} \\
-1.9z^{-1} - 1
\end{array}$$

この結果を使って，この式を式 (4-12) の形に変形する．

$$F(z) = \frac{1 - 0.3z^{-1} + 0.1z^{-2} - 0.1z^{-3}}{1 + 0.3z^{-1} - 0.1z^{-2}} = z^{-1} + 2 + \frac{-1 - 1.9z^{-1}}{1 + 0.3z^{-1} - 0.1z^{-2}}$$ ………… (4-20)

この式で，有理関数の部分は次のように部分分数展開できる．

$$\frac{-1 - 1.9z^{-1}}{1 + 0.3z^{-1} - 0.1z^{-2}} = \frac{2}{1 + 0.5z^{-1}} - \frac{3}{1 - 0.2z^{-1}}$$ ………… (4-21)

したがって，逆 z 変換 $f[n]$ は次のようになる．

$$f[n] = \delta[n-1] + 2\delta[n] + \left(2(-0.5)^n - 3 \cdot 0.2^n\right)u[n] \quad \cdots\cdots (4\text{-}22)$$

◆ 例3： $F(z) = 1 + 0.5z^{-1} - 0.3z^{-2}$ の逆z変換

この式は，式(4-12)で $A_1, A_2, \cdots, A_M$ がすべて0の場合に相当する．したがって，逆z変換 $f[n]$ は式(4-15)を使ってただちに求められる．

$$\begin{aligned} f[n] &= \delta[n] + 0.5\delta[n-1] - 0.3\delta[n-2] \\ &= \begin{cases} 1, & n=0 \\ 0.5, & n=1 \\ -0.3, & n=2 \\ 0, & n<0 \text{ または } n>2 \end{cases} \end{aligned} \quad \cdots\cdots (4\text{-}23)$$

4.3　z変換の応用

差分方程式から伝達関数を求めることは，z変換の応用の中でも重要であるが，すでに**第3章**で説明しているので，ここでは別の応用について説明する．

$H(z)$ という伝達関数をもつ離散時間システムに，信号 $x[n]$ を入力として加えた場合に，出力信号 $y[n]$ を求めるという問題も，z変換を使えば簡単に解くことができる．

入力信号 $x[n]$ のz変換を $X(z)$，出力信号 $y[n]$ のz変換を $Y(z)$ とすると，伝達関数の定義から，次の式が成り立つことがわかる．

$$Y(z) = H(z) \cdot X(z) \quad \cdots\cdots (4\text{-}24)$$

したがって，$Y(z)$ を逆z変換すれば出力信号 $y[n]$ を求めることができる．

<例>

第3章の**図3-3**に示している離散時間システムに，入力信号として指数関数で表される $x[n] = 0.8^n u[n]$ という信号を加えたときの出力信号を求めよう．このシステムで $a = 0.6$ とすると，伝達関数は次のようになる．

$$H(z) = \frac{0.4}{1 - 0.6z^{-1}} \quad \cdots\cdots (4\text{-}25)$$

入力信号 $x[n]$ のz変換 $X(z)$ は**表4-1**より次のようになる．

$$X(z) = \frac{1}{1 - 0.8z^{-1}} \quad \cdots\cdots (4\text{-}26)$$

したがって，出力信号のz変換 $Y(z)$ は次のようになる．

$$Y(z) = \frac{0.4}{(1 - 0.8z^{-1})(1 - 0.6z^{-1})} \quad \cdots\cdots (4\text{-}27)$$

これを部分分数展開すると，

$$Y(z) = \frac{1.6}{1-0.8z^{-1}} - \frac{1.2}{1-0.6z^{-1}} \quad \cdots\cdots\cdots\cdots\cdots\cdots\cdots\cdots\cdots\cdots\cdots\cdots\cdots\cdots (4\text{-}28)$$

になる．したがって，出力信号 $y[n]$ は次のようになる．

$$y[n] = (1.6 \cdot 0.8^n - 1.2 \cdot 0.6^n)u[n] = 2(0.8^{n+1} - 0.6^{n+1})u[n] \quad \cdots\cdots\cdots\cdots\cdots (4\text{-}29)$$

4.4 伝達関数とインパルス応答

(a) インパルス応答

離散時間システムの時間領域のふるまいを記述するために，インパルス応答（impulse response）を使う場合もある．離散時間システムのインパルス応答は，入力に式(4-30)で示される離散的単位インパルス信号 $\delta[n]$ を加えたときの出力として与えられる．

$$\delta[n] = \begin{cases} 1, & n = 0 \\ 0, & n \neq 0 \end{cases} \quad \cdots\cdots\cdots\cdots\cdots\cdots\cdots\cdots\cdots\cdots\cdots\cdots\cdots\cdots\cdots\cdots\cdots (4\text{-}30)$$

図4-1に離散的単位インパルス信号を示す．

具体的な例として，**図3-3**のブロック図で示される離散時間システムのインパルス応答 $h[n]$ を，ステップ応答を求めた場合と同じように素朴な方法で求める．

差分方程式を以下に再び示す．

$$y[n] = ay[n-1] + (1-a)x[n] \quad \cdots\cdots\cdots\cdots\cdots\cdots\cdots\cdots\cdots\cdots\cdots\cdots (4\text{-}31)$$

$n<0$ に対しては $h[n]=0$ とし，$h[0]$ から，以下に示すように順に計算する．

$$\begin{aligned}
h[0] &= ah[-1] + (1-a) \cdot \delta[0] = 0 + (1-a) \cdot 1 = 1-a \\
h[1] &= ah[0] + (1-a) \cdot \delta[1] = a(1-a) + (1-a) \cdot 0 = a(1-a) \\
h[2] &= ah[1] + (1-a) \cdot \delta[2] = a^2(1-a) \\
&\vdots \\
h[k] &= ah[k-1] + (1-a) \cdot \delta[k] = a^k(1-a)
\end{aligned} \quad \cdots\cdots (4\text{-}32)$$

離散時間システムのインパルス応答は，ステップ応答の場合と同じように，$|a|<1$ の場合に収束する．**図4-2**には $0<a<1$ の場合に対するインパルス応答を示す．

このインパルス応答を使うと，一般に離散時間システム[注4]の入出力の関係を次のように表すことができる．

$$y[n] = \sum_{m=-\infty}^{\infty} h[m] \cdot x[n-m] = \sum_{m=-\infty}^{\infty} h[n-m] \cdot x[m] = h[n] * x[n] \quad \cdots\cdots\cdots (4\text{-}33)$$

この式で表される操作を畳み込み（convolution）と呼んでいる．この式で，$*$ の記号は畳み込み演算を表す．

注4：正確には線形（linear）で時不変（time-invariant）なシステムの場合．システムの線形性，時不変性については**コラムG**で説明する．

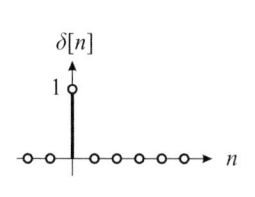

図4-1 単位インパルス信号

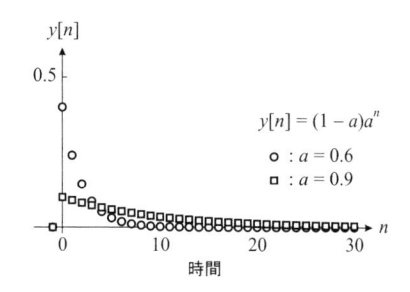

図4-2 図3-2の離散時間システムのインパルス応答 ($0 < a < 1$ の場合)

Column G

線形性と時不変性

離散時間システムにおいて，線形時不変システムがもっとも重要なシステムである．離散時間システムとは，入力信号$x[n]$を別の信号$y[n]$に変換するものであると考えることができる．そこで，これを次のように表すことにする．

$$y[n] = T\{x[n]\} \quad \text{……………………………………………………………(G-1)}$$

(a) 線形システム

入力信号$x_1[n]$に対して$y_1[n]$を出力し，入力信号$x_2[n]$に対して$y_2[n]$を出力するシステムがあったとする．このとき，任意の定数a, bに対して次の関係が成り立つシステムが線形システム（linear system）である．

$$T\{a x_1[n] + b x_2[n]\} = a T\{x_1[n]\} + b T\{x_2[n]\} = a y_1[n] + b y_2[n] \quad \text{………………………(G-2)}$$

差分方程式が線形である場合に，そのシステムは線形である．したがって，たとえば差分方程式に信号同士の乗算があれば，そのシステムは線形システムではない．

(b) 時不変システム

ある入力信号$x[n]$に対する出力が$y[n]$である，つまり$y[n]=T\{x[n]\}$であるようなシステムに対して，任意の整数mに対して次の関係が成り立つ場合，そのシステムは時不変システム（time-invariant system）である．

$$y[n-m] = T\{x[n-m]\} \quad \text{……………………………………………………(G-3)}$$

したがって，差分方程式で，乗算の係数（たとえば**第3章**の式(3-1)）ではaや$1-a$が時間に関係なく定数である場合，そのシステムは時不変システムである．

(c) 線形時不変システム

式(G-2)と(G-3)を同時に満たすシステムが線形時不変システム（linear time-invariant system）である．

ところで，時間信号をリアルタイム処理するためのシステムは，因果的なシステム（causal system）でなければならない．離散時間システムにおいて，システムの出力 $y[k]$ が，$n \leq k$ に対応する入力 $x[n]$ によってのみ決定される場合に，そのシステムは因果的なシステムであるということができる．したがって，因果的なシステムにおいて，インパルス応答 $h[n]$ は次のような性質をもつ．

$$h[n] = 0, \quad n < 0 \quad \cdots\cdots\cdots\cdots\cdots\cdots\cdots\cdots\cdots\cdots\cdots\cdots\cdots\cdots\cdots\cdots\cdots\cdots\cdots\cdots (4\text{-}34)$$

以上のことを考慮すると，因果的な離散時間システムの入出力の関係は，次のように表すことができる．

$$y[n] = \sum_{m=0}^{\infty} h[m] \cdot x[n-m] = \sum_{m=-\infty}^{n} h[n-m] \cdot x[m] \quad \cdots\cdots\cdots\cdots\cdots (4\text{-}35)$$

図4-3に，因果的離散時間システムの畳み込みのイメージを示す．$n<0$ に対して0である入力信号 $x[n]$，$(n=0, 1, \cdots)$ は，単位インパルス信号 $\delta[n]$ およびそれを時間軸方向に m だけシフトした $\delta[n-m]$ を使って，次のように表現できる．

$$x[n] = \sum_{m=0}^{\infty} x[m] \cdot \delta[n-m] \quad \cdots\cdots\cdots\cdots\cdots\cdots\cdots\cdots\cdots\cdots\cdots\cdots\cdots\cdots (4\text{-}36)$$

そうすると，時刻 m における入力信号 $x[m]$ に対する応答 $y_m[n]$ は次のようになる．

$$y_m[n] = h[n-m] \cdot x[m], \quad m = 0, 1, \cdots, n \quad \cdots\cdots\cdots\cdots\cdots\cdots\cdots (4\text{-}37)$$

出力信号 $y[n]$ は時刻 $m=0$，1，$\cdots$，n における入力信号に対する応答の和と考えることができるから，出力信号 $y[n]$ は次のようになる．

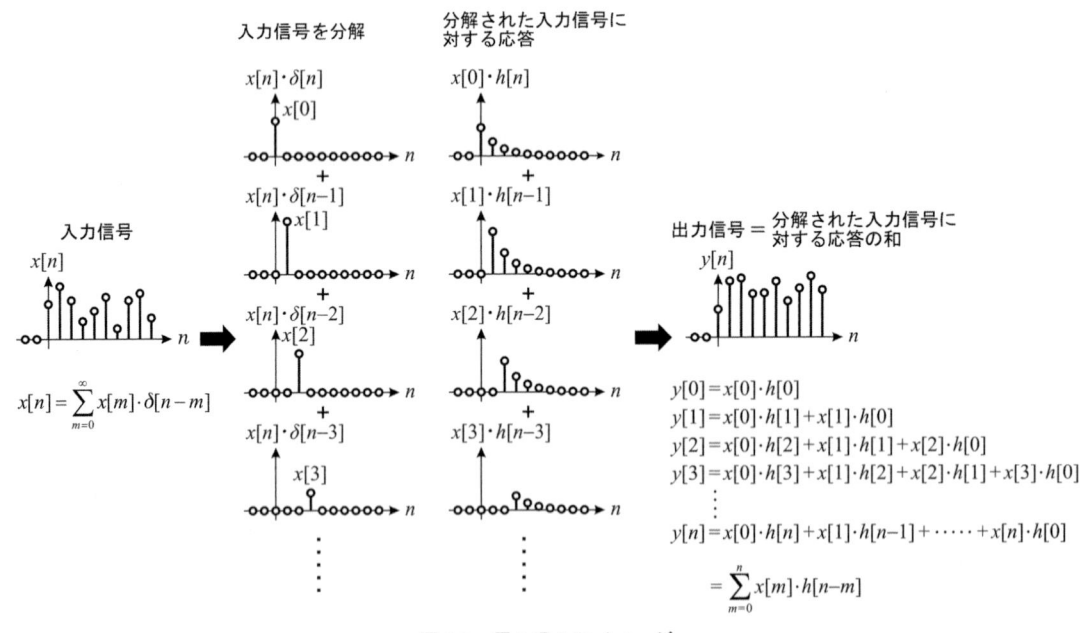

図4-3　畳み込みのイメージ

$$y[n] = \sum_{m=0}^{n} y_m[n] = \sum_{m=0}^{n} h[n-m] \cdot x[m] \quad \cdots\cdots (4\text{-}38)$$

この式を導く過程で，図4-3をわかりやすくするために入力信号$x[n]$は$n<0$に対して0と考えたが，$n<0$に対して入力信号$x[n]$は0ではないと考えても同じ結果が得られる．したがって，式(4-38)は次のように書き直すことができるので，この式は式(4-35)と同じものである．

$$y[n] = \sum_{m=-\infty}^{n} y_m[n] = \sum_{m=-\infty}^{n} h[n-m] \cdot x[m] \quad \cdots\cdots (4\text{-}39)$$

(b) インパルス応答と伝達関数

信号$x[n]$のz変換が$X(z)$であるとき，$X(z)=\mathscr{Z}\{x[n]\}$と表すことにする．また，$*$の記号を畳み込み演算の記号とする．このときz変換の性質(4)より，式(4-33)の逆z変換は次のようになる．

$$\mathscr{Z}\{y[n]\} = \mathscr{Z}\{h[n]*x[n]\} = \mathscr{Z}\{h[n]\} \cdot \mathscr{Z}\{x[n]\} \quad \cdots\cdots (4\text{-}40)$$

一方，伝達関数$H(z)$は，

$$H(z) = \frac{\mathscr{Z}\{y[n]\}}{\mathscr{Z}\{x[n]\}} \quad \cdots\cdots (4\text{-}41)$$

で定義される．したがって，図4-4に示すように，インパルス応答$h[n]$のz変換は伝達関数$H(z)$になる．また，伝達関数$H(z)$の逆z変換はインパルス応答$h[n]$になる．

(c) 伝達関数の極とインパルス応答

伝達関数はインパルス応答のz変換であることは(b)で示したが，伝達関数の性質は極と零点で決まる．したがって，インパルス応答も伝達関数の極と零点によって決まることになる．とくに極によって大きく左右される．そこで，例を示しながら伝達関数の極とインパルス応答の関係を考える．インパルス応答は極が実極(real pole)か複素極(complex pole)かによってふるまいが異なるので，以下では分けて考える．

実極が$z=a$に存在する場合，対応する伝達関数$H(z)$は次のようになる．

$$H(z) = \frac{1}{1-az^{-1}} \quad \cdots\cdots (4\text{-}42)$$

インパルス応答$h[n]$はこの伝達関数の逆z変換で与えられ，次のようになる．

$$h[n] = \begin{cases} a^n, & n \geq 0 \\ 0, & n < 0 \end{cases} \quad \cdots\cdots (4\text{-}43)$$

伝達関数の一つの複素極が$z=a$に存在する場合，伝達関数の係数がすべて実数であれば，必ず$z=a^*$（$*$は複素共役を表す）にもう1個の複素極が存在する．したがって対応する伝達関数は，

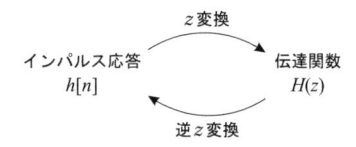

図4-4　インパルス応答と伝達関数の関係

$$H(z) = \frac{1}{(1-az^{-1})(1-a^*z^{-1})} \quad \cdots\cdots (4\text{-}44)$$

のようになる．ここで，$a=re^{j\theta}$とおくと，この伝達関数から求めたインパルス応答$h[n]$は次のようになる．

$$h[n] = \begin{cases} \dfrac{r^n}{\sin\theta}\sin[\theta(n+1)], & n \geq 0 \\ 0, & n < 0 \end{cases} \quad \cdots\cdots (4\text{-}45)$$

図4-5には離散時間システムの伝達関数の極配置とインパルス応答の関係を示す．図4-5(a)は伝達

> **Column H**
>
> ### 伝達関数と周波数応答の関係
>
> 3.4節(c)では，伝達関数の変数zに対して，$z=\exp(j\omega T)$という置き換えで周波数応答を求めたが，なぜこのような置き換えを行えばよいかということを説明する．
>
> 周波数応答とは，システムに正弦波を入力したときに，入出力の振幅比と位相差が入力の周波数とともにどのように変化するのかを示したものである．そこで，入力信号として次の複素正弦波を入力した場合を考える．
>
> $$x[n] = \exp(j\omega Tn) \quad \cdots\cdots (\text{H-1})$$
>
> これを，式(4-35)に代入すると，
>
> $$y[n] = \sum_{m=0}^{\infty} h[m]\cdot\exp(j\omega T(n-m)) = \exp(j\omega Tn)\sum_{m=0}^{\infty} h[m]\cdot\exp(-j\omega Tm) \quad \cdots\cdots (\text{H-2})$$
>
> となる．ここで，
>
> $$\sum_{m=0}^{\infty} h[m]\cdot\exp(-j\omega Tm) = H(e^{j\omega T}) \quad \cdots\cdots (\text{H-3})$$
>
> と定義すると，式(H-2)は次のようになる．
>
> $$y[n] = \exp(j\omega Tn)\cdot H(e^{j\omega T}) = H(e^{j\omega T})\cdot x[n] \quad \cdots\cdots (\text{H-4})$$
>
> この式から，$H(e^{j\omega T})$は入出力の複素振幅比（つまり，振幅比と位相差）の関係を表す関数だということがわかる．さらに$H(e^{j\omega T})$はωの関数になっているので，式(H-4)の$H(e^{j\omega T})$は周波数応答と考えることができる．
>
> ところで，式(H-3)で$\exp(j\omega T)=z$という置き換えを行うと，
>
> $$H(z) = \sum_{m=0}^{\infty} h[m]\cdot z^{-m} \quad \cdots\cdots (\text{H-5})$$
>
> となり，この式はインパルス応答のz変換，つまり伝達関数そのものになる．したがって，周波数応答を求めるためには，この置き換えと逆に伝達関数において$z=\exp(j\omega T)$と置き換えればよいことがわかる．

関数が実極をもつ場合，(b)は伝達関数が複素極をもつ場合である．なお，この図では，インパルス応答を示す図の縦のスケールは，各図について必ずしも同じになっているとは限らない．

この図から，実極の場合でも複素極の場合でも，極が単位円の内側か外側か，あるいは単位円の真上かのいずれに存在するかにより，インパルス応答のようすは大きく異なっていることがわかる．

極が単位円の内側に存在する場合，インパルス応答は時間の経過とともに0に収束していく．反対に，極が単位円の外側に存在する場合，インパルス応答は時間の経過とともに発散する．極が単位円の真上に存在する場合，インパルス応答は一定の振幅になる．

さらに，極が複素極の場合は，図4-5(b)からわかるように，インパルス応答は必ず振動する．一方，極が実極であれば，存在するのが実軸上の正の側か負の側かで異なってくる．極が実軸上の正の側に存在する場合は振動しないが，負の側に存在する場合は振動し，しかも1サンプルごとに正の値と負の値を繰り返す．

(d) 離散時間システムの安定性

安定(stable)なシステムとは，有限な振幅の入力信号に対して，出力信号も有限の振幅になるシステムである．システムが安定であるための条件は，そのシステムのインパルス応答$h[n]$を使って，次のように表すことができる．

$$\sum_{n=-\infty}^{\infty}|h[n]|<\infty \quad\quad\quad\quad\quad\quad\quad\quad\quad\quad\quad\quad\quad\quad\quad\quad (4\text{-}46)$$

たとえば，インパルス応答が式(4-43)のように与えられている場合，

$$|a|<1 \quad\quad\quad\quad\quad\quad\quad\quad\quad\quad\quad\quad\quad\quad\quad\quad\quad\quad\quad\quad\quad\quad (4\text{-}47)$$

であれば，このインパルス応答は式(4-46)を満足する．一方，この場合の極は$z=a$に存在するので，この場合に安定である条件は，"極が単位円の内部に存在すること"と言い換えることができる．

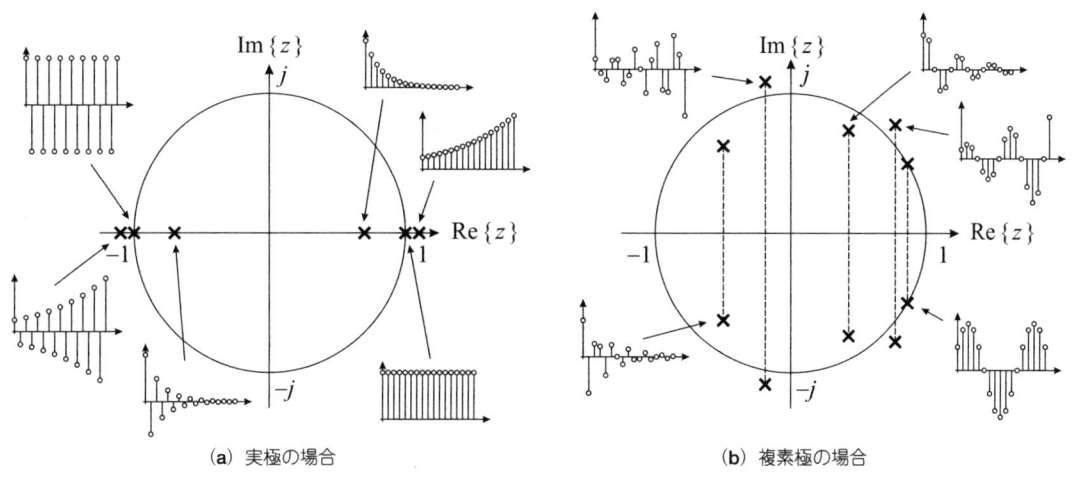

(a) 実極の場合　　　(b) 複素極の場合

図4-5　伝達関数の極の位置とインパルス応答の関係

システムの伝達関数が次のような場合,

$$H(z) = \frac{A_1}{1-p_1 z^{-1}} + \frac{A_2}{1-p_2 z^{-1}} \quad \cdots\cdots\cdots (4\text{-}48)$$

インパルス応答は,

$$h[n] = \left(A_1 p_1^{\,n} + A_2 p_2^{\,n}\right) u[n] \quad \cdots\cdots\cdots (4\text{-}49)$$

になる.このインパルス応答が式(4-46)を満足するためには,次の二つの条件を満足する必要がある.

$$|p_1| < 1, \ |p_2| < 1 \quad \cdots\cdots\cdots (4\text{-}50)$$

したがって,この場合も安定である条件は"二つの極が単位円の内部に存在すること"ということができる.

これを一般化すると,システムが安定であるための条件は次のようになる.

離散時間システムが安定であるための条件

システムの伝達関数の極が $z=p_k$, ($k=1, 2, \cdots, k$)に存在するとき,このすべての極について
$$|p_k| < 1$$
が成り立つことが,つまり"すべての極が単位円の内部に存在すること"が,システムが安定であるための条件である.

なお,伝達関数の零点は安定性に対しては無関係である.したがって,伝達関数が,$z=0$ を除いて,それ以外のところに極をもたない場合,そのシステムは常に安定であるということができる.

参考文献

1) A. V. Oppenheim, R. W. Schafer 著,伊達 玄 訳;ディジタル信号処理(Digital signal processing),第2章,コロナ社,1978年.

第5章 ディジタル・フィルタの構成法

　この章では，ディジタル・フィルタの話に入る前に，アナログやディジタルに関わりなくフィルタ一般についての基礎的な事項について簡単にまとめる．その後，FIRフィルタとIIRフィルタに分けて，それぞれの構成方法[注1]について説明する．

5.1 フィルタに関する基礎的事項

(a) フィルタの分類

　フィルタはいくつかの切り口で分類することができる．その分類の例を**表5-1**に示す．この中で非線形フィルタや時変フィルタは，周波数特性を規定することはできないが，広い意味ではフィルタと考えられる．しかし，これらのフィルタについては本書では扱わない．

表5-1 フィルタの分類（網掛けした部分は本書で扱うフィルタ）

線形性	線形（linear）	非線形（nonlinear）	
時間依存性	時不変（time-invariant）	時変（time-variant）	
信号依存性	固定（fixed）	適応（adaptive）	
インパルス応答の継続時間	FIR（finite impulse response）	IIR（infinite impulse response）	
実現方法	再帰形（recursive）	非再帰形（non-recursive）	
次元	1次元	2次元	多次元

注1：フィルタの構成法とは，ハードウェアでフィルタを実現する場合は，乗算器や加算器などの接続方法であり，ソフトウェアで実現する場合は，計算の方法のことである．フィルタを実現する際には，その他に係数を決める必要があるが，これに関しては次の**第6章**で扱う．

適応フィルタはフィルタを応用する上では重要であるが，その取り扱いは簡単ではない．そこで，この章ではなく**第11章**で，簡単に紹介する．

　信号処理の対象は，1次元の時間信号だけでなく，静止画像のような2次元信号，動画像のような3次元信号などもあり，それらに対するフィルタもある．しかし，これらを扱うと話が複雑になることと，基本的な部分については1次元の時間信号に対するフィルタの考え方が適用できるので，これらも本書では扱わない．

　したがって本書で取り上げるディジタル・フィルタは，**表5-1**の網掛けした部分になる．

　この分類はフィルタに関する大まかな分類であるが，フィルタの振幅に関する周波数特性，つまり振幅特性に注目すると，通過域の範囲や，形状で分類できる．

(b) フィルタの特性による分類1（通過域，阻止域の範囲による分類）

　フィルタを通過域(passband)や阻止域(stopband)の範囲で分類すると，一般的には次の4種類[注2]のフィルタに分けることができる．

1. 低域通過フィルタ(lowpass filter: LPF)
2. 高域通過フィルタ(highpass filter: HPF)
3. 帯域通過フィルタ(bandpass filter: BPF)
4. 帯域除去フィルタ(band reject filter: BRF)（帯域阻止フィルタ(bandstop filer)と呼ぶ場合もある）

　各フィルタが理想フィルタ[注3]である場合，その振幅に関する周波数特性は**図5-1**のようになる．通過域と阻止域の境目は遮断周波数(cutoff frequency)と呼ばれる．

　このような特性をもつフィルタは，実際には実現できない．実際に実現できるフィルタの振幅特性の例を，低域通過フィルタの場合について，**図5-2**に示す．この図からわかるように，現実のフィルタは，通過域と阻止域の間に，どちらともつかない遷移域(transition band)と呼ばれる部分が必ず存在する．

　なお，フィルタの中には，通過域や阻止域を明確に区別できないようなものもある．たとえば，音声合成用のフィルタや，オーディオ装置のトーン・コントロール部で使われているようなフィルタがその例である．

(c) フィルタの特性による分類2（通過域，阻止域の形状による分類）

　次に，フィルタの通過域や阻止域の形状により分類すると，低域通過フィルタを例にとれば**図5-3**のようになる．つまり，通過域と阻止域のそれぞれにリップル[注4](ripple)が存在する場合としない場合の組み合わせで，4種類のものに分類される．

注2：その他，フィルタの中には振幅特性が周波数にはよらず一定で，位相特性だけが周波数に依存するフィルタもある．これは全域通過(all-pass)フィルタと呼ばれるが，ここでは省略する．
注3：理想フィルタとは，全帯域が通過域か阻止域かのいずれかに分けられ，次のような特性をもつフィルタである．
　　　通過域：振幅特性の値は1(0 dB)で，出力信号の振幅は入力信号の振幅に等しい．
　　　阻止域：振幅特性の値は0($-\infty$ dB)で，出力には信号が現れない．
注4：rippleの本来はさざなみという意味で，ここではさざなみのように小さく波打つようすをリップルと呼んでいる．

(a) 低域通過フィルタ

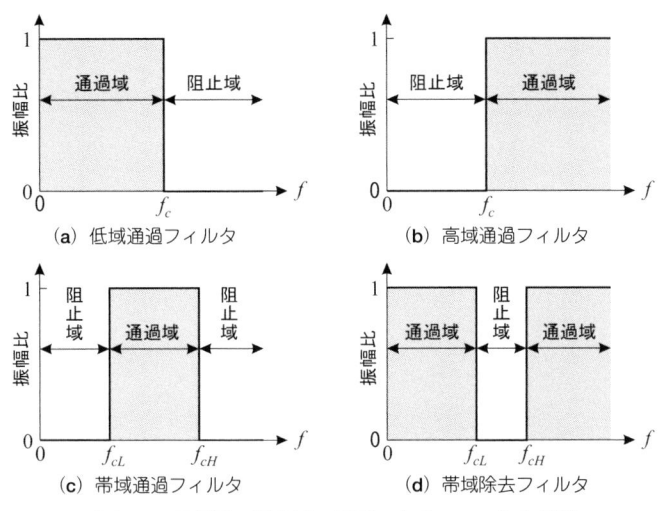

(b) 高域通過フィルタ

(c) 帯域通過フィルタ

(d) 帯域除去フィルタ

図5-1 通過域，阻止域の範囲によるフィルタの分類

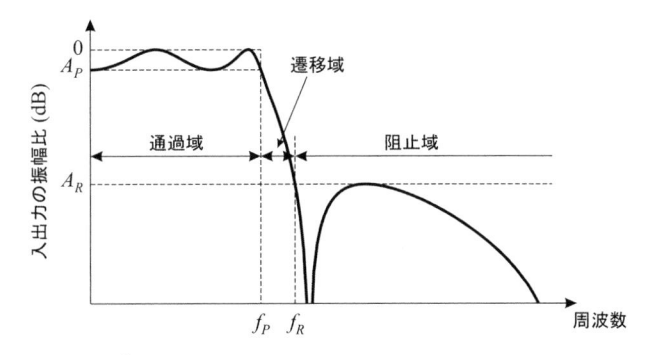

f_P : 通過域端の周波数（遮断周波数）
f_R : 阻止域端の周波数
A_P : 通過域の振幅特性における偏差の許容値
A_R : 阻止域における最小減衰量

図5-2 現実に得られる低域通過フィルタの振幅特性の例

1. バタワース(Butterworth)特性
2. チェビシェフ(Chebyshev)特性
3. 逆チェビシェフ(inverse Chebyshev)特性
4. 連立チェビシェフ(simultaneous Chebyshev)特性[注5]

バタワース特性は，通過域および阻止域のいずれにもリップルは存在しない．ほかのタイプは通

注5：連立チェビシェフ特性のフィルタの周波数特性はヤコビの楕円関数(Jacobian elliptic function)を使って表せるので，この特性をもつフィルタを楕円(elliptic)フィルタと呼ぶ場合もある．

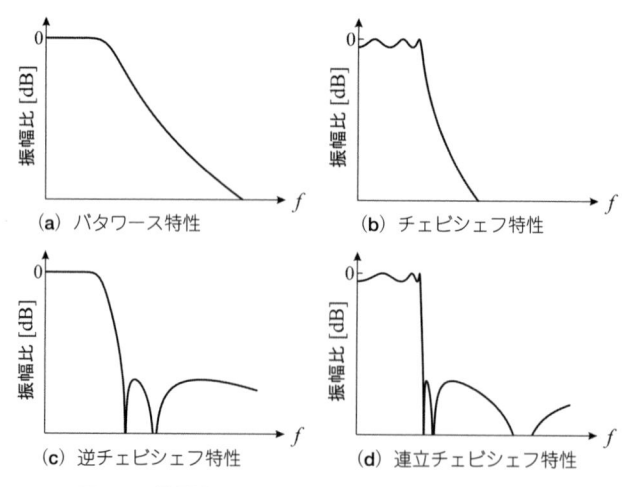

図5-3 通過域，阻止域の形状によるフィルタの分類

(a) バタワース特性
(b) チェビシェフ特性
(c) 逆チェビシェフ特性
(d) 連立チェビシェフ特性

過域か阻止域，またはその両方の特性にリップルが存在する．遮断特性に注目すると，同じ次数の場合，もっとも急峻なのは連立チェビシェフ特性である．

ここで説明したもののほかにベッセル(Bessel)特性[注6]のフィルタがある．しかし，ディジタル・フィルタとしてこの特性のものを使う場合はほとんどないので，ここでは省略する．

5.2 FIRフィルタとIIRフィルタ

ディジタル・フィルタを扱う際はFIR(finite impulse response)フィルタとIIR(infinite impulse response)フィルタに分けて考えると都合がよい．そこで，この両者の比較を**表5-2**に示す．

この二つのフィルタの名前の由来は，インパルス応答の継続時間による．インパルス応答の継続時間が有限という意味は，入力に単位インパルス信号を与えた場合に，有限の時間が経過した後に出力は0になるということである．

差分方程式で両者を比較すると，式の右辺に，過去に計算された出力信号$y[n-m]$, $(m=1, 2, \cdots, M)$が存在するかしないかが両者の違いになっている．つまり，IIRフィルタでは，現在の出力信号を計算するために，過去に計算された出力信号も使っていることになる．これは一種のフィードバックと考えることができる．

伝達関数で比較すると，FIRフィルタはz^{-1}に関する多項式になっているのに対して，IIRフィルタはz^{-1}に関する有理関数になっている．したがって，$z=0$の点を除くと，FIRフィルタは極をもたず，IIRフィルタは極をもつことになる．このことは表の項目にある安定性と密接な関係がある．

過去に計算した値を再び使うか使わないかということで，非再帰形と再帰形に分類される．IIR

注6：通過域での遅延特性が平坦であるという特性．

表5-2 FIRフィルタとIIRフィルタの比較

	FIR フィルタ	IIR フィルタ
インパルス応答の継続時間	有限	無限
差分方程式	$y[n] = \sum_{m=0}^{M} h_m x[n-m]$	$y[n] = \sum_{m=1}^{M} a_m y[n-m] + \sum_{k=0}^{K} b_k x[n-k]$
伝達関数	$H(z) = \sum_{m=0}^{M} h_m z^{-m}$	$H(z) = \dfrac{\sum_{k=0}^{K} b_k z^{-k}}{1 - \sum_{m=1}^{M} a_m z^{-m}}$
構成方法	非再帰形（再帰形[*]）	再帰形
安定性	常に安定 （非再帰形構成の場合）	伝達関数の極がz平面の 単位円内に存在するときのみ安定
直線位相特性[**]の実現性	完全に正確なものが可能	不可能（近似は可能）
演算誤差の影響	余り大きく現れない	大きく現れる場合がある
急峻な遮断特性[***]の実現	高次[****]のフィルタが必要	比較的低次[***]のフィルタで十分

（注意）差分方程式, 伝達関数において, K, M は有限の値とする.

[*] 再帰形で FIR フィルタを構成することは可能であるが, 特別な場合を除くと再帰形の FIR フィルタはほとんど使われない. 再帰形の FIR フィルタの例は**コラムI**で説明する.
[**] 直線位相特性については**コラムJ**で説明する.
[***] 遷移域が狭いという意味.
[****] フィルタの次数は一般に, 差分方程式, 伝達関数を表す式で$\sum$の上に書かれているMで定義される. 現在の出力値を計算する際に, FIR フィルタの場合は, 計算に使う最も過去の入力値までのサンプル数, IIR フィルタの場合は, 計算に使うもっとも過去の出力値までのサンプル数が次数に対応する.

フィルタは過去に計算された値を使うので, 必ず再帰形になる. 一方, FIRフィルタは両方の構成方法が可能だが, 大部分は非再帰形を利用する. 再帰形のFIRフィルタについては**コラムI**で説明する.

FIRフィルタは通常非再帰形で構成するので, その場合は必ず安定になる. 一方, IIRフィルタはその伝達関数の極がz平面の単位円の内側に存在する場合のみ安定になり, それ以外では不安定になる[注7].

完全に正確な直線位相特性が実現できるのはFIRフィルタだけで, IIRフィルタでは近似は可能なものの, 完全に正確な直線位相特性を実現することはできない. 直線位相については**コラムJ**で説明する.

演算誤差の影響で比較すると, IIRフィルタはFIRフィルタに比べて影響が大きく現れる場合がある. その大きな原因は, IIRフィルタの場合フィードバックがあるので, 過去の演算誤差の影響が蓄積されることにある.

注7：安定性については**4.4(d)**を参照のこと.

急峻な遮断特性，つまり遷移域の狭いフィルタを実現する際は，IIRフィルタのほうが有利になる．同じ程度に急峻な遮断特性を得ようとすると，FIRフィルタの次数はIIRフィルタの次数に比較しておおよそ1桁高い次数のものが必要になる．

5.3 FIRフィルタの構成法

FIR（finite impulse response）フィルタは，インパルス応答の継続時間が有限のフィルタである．

Column I

再帰形のFIRフィルタ

再帰形のFIRフィルタとして有名なのは周波数サンプリング・フィルタ[1]であるが，ここではもっと簡単な例を示す．

図I-1に示すディジタル・フィルタの入出力に関する差分方程式は，次のようになる．

$$y[n] = y[n-1] + x[n] - x[n-3] \quad \cdots\cdots (\text{I-1})$$

この式は右辺に過去の出力信号 $y[n-1]$ が存在するので，このフィルタは再帰形になっている．このフィルタは伝達関数が $H_1(z)$, $H_2(z)$ という二つのフィルタの縦続形構成になっているので，全体の伝達関数 $H(z)$ は次のようになる．

$$H(z) = H_1(z) \cdot H_2(z) = (1-z^{-3}) \times \frac{1}{1-z^{-1}} = 1 + z^{-1} + z^{-2} \quad \cdots\cdots (\text{I-2})$$

つまり，伝達関数 $H(z)$ は z^{-1} に関する有理関数ではなく，多項式になる．したがって，このフィルタはFIRフィルタであるといえる．この伝達関数から差分方程式を導くと，

$$y[n] = x[n] + x[n-1] + x[n-2] \quad \cdots\cdots (\text{I-3})$$

になるので，差分方程式で考えてもFIRフィルタであることがわかる．

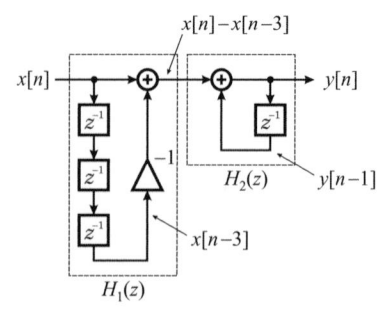

図I-1 再帰形のFIRフィルタの例

このフィルタは，入力信号が0になれば，その後インパルス応答の継続時間が過ぎたときに出力も0になる．

以下では，直接形(direct form)，直接形の転置形(transposed form)，縦続形(cascade form)，格子形(lattice form)の各構成方法を示す．この中でよく使われるのは，直接形とその転置形で，ほかのものはあまり使われない．

それ以外にも，周波数サンプリング構成(frequency-sampling structure)，FFTを使う方法などがある．周波数サンプリング構成は特殊なもので，興味のある読者は参考文献[1]などを参照してほしい．FFTを利用する方法については，**第10章**で取り上げる．

(a) 直接形構成

FIRフィルタの入出力を表す差分方程式の中でもっとも基本的なものは，次のようになる．

$$y[n] = \sum_{m=0}^{M} h_m x[n-m] \quad \cdots\cdots (5\text{-}1)$$

この式をそのまま実現したのが**図5-4**のブロック図で，このような構成法は直接形(direct form)と呼ばれている．ここで，$h_m(m=0, 1, \cdots, M)$はフィルタの係数と呼ばれるもので．直接形FIRフィルタの場合，この係数を下付き文字の順に$h_0, h_1, \cdots, h_M$と並べた場合に，それはこのフィルタのインパルス応答に一致する．また，Mはこのフィルタの次数である．

式(5-1)に対応する伝達関数は，

$$H(z) = \sum_{m=0}^{M} h_m z^{-m} \quad \cdots\cdots (5\text{-}2)$$

で表される．

直接形FIRフィルタを実行する部分をC言語で書いたものを**リスト5-1**に示す．このプログラムの中では，入力信号は標本化間隔ごとに，関数input()によってA-D変換器から入力され，フィルタ処理された信号は，関数output()によってD-A変換器へ出力されるものと仮定している．このプログラムでは，入力された信号の中で，式(5-1)の計算に必要な部分のみをバッファx[]に格納するように書かれている．このバッファの内容は，新しい信号がA-D変換器より入力されるごとに，一つずつ移動して更新し，もっとも古い入力信号は捨ててしまう．このバッファの更新のようすを**図5-5**に示す．

なお，このプログラムは実際にリアルタイム処理で動作するFIRフィルタを想定しているので，

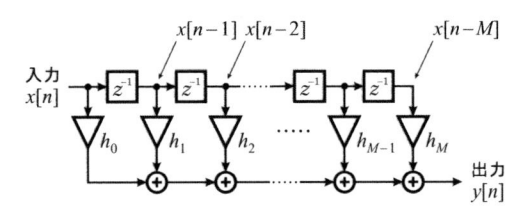

図5-4　直接形FIRフィルタのブロック図

Column J

直線位相特性

FIRフィルタの大きな利点の一つに,完全に正確な直線位相(linear phase)特性を実現できるということがある.直線位相特性とは,位相特性を$\theta(\omega)$とすると,次の式で表される.

$$\theta(\omega) = A\omega \quad \cdots\cdots\cdots\cdots\cdots\cdots\cdots\cdots\cdots\cdots\cdots\cdots\cdots\cdots\cdots\cdots\cdots\cdots\cdots\cdots\cdots\cdots\cdots\cdots\cdots\cdots\cdots\cdots\cdots (\text{J-1})^{\text{注A}}$$

ここで,Aは定数である.つまり,入出力の位相差が周波数に比例する特性が直線位相特性である.

直線位相特性のフィルタは位相ひずみを発生しないという優れた性質をもっている.その実例を図J-1[注B]に示す.この図で,(a)は直線位相特性の場合,(b)は直線位相特性ではない場合を示している.それぞれで,上の二つがフィルタの特性を表し,下の二つがこれらのフィルタの,入力および出力の信号を表す.

ここでは位相特性の違いにのみ注目しているので,振幅特性は周波数によらず一定にしている.その下の位相特性に注目すると,(a)では特性を表す線が直線でしかも原点を通っているから,式(J-1)の条件を満足しているので直線位相特性であることがわかる.一方(b)の位相特性は原点を通っていないの

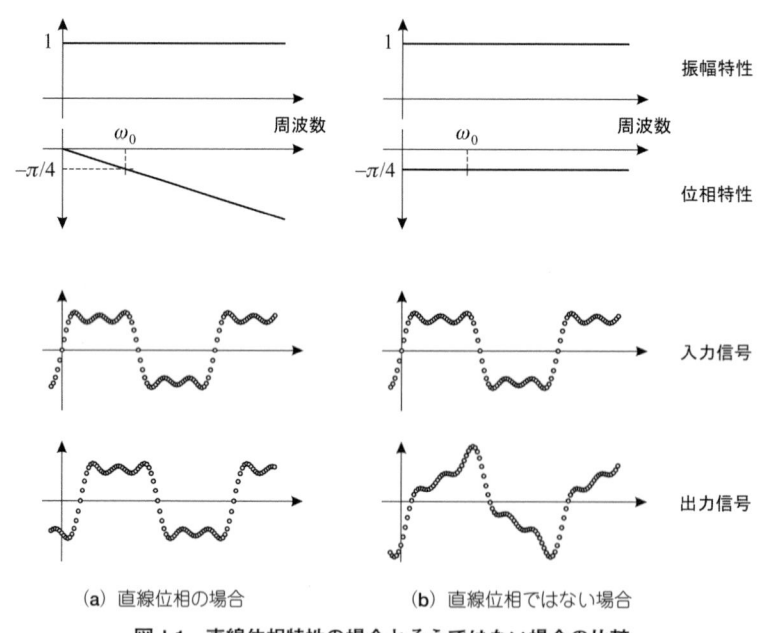

(a) 直線位相の場合   (b) 直線位相ではない場合

図J-1 直線位相特性の場合とそうではない場合の比較

注A:これ以外にも直線位相特性を実現できる場合がある.詳しくは参考文献2)を参照のこと.
注B:ここで与えた周波数特性は説明のためのものであり,この特性のフィルタを実現できるとはかぎらない.

で式(J-1)の条件を満足しないから，直線位相特性ではない．振幅特性と位相特性の下には，この二つのフィルタに対する入力信号[注C]と出力信号を示す．

これらの信号を見ると，(a)の直線位相特性の場合，時間差を除くと，出力信号は入力信号に一致している．それに対して，(b)の直線位相特性ではない場合，出力信号は入力信号に一致せずに位相ひずみが発生していることがわかる．

FIRフィルタが直線位相特性をもつ条件を次に示す．M次のFIRフィルタで，係数を$h_m(m=1, 2, \cdots, M)$とすると，

$$h_m = h_{M-m} \text{ または } h_m = -h_{M-m}, \quad m=1, 2, \cdots, M \qquad \cdots\cdots(\text{J-2})^{[注D]}$$

となる．つまり，直線位相FIRフィルタの係数は図J-2のいずれかになっている．

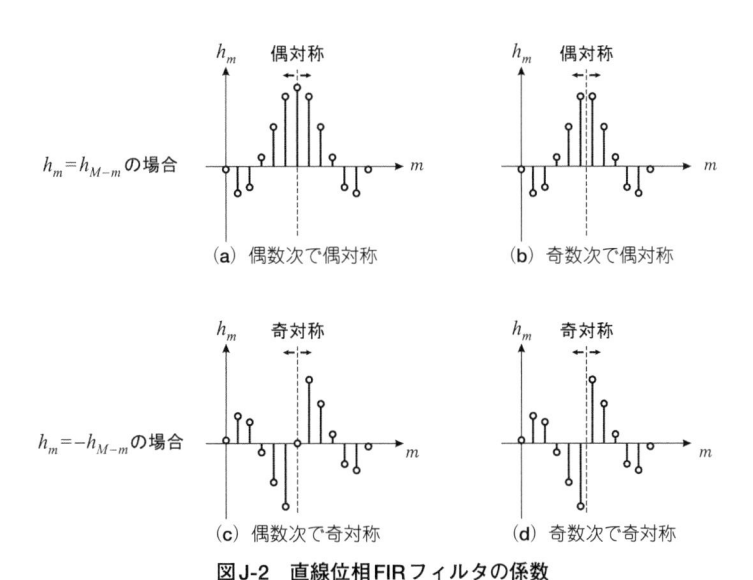

図J-2 直線位相FIRフィルタの係数

(a) 偶数次で偶対称 （$h_m = h_{M-m}$の場合）
(b) 奇数次で偶対称 （$h_m = h_{M-m}$の場合）
(c) 偶数次で奇対称 （$h_m = -h_{M-m}$の場合）
(d) 奇数次で奇対称 （$h_m = -h_{M-m}$の場合）

注C：ここで使っている入力信号は，矩形波をフーリエ級数展開し，その第5高調波までの和として合成したものである．式で表すと，次のようになる．

$$x[n] = \sin[\omega_0 n] + \frac{1}{3}\sin[3\omega_0 n] + \frac{1}{5}\sin[5\omega_0 n]$$

注D：$h_m = h_{M-m}$という条件の場合，式(J-1)は次のようになる[2]．

$$\theta(\omega) = -MT\omega/2$$

ここで，Tは標本化間隔である．したがって，式(J-1)の定数Aは任意というわけではない．

リスト5-1　直接形FIRフィルタのプログラム

```
// M:              フィルタの次数
// h[ ]:           フィルタ係数, 大きさ: M+1
// x[ ]:           入力信号のバッファ, 大きさ: M+1
// input( ):       信号の入力のための関数
// output( ):      信号の出力のための関数
for (j=1; j<=M; j++)
    x[j] = 0;                   // 入力バッファのクリア
while(1)
{
    x[0] = input();             // 信号の入力
    y = 0.0;
    for (m=0; m<=M; m++)
        y = y + h[m]*x[m];      // 式(5-1) の計算
    for (m=M; m>0; m--)
        x[m] = x[m-1];          // 入力信号の移動
    output(y);                  // フィルタ処理された信号の出力
}
```

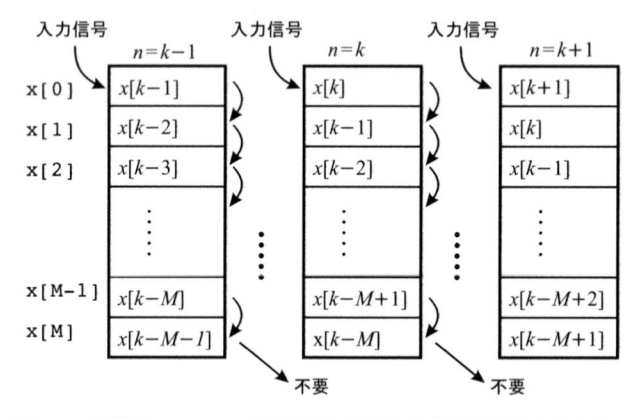

図5-5　直接形FIRフィルタ実行時に配列の内容を移動するようす

while(1)文による無限ループの形で書いている．したがって，システムを強制的に終了させないかぎりは，フィルタ動作はいくらでも続くことになる．そのため，あらかじめフィルタ処理に必要なデータを計算機に取り込んだ後で，非リアルタイム的にフィルタ処理を行う場合は，このループ処理の部分をデータ数に応じて適切なところで終了させるように(たとえばfor文を使って)書き換える必要がある．

(b) 転置形構成

あるブロック図で表される構成方法に対して，転置形(transposed form)の構成方法を導くためには以下の操作を行う．

- 入力と出力を交換
- 信号の流れをすべて逆転
- 加算器と分岐点を交換

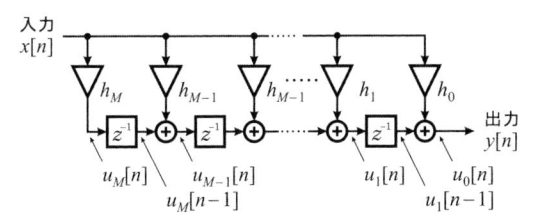

図5-6 転置形FIRフィルタのブロック図

リスト5-2　転置形FIRフィルタのプログラム

```
// M:              フィルタの次数
// h[ ]:           フィルタ係数，大きさ：M+1
// u[ ]:           中間結果のバッファ，大きさ：M+1
// input( ):       信号の入力のための関数
// output( ):      信号の出力のための関数

for (j=1; j<=M; j++)
    u[j] = 0;                   // 中間結果を格納するバッファのクリア
while(1)
{
    xn = input();               // 信号の入力
    for (m=0; m<M; m++)         //式(5-3) の計算
        u[m] = h[m]*xn + u[m+1];
    u[M] = h[M]*xn;
    output(u[0]);               // フィルタ処理された信号の出力
}
```

このような操作により，図5-4のブロックで表される直接形FIRフィルタに対する転置形を導くことができ，それを図5-6に示す．構成方法が変われば入出力の関係を表す差分方程式も変わり，この場合は，次のような連立差分方程式になる．

$$\begin{cases} u_M[n] = h_M x[n] \\ u_{M-1}[n] = h_{M-1} x[n] + u_M[n-1] \\ \quad \vdots \\ u_1[n] = h_1 x[n] + u_2[n-1] \\ u_0[n] = h_0 x[n] + u_1[n-1] \\ y[n] = u_0[n] \end{cases} \quad \cdots\cdots (5\text{-}3)$$

転置形FIRフィルタを実行する部分をC言語で書いたものをリスト5-2に示す．このプログラムで入出力に関する関数については，リスト5-1の場合と同じである．

(c) 直接形構成と転置形構成の比較

直接形構成とその転置形構成を比較する場合，長所や短所は，フィルタの実現方法により変わってくる．

ハードウェアで実現し，しかも演算器は時分割で使うのではなく，ブロック図の演算器や遅延器の一つ一つに対応する演算器や遅延器をもつように構成したと仮定する．この場合，実行スピード

入力 $x[n]$ → ... → 出力 $y[n]$

$N = M/2$　偶数次の場合
$N = (M+1)/2$　奇数次の場合

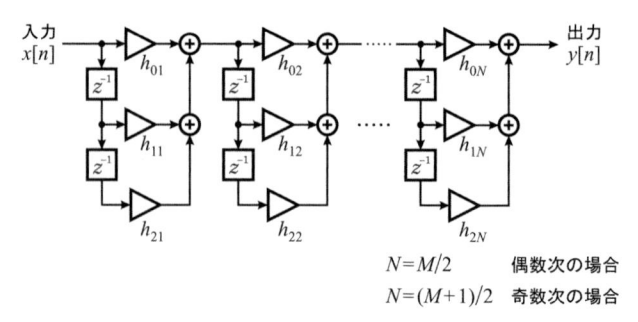

図5-7　縦続形FIRフィルタのブロック図

の観点からは，転置形のほうが優れている．その理由は，直接形ではすべての加算器を同時に働かせることはできない[注8]のに対して，転置形はすべての加算器を同時に働かせることができるからである．

一方，固定小数点演算を行っているものとして遅延器のビット幅で比較すると，直接形のほうが優れている．その理由は，入力データと係数のデータ幅が同じだとすると，直接形では遅延器のビット幅が入力データのビット幅と同じでよいが，転置形では2倍のビット幅が必要になるからである．

ソフトウェアで実現する場合，**リスト5-1**と**リスト5-2**を比較すればわかるように，直接形は加算/乗算のほかに，データの移動が必要になっているが，転置形は加算/乗算だけでよいことから，一見すると転置形のほうが実行スピードは速いように思うかもしれない．しかし，使用するプロセッサによっては，並列処理を取り入れたアーキテクチャのものもあったり，アドレッシングでもモジュロ・アドレッシング[注9]を提供しているものがあったりといろいろあるので，いちがいにはどちらがよいとはいえない．

(d) 縦続形構成

式(5-2)を因数分解して次のようにz^{-1}についての2次式の積で表すと，次式のようになる．

$$H(z) = \prod_{k=1}^{N}\left(h_{0k} + h_{1k}z^{-1} + h_{2k}z^{-2}\right)$$

ここで，　$N = M/2$　偶数次の場合
　　　　　$N = (M+1)/2$　奇数次の場合　………………………………(5-4)[注10]

ただし，この式で，フィルタの次数Mが奇数になる場合は，係数h_{2k}の中の一つは0になる．式(5-4)からただちに**図5-7**の構成を導くことができる．この構成法を縦続形（cascade form）という．

注8：直接形では前の段の加算結果が出力されないと，次の加算を実行できない．
注9：サーキュラ・アドレッシングなどと呼ばれる場合もある．このモードでは，アドレスをどんどんインクリメントしていき，決められた領域の最後に達した場合，さらにインクリメントすると先頭のアドレスに戻るという具合になっている．
注10：$\prod_{k=1}^{N} a_k = a_1 \cdot a_2 \cdot \ldots \cdot a_N$

図5-8 格子形FIRフィルタのブロック図

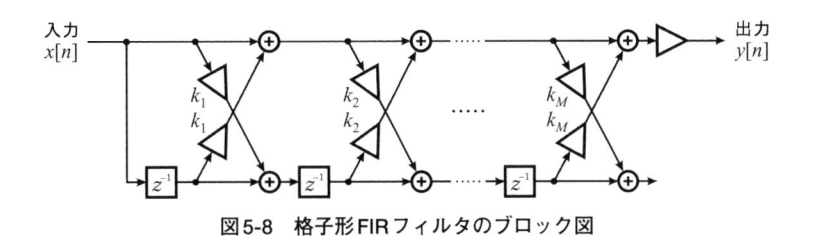

表5-3 おもなIIRフィルタの構成方法とその特徴

構成	特徴
直接形 (direct form)	● 構成がもっとも簡単. ● 演算誤差,係数の誤差の影響を大きく受ける. ● あまり使われない
縦続形 (cascade form)	● もっともよく使われる. ● 演算誤差,係数の誤差の影響は直接形の場合より小. ● 直接形の伝達関数を因数分解して得られる.
並列形 (parallel form)	● 演算誤差,係数の誤差の影響は直接形の場合より小. ● 阻止域の特性に対する係数の誤差の影響が縦続形より大きい場合もある. ● 直接形の伝達関数を部分分数展開して得られる.
格子形 (lattice form)	● 演算誤差,係数の誤差の影響は直接形の場合より小. ● 演算量がほかの構成より多くなる. ● 安定性の判別が容易.

(e) 格子形構成

図5-8には格子形(lattice form)のFIRフィルタのブロック図を示す.直接形の係数からこのフィルタの係数を求める方法は,コラムKを参照のこと.

格子形のFIRフィルタは時不変のフィルタとしてはあまり使われないが,音声分析用の適応フィルタ[3]などによく使われる.

5.4 IIRフィルタの構成法

IIR(finite impulse response)フィルタは,インパルス応答の継続時間が無限のフィルタである.このフィルタは,入力信号が0になっても,有限時間内に出力は0にはならない.

IIRフィルタの構成方法は各種のものが知られているが,以下で説明する構成方法について,その特徴をまとめて表5-3[注11]に示す.

IIRフィルタの入出力の関係を表すもっとも基本的な差分方程式は,次のようになる.

注11:係数の誤差の影響については,その実例を7.2節(c)で示す.

Column K

格子形FIRフィルタの係数を直接形の係数から求める方法[4]

① 直接形FIRフィルタの係数 $h_m(m=0, 1, \cdots, M)$ に対して，最初に次の計算を行う．

$$h_i^{(M)} = \frac{h_i}{h_0}, \quad i=1, 2, \cdots, M \tag{K-1}$$

ただし，$h_0 \neq 0$ であるものとする．

② 以下の式を $m=M, M-1, \cdots, 1$ の順に繰り返す．

$$k_m = h_m^{(m)} \tag{K-2}$$

$k_m \neq 1$ の場合

$$h_i^{(m-1)} = \frac{(h_i^{(m)} - k_m \cdot h_{m-i}^{(m)})}{1 - k_m^2}, \quad i=1, 2, \cdots, m-1 \tag{K-3}$$

$k_m = 1$ の場合

$$h_i^{(m-1)} = \frac{h_i^{(m)}}{1 + k_m}, \quad i=1, 2, \cdots, m-1 \tag{K-4}$$

以上の結果として得られる $k_m(m=1, 2, \cdots, M)$ が格子形FIRフィルタの係数になる．なお，図5-8の係数 h_0 は元の直接形FIRフィルタの係数の h_0 と同じ値になる．

なお，$h_0=0$ の場合は $h_1 \to h_0$, $h_2 \to h_1$, … と置き換え，さらに $M-1 \to M$ と考えれば，同様に考えることができる．この場合は，図5-8の入力あるいは出力のところに，単位遅延素子を一つ挿入する必要がある．

リストK-1には格子形FIRフィルタの係数 $k_m(m=1, 2, \cdots, M)$ を求めるためのC言語によるプログラムの主要な部分を示す．このプログラムでは直接形FIRフィルタの係数 h_m は配列 h[m] (m=0,1,…,M) に与えられているものとする．結果の k_m は配列 k[m] (m=1,2,…,M) に格納される．

リストK-1　格子形FIRフィルタの係数を求めるプログラム

```
for (m=1; m<=M; m++) h_n[m] = h[m]/h[0];
for (m=M; m>=1; m--)
{
    k[m] = h_n[m];
    if (k[m]!=1)
        for (i=1; i<=m-1; i++)
            h_t[i] = (h_n[i] - k[m]*h_n[m-i])/(1.0 - k[m]*k[m]);
    else
        for (i=1; i<=m-1; i++) h_t[i] = h_n[i]/(1.0 + k[m]);
    for (i=1; i<=m-1; i++) h_n[i] = h_t[i];
}
```

$$y[n] = \sum_{m=1}^{M} a_m y[n-m] + \sum_{k=0}^{K} b_k x[n-k] \quad \cdots\cdots\cdots (5\text{-}5)$$

また,その伝達関数は,

$$H(z) = \frac{\sum_{k=0}^{K} b_k z^{-k}}{1 - \sum_{m=1}^{M} a_m z^{-m}} \quad \cdots\cdots\cdots (5\text{-}6)$$

で与えられる.この二つの式で,M の値と K の値は異なってもかまわないが,よく使われるのは $K=M$ の場合である.したがって,以下では $K=M$ であると仮定して話を進める[注12].

IIR フィルタは,フィードバック(feedback)を必ず有するので,安定性に注意する必要がある.離散時間システムの安定性については,**4.4節(d)**ですでに説明したが,もう一度示すと次のようになる.

伝達関数の極(pole)[注13]が $z=z_m$ に存在するとき,すべての z_m について,

$$|z_m| < 1$$

が成り立てば,その IIR フィルタは安定であることが保証される.いい換えれば,伝達関数の極が z 平面で単位円の内側に存在すれば,そのフィルタは安定であるということができる.

(a) 直接形構成

直接形構成には直接形 I と II がある.さらにそれらの転置形がある.ここでは,直接形 I と II および直接形 II の転置形について説明する.

差分方程式(5-5)をそのまま実現したのが**図5-9**で,この構成は直接形 I と呼ばれている.

直接形 I は破線で囲んだ二つのブロックが縦続接続されたものとみなすことができる.**図5-9**で,左側のブロックの伝達関数は $\sum_{m=0}^{M} b_m z^{-m}$,右側のブロックの伝達関数は $1/\left(1 - \sum_{m=1}^{M} a_m z^{-m}\right)$ である.全体の伝達関数はこの二つの伝達関数の積になるが,乗算の順番は変えても全体の伝達関数は変わらない.したがって,**3.7節**で説明したように,二つのブロックを入れ替えても等価なシステムになる.そこで,**図5-10(a)**のように入れ替えてみる.そうすると,遅延器の部分は二つのブロックで共用できるから,**図5-10(b)**のブロック図を導くことができる.この構成が直接形 II である.この構成法は遅延素子の数をもっとも少なくすることができるので,標準形(canonical form)と呼ばれることもある.標準形では遅延素子の個数とフィルタの次数は一致する.

直接形 II で,入出力の関係を表す差分方程式は,**図5-10(b)**にあるように,中間ノードに現れる信号 $u[n]$,$u[n-1]$,……,$u[n-M]$ を使って,次のように表現される.

注12:$K \neq M$ の場合は,いくつかの係数が 0 であると考えればよいので $K=M$ としても一般性は失われない.
注13:伝達関数が式(5-6)で与えられた場合,次の方程式の根の位置に極が存在する.

$$1 - \sum_{m=1}^{M} a_m z^{-m} = 0$$

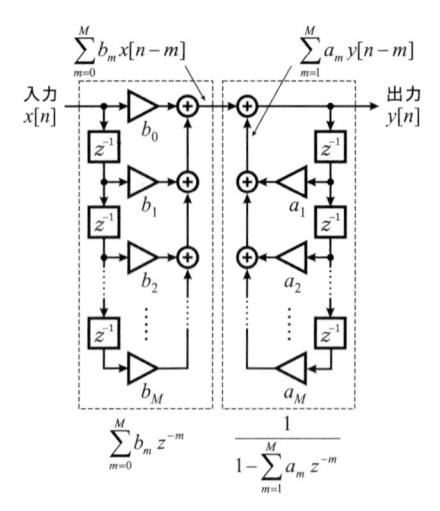

図5-9 直接形ⅠのIIRフィルタのブロック図

(a) 直接形Ⅰの前後のブロックを入れ換えたもの

(b) 共通の遅延素子を共有化すると直接形Ⅱが得られる

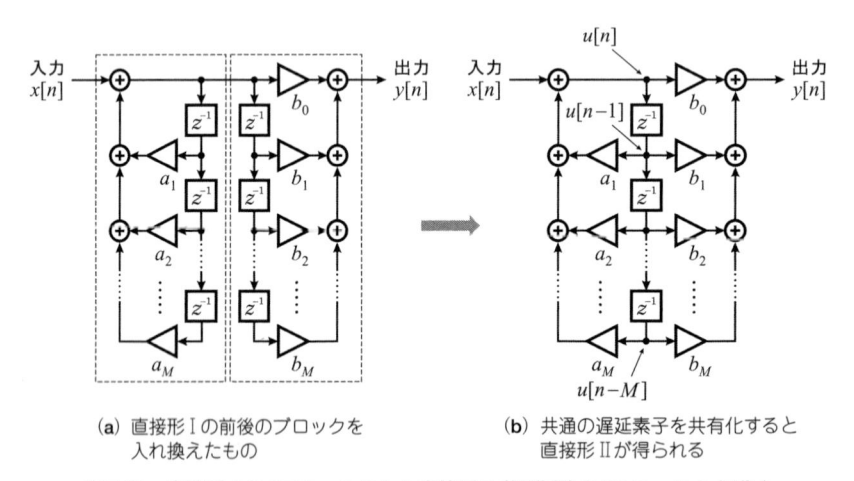

図5-10 直接形ⅠのIIRフィルタから直接形Ⅱ(標準形)のIIRフィルタを導く

$$\begin{cases} u[n] = \sum_{m=1}^{M} a_m u[n-m] + x[n] & \cdots\cdots\cdots\cdots\cdots\cdots\cdots\cdots\cdots\cdots\cdots\cdots\cdots(5\text{-}7\text{-a}) \\ y[n] = \sum_{m=0}^{M} b_m u[n-m] & \cdots\cdots\cdots\cdots\cdots\cdots\cdots\cdots\cdots\cdots\cdots\cdots\cdots(5\text{-}7\text{-b}) \end{cases}$$

リスト5-3に,直接形ⅡのIIRフィルタを実行する部分をC言語で書いたプログラムを示す.このプログラムで,入出力に関する関数については,**リスト5-1**と同様である.このプログラムの中で中間ノードの値($u[n]$, $u[n-1]$, ……, $u[n-M]$)を格納するバッファのデータを移動する部分があるが,これに関しては**図5-5**と同じように行っている.

84 第5章 ディジタル・フィルタの構成法

リスト5-3　直接形IIのIIRフィルタのプログラム

```
// M:              フィルタの次数
// a[ ]:           フィルタの係数, a[m]はa_mに対応, a[0] は使わない
// b[ ]:           フィルタの係数, b[m]はb_mに対応
// u[ ]:           中間ノード, 大きさ: M+1
// input( ):       信号の入力のための関数
// output( ):      信号の出力のための関数
for (j=1; j<=M; j++) u[j] = 0;        // 中間ノードのクリア
while(1)
{
    u[0] = input();                    // 信号の入力
    for (m=1; m<=M; m++)
        u[0] = u[0] + a[m]*u[m];       // 式(5-7-a) の計算
    y = 0;
    for (m=0; m<=M; m++)
        y = y + b[m]*u[m];             // 式(5-7-b) の計算
    for (m=M; m>0; m--)
        u[m] = u[m-1];                 // 中間ノードのデータの移動
    output(y);                         // フィルタ処理された信号の出力
}
```

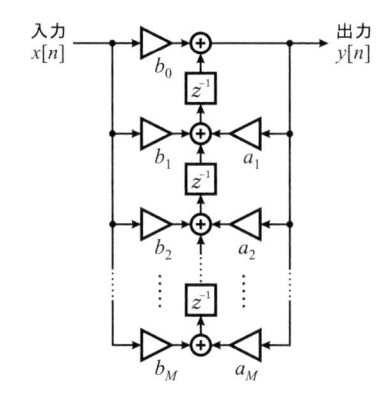

図5-11　直接形IIの転置形構成のIIRフィルタのブロック図

FIRフィルタと同様に，IIRフィルタでも転置形構成がある．直接形IIに対する転置形を**図5-11**に示す．

直接形は**表5-3**に示すように，演算誤差や係数の誤差の影響を受けやすいため，実際に使われることはあまりない．

(b) 縦続形構成

式(5-6)に示す伝達関数で $K=M$ とし，これを z^{-1} についての2次式の積の形に因数分解すると，式(5-8)が得られる．

$$H(z) = \prod_{k=1}^{N} \frac{b_{0k} + b_{1k}z^{-1} + b_{2k}z^{-2}}{1 - a_{1k}z^{-1} - a_{2k}z^{-2}}$$

ここで，　　　$N = M/2$　　偶数次の場合　　　　　　　　　　　　　(5-8)
　　　　　　　$N = (M+1)/2$　奇数次の場合

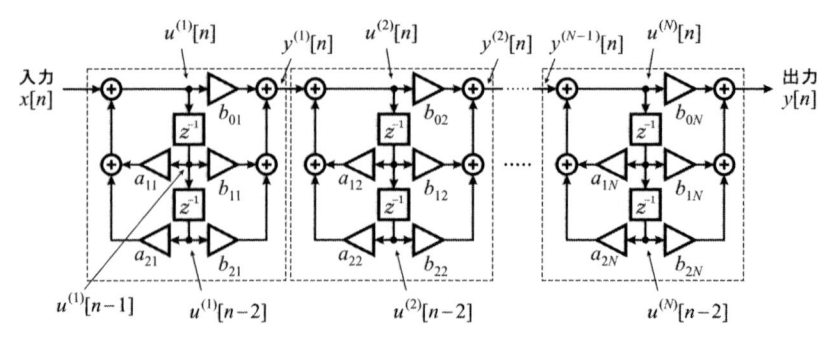

図5-12 縦続形IIRフィルタのブロック図

ただし，次数Mが奇数の場合には，分子の係数b_{2k}の中の一つは0，および分母の係数a_{2k}の中の一つは0とする．

この式(5-8)に対応するのが縦続形(cascade form)の構成法になる．式(5-8)で，あるkに対する分数式

$$\frac{b_{0k}+b_{1k}z^{-1}+b_{2k}z^{-2}}{1-a_{1k}z^{-1}-a_{2k}z^{-2}}$$

は2次の伝達関数になっている．これに対応するセクションに対するブロック図としては，直接形のところで説明したいくつかの構成法が考えられるが，ここでは直接形IIで構成することにすれば，全体のブロック図は**図5-12**のようになる．この図で破線で囲んだ部分が一つのセクションに対応する．

このブロック図に対応する入出力の関係を表す差分方程式は次のようになる．

$$\begin{cases} u^{(1)}[n]=a_{11}u^{(1)}[n-1]+a_{21}u^{(1)}[n-2]+x[n] \\ y^{(1)}[n]=b_{01}u^{(1)}[n]+b_{11}u^{(1)}[n-1]+b_{21}u^{(1)}[n-2] \\ u^{(2)}[n]=a_{12}u^{(2)}[n-1]+a_{22}u^{(2)}[n-2]+y^{(1)}[n] \\ y^{(2)}[n]=b_{02}u^{(2)}[n]+b_{12}u^{(2)}[n-1]+b_{22}u^{(2)}[n-2] \\ \quad\vdots \\ u^{(N)}[n]=a_{1N}u^{(N)}[n-1]+a_{2N}u^{(N)}[n-2]+y^{(N-1)}[n] \\ y[n]=b_{0N}u^{(N)}[n]+b_{1N}u^{(N)}[n-1]+b_{2N}u^{(N)}[n-2] \end{cases} \quad \cdots (5\text{-}9)$$

なお，次数が奇数の場合は，**図5-12**の中の破線で囲んだセクションの中の一つを**図5-13**に示すように，1次の伝達関数に対応するセクションで置き換えればよい．

縦続形は直接形に比べて演算誤差の影響や係数誤差の影響を受けにくいため，もっともよく使われる．

(c) 並列形構成

式(5-6)に示す伝達関数で$K=M$とし，これを部分分数展開すると，式(5-10)が得られる．

$$H(z)=c_{00}+\sum_{k=1}^{N}\frac{c_{0k}+c_{1k}z^{-1}}{1-a_{1k}z^{-1}-a_{2k}z^{-2}}$$

ここで，　　　$N=M/2$　　　偶数次の場合　　　$\cdots$(5-10)
　　　　　　　$N=(M+1)/2$　奇数次の場合

$$\frac{b_{0k}+b_{1k}z^{-1}+b_{2k}z^{-2}}{1-a_{1k}z^{-1}-a_{2k}z^{-2}}$$

$$\frac{b_{0k}+b_{1k}z^{-1}}{1-a_{1k}z^{-1}}$$

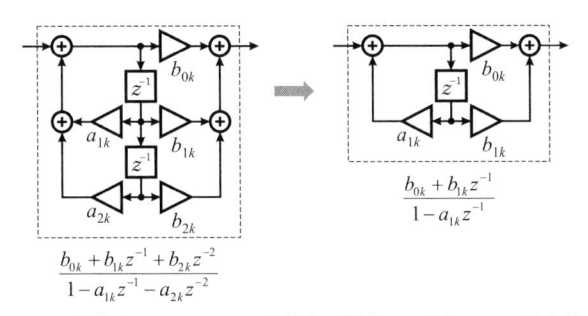

図5-13 縦続形IIRフィルタで奇数次の場合のセクションの置き換え

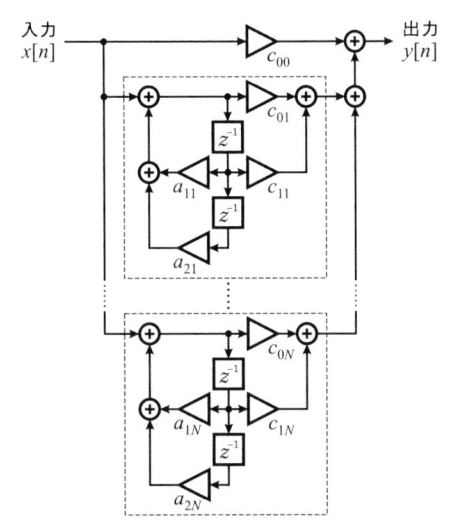

図5-14 並列形IIRフィルタのブロック図

ただし，次数Mが奇数の場合には，分子の係数c_{1k}の中の一つは0，および分母の係数a_{2k}の中の一つは0とする．

この伝達関数に対応するのは並列形（parallel form）で，縦続形の場合と同様に基本的な2次のセクションを直接型IIで構成した場合のブロック図を**図5-14**に示す．

並列形は直接形に比べて，縦続形と同様に演算誤差の影響を受けにくい．また，通過域の特性も係数の誤差の影響を受けにくい．しかし，阻止域の特性は縦続形に比べて演算誤差の影響が大きく現れる場合もある．そのためあまり使われない．

(d) 格子形構成

格子形（lattice form）のIIRフィルタにはいくつかの構成方法があるが，ここでは2乗算器形のブロック図を**図5-15**に示す．他の構成方法については，参考文献[4]を参照してほしい．この構成では，基本単位（**図5-15**の破線で囲った部分）に2個の乗算器が使われているため，2乗算器形という名前が付けられている．

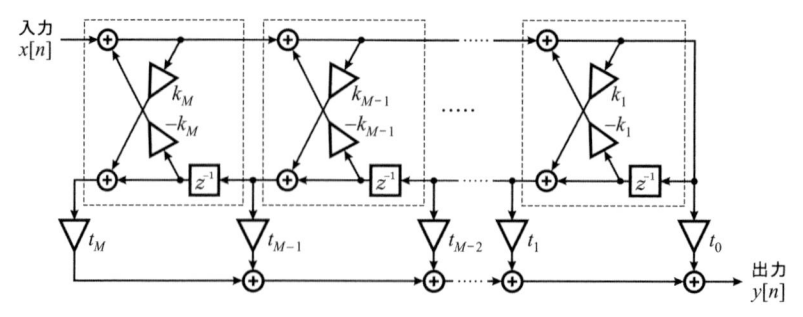

図5-15　格子形IIRフィルタのブロック図

格子形IIRフィルタが安定なための条件は，フィルタの係数k_mに対して，次のようになる．

$$|k_m| < 1, \quad m = 1, 2, \cdots, M \tag{5-11}$$

したがって，他の構成法[注14]のように特別に計算することなく，非常に簡単に安定性を判別できるという特徴をもっている．

格子形IIRフィルタも，直接形に比べると，演算誤差の影響や係数誤差の影響は受けにくいが，計算量が多くなるため時不変のフィルタとしてはあまり使われない．しかし，音声合成用の時変フィルタ[注15]などによく使われる．

なお，直接形IIRフィルタの係数から格子形IIRフィルタの係数を求める方法については**コラムL**に示す．

参考文献

1) 辻井重男 監修；ディジタル信号処理の基礎，第4章，電子情報通信学会，1988年．
2) 武部 幹；ディジタルフィルタの設計，第3章，東海大学出版会，1986年．
3) 斉藤収三，中田和男；音声情報処理の基礎，pp.110-112，オーム社，1981年．
4) A. H. Gray, Jr., J. D. Markel；"Digital lattice and ladder filter synthesis", *IEEE Transactions on Audio and Electroacoustics*, Vol.AU-21, No.6, pp.491-500, 1973.

注14：直接形，縦続形，並列形の場合，安定性の判別には，伝達関数の分母=0の根を求める必要がある．とくに直接形の場合は高次の方程式を解く必要があるため，かなりたいへんになる．縦続形，並列形の場合は直接形ほどたいへんではないが，それでも2次または1次方程式を解く必要がある．

注15：ただし音声合成用フィルタの場合，**図5-14**のブロック図に示す係数t_1, t_2, $\cdots$, t_Mが0のものがよく使われる．

Column L

格子形IIRフィルタの係数を直接形の係数から求める方法[4]

① 初期条件として，直接形IIRフィルタの係数 $a_m(m=1, 2, \cdots, M)$ と $b_m(m=0, 1, \cdots, M)$ を使い，次のように定める．

$$a_m^{(M)} = a_m, \quad m = 1, 2, \cdots, M \quad \cdots\cdots\text{(L-1)}$$
$$b_m^{(M)} = b_m, \quad m = 0, 1, \cdots, M \quad \cdots\cdots\text{(L-2)}$$

② 式(L-3)から(L-6)を，$m = M, M-1, \cdots, 2, 1$ の順に繰り返す．

$$k_m = -a_m^{(m)} \quad \cdots\cdots\text{(L-3)}$$
$$t_m = b_m^{(m)} \quad \cdots\cdots\text{(L-4)}$$
$$a_j^{(m-1)} = \frac{a_j^{(m)} - k_m \cdot a_{m-j}^{(m)}}{1 - k_m^2}, \quad j = 1, 2, \cdots, m-1 \quad \cdots\cdots\text{(L-5)}$$
$$b_j^{(m-1)} = b_j^{(m)} + t_m \cdot a_{m-j}^{(m)}, \quad j = 0, 1, \cdots, m-1 \quad \cdots\cdots\text{(L-6)}$$

③ 最後に次のように定める．

$$t_0 = b_0^{(0)} \quad \cdots\cdots\text{(L-7)}$$

以下には格子形IIRフィルタの係数 $k_m(m=1, 2, \cdots, M)$ と $t_m(m=0, 1, \cdots, M)$ を求めるためのC言語によるプログラムの主要な部分を示す．このプログラムでは，直接形IIRフィルタの係数 a_m は配列 a[m] (m=1,2,…,M) に，b_m は配列 b[m] (m=0,1,…,M) にそれぞれ与えられているものとする．結果の k_m は配列 k[m] (m=1,2,…,M) に，は t_m 配列 t[m] (m=0,1,…,M) にそれぞれ格納される．配列の中で，a[0]とk[0]は使っていない．

リストL-1　格子形IIRフィルタの係数を求めるプログラム

```
for (m=1; m<=M; m++) aM[m] = a[m];
for (m=0; m<=M; m++) bM[m] = b[m];
for (m=M; m>=1; m--)
{
    k[m] = -aM[m];
    t[m] = bM[m];
    for (j=0; j<=m-1; j++) a_tmp[j] = aM[m-j];
    d = 1.0 - k[m]*k[m];
    for (j=1; j<=m-1; j++)
        aM[j] = (aM[j] - k[m]*a_tmp[j])/d;
    for (j=0; j<=m-1; j++)
        bM[j] = bM[j] + t[m]*a_tmp[j];
}
t[0] = bM[0];
```

第6章 ディジタル・フィルタの設計

　ディジタル・フィルタを実現するためには，**第5章**で説明した構成方法を知るとともに，必要な周波数特性などを実現するためのフィルタの係数を求める必要がある．ディジタル・フィルタの場合，その係数を求めることを「設計」という．フィルタの設計には大きく分けて，次の二つがある．
　(1) 周波数領域での設計
　(2) 時間領域での設計
　周波数領域の設計では，フィルタの周波数特性を仕様として与え，それに基づいて設計する．時間領域の設計では，必要とされるインパルス応答に基づいて設計する．よく使われるフィルタは，周波数特性で規定されるものなので，本章では周波数領域での設計方法について取り上げる．
　ディジタル・フィルタの設計方法は，いままでに多くの提案がなされている．この章ではその中でももっとも基本的な方法について簡単に紹介する．取り上げるのは，FIRフィルタについては窓関数法とParks-McClellan法，IIRフィルタについては双一次z変換法である．設計方法のさらに詳しい話やそのほかの設計方法については参考文献1)，2)，3) などを参照していただきたい．また，参考文献4) にはディジタル・フィルタ設計のための各種の方法について，FORTRANプログラムのソース・リストが掲載されている．
　この章で説明する設計方法によるプログラムの例は，ソース・プログラムを含めてCQ出版社のサイト (http://www.cqpub.co.jp/) の中で公開している．そのプログラムの概要と実行のようすなどはこの章の付録に示す．
　なお，ディジタル・フィルタ設計を理解するためにはある程度高度な数学的知識が要求されるため，ディジタル信号処理をはじめて学ぶ場合には，この章は読み飛ばしても差し支えない．なぜなら，世の中にはディジタル・フィルタ設計のためのアプリケーションが出回っていて，実際にディジタル・フィルタの設計が必要となった場合は，そのようなものを使えば用が足りるというケースが多いからである．

6.1 FIRフィルタの設計法（窓関数法）

この方法は，任意の振幅特性および任意の位相特性のものを近似するフィルタを設計できる．しかし，以下では直線位相特性のFIRフィルタを設計するものとして話を進める．

この方法では，最初に実現したいフィルタの特性を決める．ここではこの特性として，零位相[注1]で低域通過型の理想フィルタを考える．高域通過フィルタなどほかのタイプは，いったん低域通過フィルタを設計し，(c)に示す周波数変換という操作により設計できる．

(a) 低域通過フィルタの設計

図6-1に，窓関数を用いる設計法の考え方を示す．ここでは零位相で理想的な低域通過フィルタを近似するものとする．その場合，最初に与えるフィルタの周波数特性$G(e^{j\omega T})$を$|\omega|\leq\omega_s/2$の範囲で表すと，次のようになる．

$$G(e^{j\omega T}) = \begin{cases} 1, & |\omega| \leq \omega_c \\ 0, & \omega_c < |\omega| \leq \omega_s/2 \end{cases} \quad \cdots\cdots (6\text{-}1)^{[注2]}$$

ここで，ω_cは遮断角周波数，ω_sは標本化角周波数である．図6-1(a)には$0\leq\omega\leq\omega_s/2$の範囲で式(6-1)の周波数特性を示す．

ディジタル・フィルタの周波数特性は，**3.4節 伝達関数と周波数応答**で説明したように，角周波数軸上で，標本化角周波数ω_sを周期とする周期関数になる．したがって，式(6-1)は次のようにフーリエ級数展開することができる．

$$G(e^{j\omega T}) = \sum_{n=-\infty}^{\infty} g_n \exp(-jn\omega T), \quad T = 2\pi/\omega_s \quad \cdots\cdots (6\text{-}2)$$

式(6-1)の$G(e^{j\omega T})$は偶関数なので，式(6-2)のフーリエ展開係数を計算すると次のようになる．

$$\begin{aligned} g_n &= \frac{1}{\omega_s} \int_{-\omega_s/2}^{\omega_s/2} G(e^{j\omega T}) \exp(jn\omega T) d\omega \\ &= \frac{2}{\omega_s} \int_0^{\omega_s/2} G(e^{j\omega T}) \cos(n\omega T) d\omega \\ &= \frac{2}{\omega_s} \int_0^{\omega_c} \cos(n\omega T) d\omega \\ &= \frac{1}{n\pi} \sin\left(\frac{2n\pi\omega_c}{\omega_s}\right), \quad n = -\infty, \cdots, -1, 0, 1, 2, \cdots, \infty \end{aligned} \quad \cdots\cdots (6\text{-}3)$$

この式で求められる展開係数g_nが，式(6-1)の$G(e^{j\omega T})$で表される周波数特性をもったフィルタの係数になる．このg_nのようすを図6-1(b)に示す．

ところで，式(6-3)からわかるように，$G(e^{j\omega T})$を実現するためには無限個のg_nが必要になるので，

[注1] 零位相とは，入力信号と出力信号の位相差がないような特性で，リアルタイム動作をするフィルタとしては，実際には実現できない．

[注2] 零位相特性なので，虚部は0になるから，$G(e^{j\omega T})$は実数で表現される．

(a) 理想フィルタの周波数特性

(b) 理想フィルタの係数

(c) 打ち切られた係数に対するフィルタの周波数特性

(d) 打ち切られた係数

(e) 設計されたフィルタの周波数特性

(f) 設計されたフィルタの係数

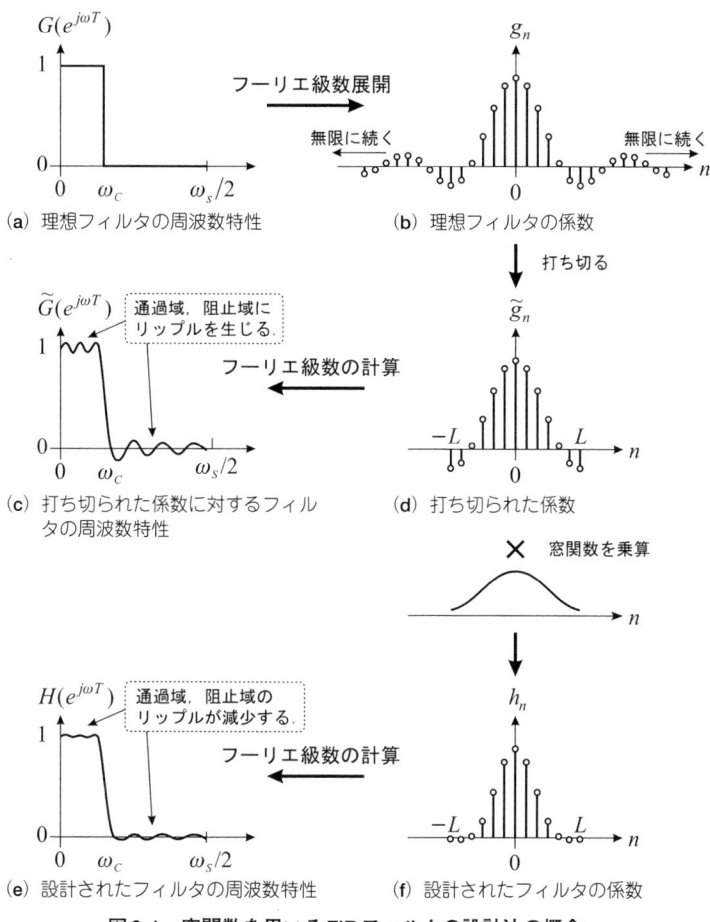

図6-1 窓関数を用いるFIRフィルタの設計法の概念

実際にFIRフィルタの係数として使うことはできない．しかし，式(6-3)を見ると，先頭に$1/n$が乗算されているので，$|n|$が大きくなると，g_nの大きさは振動しながらも徐々に小さくなっていく．そこで，フィルタの係数として，$|g_n|$が十分小さくなったところで打ち切ったものをフィルタの係数として使っても，その特性が$G(e^{j\omega T})$を近似するようなものになることが予想される．そこで，

$$\tilde{g}_n = \begin{cases} g_n, & |n| \leq L \\ 0, & |n| > L \end{cases} \quad \cdots\cdots (6\text{-}4)$$

で定義される$\tilde{g}_n$をフィルタの係数にすることを考える．これを図6-1(d)に示す．ところが，式(6-2)で，g_nの代わりに$\tilde{g}_n$と置き換えて計算したものを$\tilde{G}(e^{j\omega T})$とすると，フーリエ級数の理論から知られていることだが，図6-1(c)に示すように，$\tilde{G}(e^{j\omega T})$の通過域や阻止域にリップルを生じる．したがって$\tilde{g}_n$を使った場合，フィルタとしてはあまり良い特性を実現できない．

このリップルは，$\tilde{g}_n$をnの関数と考え，さらにnを整数ではなく実数，つまり連続量であるとみな

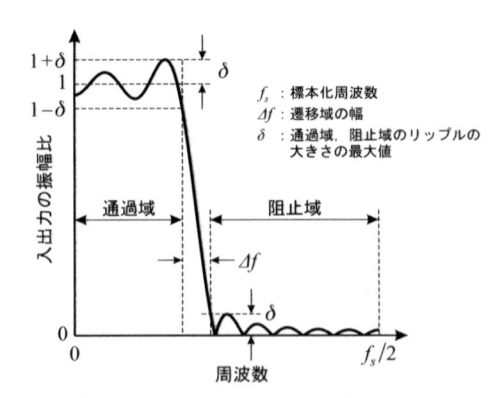

図6-2 Kaiser窓で設計されるフィルタの振幅特性(低域通過フィルタの場合)

した場合に，$|n|=L$の箇所で不連続[注3]になるために生じるということがフーリエ級数の理論からわかっている．したがって，この不連続を減らすため，$\tilde{g}_n$に対して中央部は大きく，両端にいくにしたがってしだいに小さくなるような重みを乗算したものをh_nとする．この重みのことを窓(window)関数と呼んでいる．この窓関数をw_nとすると，h_nは次のようになる．

$$h_n = \begin{cases} \tilde{g}_n \cdot w_n, & |n| \leq L \\ 0, & |n| > L \end{cases} \quad \cdots\cdots (6\text{-}5)$$

式(6-2)で，g_nの代わりにこのh_nに置き換えて計算したものを$H(e^{j\omega T})$とすると，この$H(e^{j\omega T})$は**図6-1**(e)に示すように，通過域および阻止域のリップルが減少して，特性の良いものになる．したがって，式(6-5)で計算されたh_nが，式(6-1)で示される周波数特性を近似するような，零位相のFIRフィルタの係数ということになる．

この方法では，窓関数w_nにどのようなものを選ぶのかがポイントになる[注4]．ここではカイザー(Kaiser)窓を使う．

(b) カイザー窓

カイザー窓[5]を使って設計されるFIRフィルタの振幅特性を，低域通過フィルタの場合について**図6-2**に示す．このように，通過域の最大のリップルと阻止域の最大のリップルの大きさが同じ値(δ)になるような振幅特性のFIRフィルタの係数を求めることができる．カイザー窓は，次の式で与えられる．

$$w_n = \begin{cases} \dfrac{I_0\left(\alpha\sqrt{1-(n/L)^2}\right)}{I_0(\alpha)}, & |n| \leq L \\ 0, & |n| > L \end{cases} \quad \cdots\cdots (6\text{-}6)$$

注3：$\tilde{g}_n$そのものだけでなく，$\tilde{g}_n$の導関数(高次の導関数も)も含めた連続性．
注4：窓関数として有名なものは，ハニング(Hanning)窓，ハミング(Hamming)窓，ブラックマン(Blackman)窓などだが，これらの窓関数をフィルタ設計に用いた場合，設計の自由度が小さくなるので，ここでは使わない．

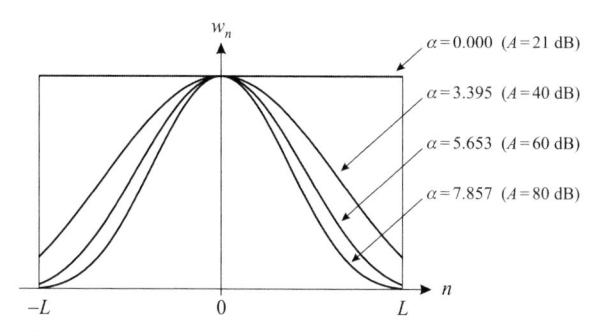

図6-3 いくつかのαに対するカイザー窓(カッコ内の数値はαに対応する減衰量)

ここで，$I_0(x)$は0次の第1種変形ベッセル関数[注5](modified zeroth-order Bessel function)である．この式で，αは**図6-2**のリップルの大きさの最大値δを決めるパラメータで，L[注6]は**図6-2**に示す遷移域の幅Δfと関係するパラメータである．

αは以下の手順でδから求める．まず，δから阻止域の減衰量の最悪値AをdBで表したものを次の式で求める．

$$A = -20\log_{10}\delta \text{ [dB]} \tag{6-7}$$

次に，このAから，αは次のように求められる．

$$\alpha = \begin{cases} 0.1102(A-8.7), & A \geq 50 \\ 0.5842(A-21)^{0.4} + 0.07886(A-21), & 21 < A < 50 \\ 0, & A \leq 21 \end{cases} \tag{6-8}$$[注7]

また，式(6-6)のLは次の式で与えられる[5]．

$$L = \frac{A - 7.95}{28.72 \cdot (\Delta f / f_s)} \tag{6-9}$$[注8]

ここで，Δfは**図6-2**に示す遷移域の幅である．

いくつかのαに対するカイザー窓を**図6-3**に示す．

(c) 周波数変換

(a)では低域通過フィルタを求めるものとして設計方法を説明してきたが，高域通過フィルタなどのほかのフィルタも同じ考え方で設計できる．そのほかに，低域通過フィルタから周波数変換[6]と

注5：0次の第1種変形ベッセル関数$I_0(x)$は次の式で定義される．実際の計算では，$n=20$程度で打ち切っても十分な精度が得られる．

$$I_0(x) = 1 + \sum_{n=1}^{\infty}\left(\frac{(x/2)^n}{n!}\right)^2$$

注6：設計されるFIRフィルタの次数は$2L$次，係数の個数は$2L+1$になる．
注7：この式は実験的に導かれたものである．
注8：この式も実験的に導かれたものである．

表6-1 FIRフィルタに関する周波数変換

	元になる低域通過フィルタの遮断角周波数	低域通過フィルタの係数をほかのタイプの係数に変換する式
高域通過フィルタ	$\omega_c^{(LP)} = \omega_s/2 - \omega_c^{(HP)}$	$h_n^{(HP)} = (-1)^n h_n^{(LP)}$
帯域通過フィルタ	$\omega_c^{(LP)} = (\omega_2 - \omega_1)/2$	$h_n^{(BP)} = 2h_n^{(LP)} \cos n\omega_0 T$ $\omega_0 = (\omega_1 + \omega_2)/2$
帯域除去フィルタ	$\omega_c^{(LP)} = (\omega_2 - \omega_1)/2$	$h_n^{(BR)} = \begin{cases} 1 - 2h_n^{(LP)} \cos n\omega_0 T, & n = 0 \\ -2h_n^{(LP)} \cos n\omega_0 T, & n \neq 0 \end{cases}$ $\omega_0 = (\omega_1 + \omega_2)/2$

ω_s : 標本化角周波数
ω_1 : 低域側遮断角周波数
ω_2 : 高域側遮断角周波数

(a) 因果律を満足しないフィルタの係数
(b) 因果律を満足するフィルタの係数

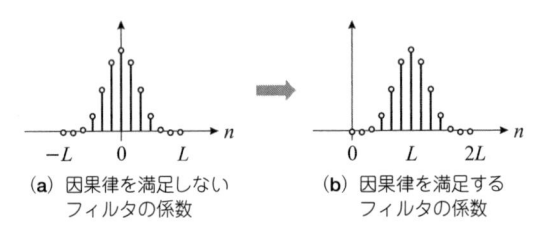

図6-4 $h_{n-L} \to h_n$, $n = 0, 1, \cdots, 2L$ の置き換え

いう操作により,他のフィルタを求める方法もある.

低域通過フィルタの係数を$h_n^{(LP)}$とし,その遮断角周波数を$\omega_c^{(LP)}$とすると,他のフィルタの係数は**表6-1**のようになる.

たとえば,遮断角周波数$\omega_c^{(HP)}$の高域通過フィルタを求める場合は,以下のような手順になる.最初に,$\omega_c^{(LP)} = \omega_s/2 - \omega_c^{(HP)}$を遮断角周波数とする低域通過フィルタの係数$h_n^{(LP)}$を求める.その結果を使って,高域通過フィルタの係数$h_n^{(HP)}$は$h_n^{(LP)}$より,$h_n^{(HP)} = (-1)^n h_n^{(LP)}$という変換によって求められる.

(d) 因果律を満足するフィルタの係数

以上で説明したのは,零位相のFIRフィルタ係数の求め方になる.このフィルタの係数は$n=0$を中心に対称になるので,$n<0$に対して$h_n=0$にはなっていない.そのため,この係数をそのまま使うと因果律を満足しないフィルタになる.つまり,リアルタイム動作するフィルタは実現できない.

因果律を満足させるためには,$n<0$に対して$h_n=0$になればよい.そこで,**図6-4**に示すように,LだけシフトしたものをFIRフィルタの係数として使えば,因果律を満足するFIRフィルタの係数が得られる.なお,このシフトにより,フィルタの位相特性は零位相特性から直線位相特性に変化する.

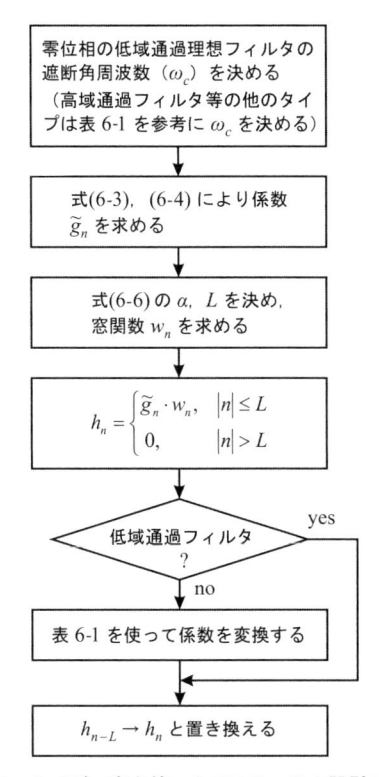

```
┌─────────────────────────┐
│ 零位相の低域通過理想フィルタの │
│ 遮断角周波数 ($\omega_c$) を決める │
│ (高域通過フィルタ等の他のタイ │
│ プは表 6-1 を参考に $\omega_c$ を決める) │
└─────────────┬───────────┘
              ↓
┌─────────────────────────┐
│ 式(6-3), (6-4) により係数 │
│ $\widetilde{g}_n$ を求める │
└─────────────┬───────────┘
              ↓
┌─────────────────────────┐
│ 式(6-6) の $\alpha$, $L$ を決め, │
│ 窓関数 $w_n$ を求める │
└─────────────┬───────────┘
              ↓
┌─────────────────────────┐
│ $h_n = \begin{cases} \widetilde{g}_n \cdot w_n, & |n| \le L \\ 0, & |n| > L \end{cases}$ │
└─────────────┬───────────┘
              ↓
         ╱低域通過フィルタ╲  yes
         ╲    ?         ╱─────┐
              │ no            │
              ↓               │
┌─────────────────────────┐   │
│ 表 6-1 を使って係数を変換する │   │
└─────────────┬───────────┘   │
              ↓←──────────────┘
┌─────────────────────────┐
│ $h_{n-L} \to h_n$ と置き換える │
└─────────────────────────┘
```

図6-5 カイザー窓を使ったFIRフィルタ設計の手順

(e) 設計手順のまとめ

図6-5に,以上の手順をまとめたものを示す.なお,求められた係数がフィルタの仕様を満足していない場合もあるので,そのときはパラメータを少し変更して,設計しなおす必要がある.

(f) 設計例

設計例としては,標本化周波数:10kHz,遮断周波数:1kHzの低域通過フィルタを設計した結果を二つ示す.一つは同じ次数で α を変えた場合で,もう一つは同じ α で次数を変えた場合である.

◆ α を変えた場合

図6-6に,同じ次数(100次)で,2とおりの α (0, 5.635)を与えて設計したFIRフィルタの振幅特性を示す.この図では,通過域の特性を縦方向に拡大したものも同時に示している.

$\alpha=0$ の場合は,窓関数を乗算しないのと同じことなので,通過域に大きなリップルが現れ,阻止域の減衰量も大きく取れないことがわかる.一方, $\alpha=5.635$ の場合は,通過域にはリップルがほとんど現れず,阻止域の減衰量は最悪でも60dB程度になっていることがわかる.

◆次数を変えた場合

図6-7には,同じ α (3.395)で,2とおりの次数(20次, 160次)を与えて設計したFIRフィルタの振幅特性を示す.

この図から，次数が大きいほど遷移域の特性，つまり通過域から阻止域に移行する部分の傾きが急になることがわかる．

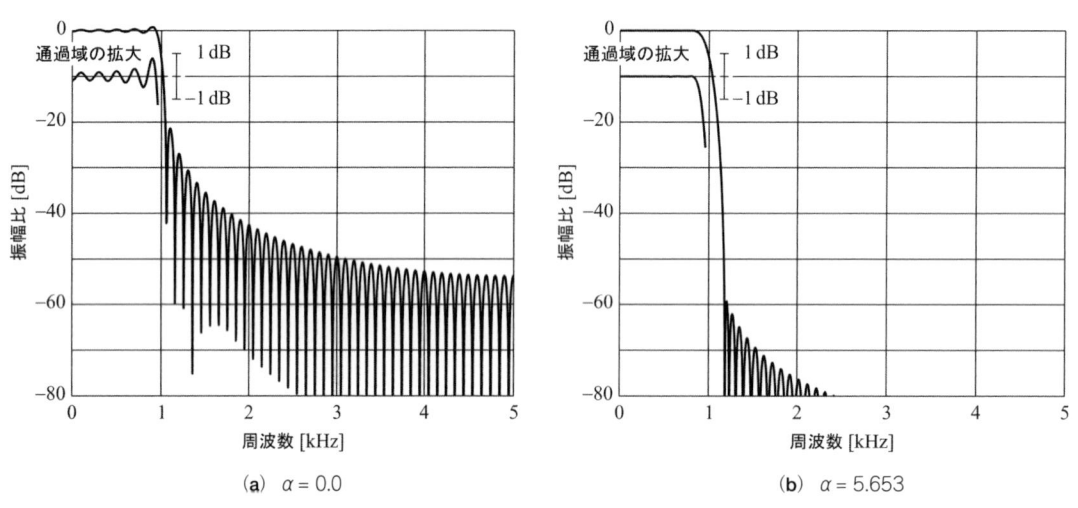

図6-6 αを変えた場合のカイザー窓によるFIRフィルタの設計例
（次数 = 100次，標本化周波数 = 10 kHz，遮断周波数 = 1 kHz）

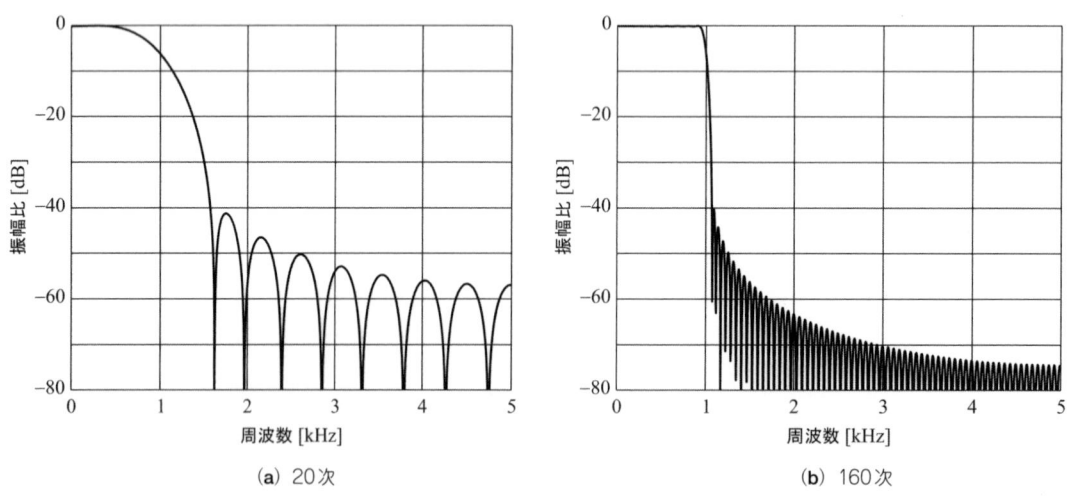

(a) $\alpha = 0.0$

(b) $\alpha = 5.653$

図6-7 次数を変えた場合のカイザー窓によるFIRフィルタの設計例
（$\alpha = 3.395$，標本化周波数 = 10 kHz，遮断周波数 = 1 kHz）

(a) 20次

(b) 160次

6.2 FIRフィルタの設計法(Parks-McClellan法)

(a) 方法の概略

6.1節で説明した方法では,通過域や阻止域のリップルの大きさが遮断周波数から離れるにしたがって小さくなる.フィルタを設計する際に,小さなリップルはもう少し大きくなってもよいから,遮断周波数に近いところの大きなリップルをできるだけ小さくしたいという要求もある.このような場合,もっとも大きなリップルがもっとも小さくなるようなアルゴリズムを使う[注9].このような考え方で設計するのがParks-McClellan法[7]で,この方法では重み付きチェビシェフ近似をRemezのアルゴリズムを使って,反復的に求めていく.この方法によるFORTRAN言語で書かれたプログラムが参考文献8)などに載っている.

この方法を理解するためには,ある程度高度な数学的知識が要求されるので,この方法に関心のある読者は参考文献7),8)などを参照してほしい.ここでは,Parks-McClellan法により設計されるFIRフィルタの特徴について説明する.

Parks-McClellan法により設計されるFIRフィルタの振幅特性を,低域通過フィルタの場合について図6-8に示す.このように,通過域のリップルの大きさはδ_1という同じ大きさになり,同様に阻止域のリップルの大きさはδ_2という同じ大きさになる.このような特性を等リップル特性という.

この方法では,リップルの大きさδ_1, δ_2自身を設計パラメータとして直接的に指定することはできない.しかし,δ_1とδ_2の比を指定することはでき,重み付き近似を行う場合の重みの与え方で決まる.図6-8で通過域の重みをW_1,阻止域の重みをW_2とすると,

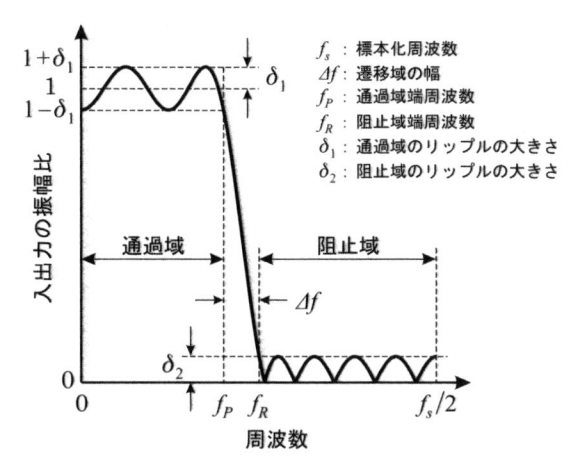

f_s : 標本化周波数
Δf : 遷移域の幅
f_P : 通過域端周波数
f_R : 阻止域端周波数
δ_1 : 通過域のリップルの大きさ
δ_2 : 阻止域のリップルの大きさ

図6-8 Parks-McClellan法で設計されるフィルタの振幅特性(低域通過フィルタの場合)

注9:リップルの大きさとは,理想フィルタの振幅特性に対する誤差の絶対値と考えることができる.したがって,この考え方は,関数の近似式を求める際のミニマックス近似(最良近似ともいう)と同じである.

$$\frac{\delta_1}{\delta_2} = \frac{1/W_1}{1/W_2} \quad \cdots\cdots\cdots\cdots\cdots\cdots\cdots\cdots\cdots\cdots\cdots\cdots\cdots\cdots\cdots\cdots\cdots\cdots\cdots\cdots\cdots\cdots\cdots\cdots\cdots\cdots (6\text{-}10)$$

のように重みを与えればよい．

また，フィルタの通過域の幅が極端に広い場合や狭い場合を除いて，次数Nは経験的に次の式で近似できることが知られている[8]．

$$N = \frac{-20\log_{10}\sqrt{\delta_1 \cdot \delta_2} - 13}{14.6 \cdot (\Delta f / f_s)} \quad \cdots\cdots\cdots\cdots\cdots\cdots\cdots\cdots\cdots\cdots\cdots\cdots\cdots\cdots\cdots\cdots\cdots\cdots (6\text{-}11)^{注10}$$

ここで，Δfは図6-8に示す遷移域の幅である．

(b) 設計例

図6-9に，低域通過フィルタの設計例を示す．(a)は通過域と阻止域に同じ重みを与えた場合，(b)は阻止域の重みを通過域の10倍とした場合である．(b)のように阻止域の重みを大きくすると，阻止域のリプルは小さくなる，つまり減衰量は大きくなるが，一方で通過域のリプルが大きくなることがわかる．

6.3　IIRフィルタの設計法（双一次z変換法）

IIRフィルタの設計方法としてよく使われるのがs-z変換法[注11]である．この方法では，最初に基準

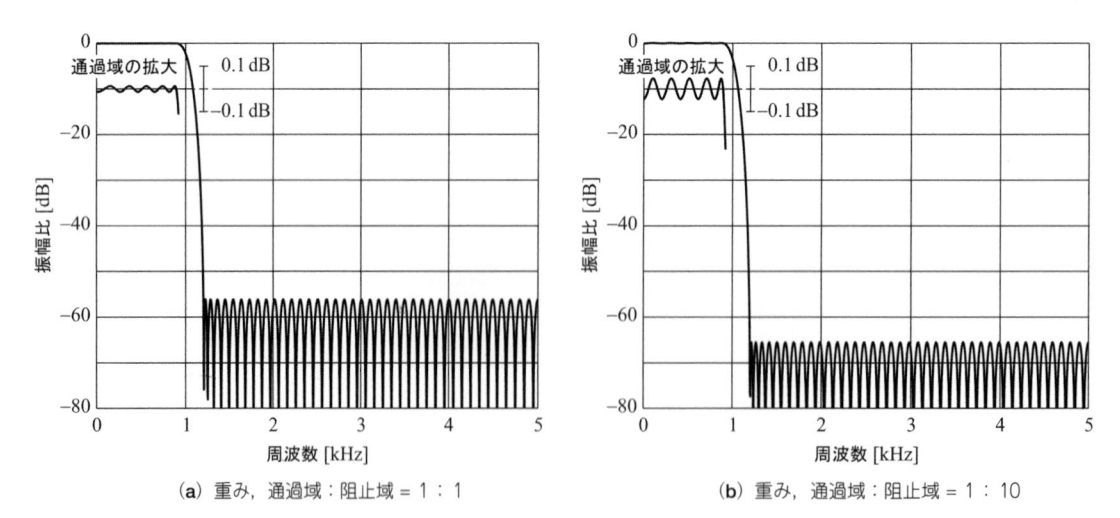

(a) 重み，通過域：阻止域 = 1 : 1

(b) 重み，通過域：阻止域 = 1 : 10

図6-9　重みを変えた場合の，Parks-McClellan法によるFIRフィルタの設計例
（次数 = 100次，標本化周波数 = 10 kHz，通過域端周波数 = 0.9 kHz，阻止域端周波数 = 1.2 kHz）

注10：この式は近似式なので，実際に次数を決めるためには，ある程度の試行錯誤が必要になる場合もある．
注11：s領域におけるアナログ・フィルタの伝達関数$G(s)$をz領域におけるディジタル・フィルタの伝達関数$H(z)$に変換するので，s-z変換法と呼ばれている．

となるアナログ・フィルタの伝達関数を求める．次に s-z 変換によりこの伝達関数を変換し，ディジタル・フィルタの伝達関数を求める．

s-z 変換には標準 z 変換（standard z-transform），双一次 z 変換（bilinear z-transform），整合 z 変換（matched z-transform）がある．ここではよく使われ，さらに低域通過，高域通過，帯域通過，帯域除去の各フィルタを比較的簡単に設計できることから，双一次 z 変換を使う方法について説明する．ほかの方法は参考文献1）などを参照していただきたい．

(a) 設計方法

最初にアナログ・フィルタの伝達関数を求めるが，その計算方法については**コラムM**に示す．次に，アナログ・フィルタの伝達関数を $G(s)$ とすると，双一次 z 変換ではこの伝達関数に対して次のような置き換えを行う．

$$s = \frac{1-z^{-1}}{1+z^{-1}} \quad \cdots\cdots (6\text{-}12)^{注12}$$

この変換を行うと，ディジタル・フィルタの伝達関数 $H(z)$ が求められる．このとき，アナログ・フィルタにおける角周波数 Ω とディジタル・フィルタにおける角周波数 ω は，標本化角周波数を ω_s とすると，次のような関係になる．

$$\Omega = \tan\left(\frac{\pi\omega}{\omega_s}\right) \quad \cdots\cdots (6\text{-}13)^{注13}$$

したがって，遮断角周波数などの特性を規定する周波数は，式(6-13)で求められる Ω に変換してから，その周波数に基づいて最初のアナログ・フィルタの伝達関数を求める必要がある．

なお，得られたディジタル・フィルタと最初に求めるアナログ・フィルタにおける入出力の振幅比は一致しない場合もある．そのときは得られたディジタル・フィルタの伝達関数に補正するために，適切な定数を乗算すればよい．

双一次 z 変換法で設計されるディジタル・フィルタと，最初に求めるアナログ・フィルタの振幅特性の関係を**図6-10**に示す．この図から，設計されるディジタル・フィルタの振幅特性は，最初に求めるアナログ・フィルタの振幅特性を，周波数軸に沿って，周波数0の方向へ，高い周波数ほど大きく圧縮した形になることがわかる．その結果，アナログ・フィルタで角周波数が無限大のときの振幅特性の値が，ディジタル・フィルタでは標本化角周波数の1/2のところの値に対応する．また，最初に求めるアナログ・フィルタの通過域や阻止域のリップルの大きさは，設計されたディジタル・フィルタでも同じ値になる．

注12：多くの本には，$s = \frac{2}{T}\left(\frac{1-z^{-1}}{1+z^{-1}}\right)$ と書いてあるが，その場合は式(6-13)は $\Omega = \frac{2}{T}\tan\left(\frac{\pi\omega}{\omega_s}\right)$ に変わり，求められる結果は同じになる．したがって，式(6-12)に 2/T を付けるか付けないかは本質的な問題ではない．

注13：伝達関数から周波数特性を求める場合，アナログ・フィルタの場合は $s=j\omega$，ディジタル・フィルタの場合は $z=\exp(j\omega T)$ と置く．この関係を式(6-12)に代入すると次のようになる．

$$j\Omega = \frac{1-\exp(-j\omega T)}{1+\exp(-j\omega T)} = \frac{\exp(j\omega T/2)-\exp(-j\omega T/2)}{\exp(j\omega T/2)+\exp(-j\omega T/2)} = \frac{j\sin(\omega T/2)}{\cos(\omega T/2)} = j\tan(\omega T/2)$$

したがって，式(6-13)の関係が導かれる．

Column M

アナログ・フィルタの伝達関数

最初に,遮断角周波数が1になるように正規化された低域通過フィルタの伝達関数を示す.このフィルタを正規化LPFと呼ぶことにする.

ここではバタワース特性とチェビシェフ特性のアナログ・フィルタの伝達関数を示す.バタワース特性をもつM次の正規化LPFの振幅特性$|\tilde{G}(s)|$は,次の式で与えられる.

$$\left|\tilde{G}(s)\right| = \frac{1}{\sqrt{1+\omega^{2M}}} \quad \cdots\cdots\text{(M-1)}$$

また,チェビシェフ特性をもつM次の正規化LPFの振幅特性$|\tilde{G}(\omega)|$次の式で与えられる.

$$\left|\tilde{G}(s)\right| = \frac{1}{\sqrt{1+\varepsilon^2 C_M(\omega)^2}} \quad \cdots\cdots\text{(M-2)}$$

ここで,通過域のリップルの大きさをrdBとすると,$\varepsilon = \sqrt{10^{r/10}-1}$,$C_M(\omega)$はチェビシェフの多項式(Chebyshev polynomial)で,この一般的な表現は次のようになる.

$$C_m(x) = \begin{cases} \cos(m\cos^{-1} x), & |x| \leq 1 \\ \cosh(m\cosh^{-1} x), & |x| > 1 \end{cases} \quad \cdots\cdots\text{(M-3)}$$

低次のチェビシェフ多項式の具体的な形を,いくつか以下に示す.

$$\begin{aligned}
&C_0(x) = 1 \qquad\qquad\qquad C_1(x) = x \\
&C_2(x) = 2x^2 - 1 \qquad\qquad C_3(x) = 4x^3 - 3x \\
&C_4(x) = 8x^4 - 8x^2 + 1 \quad\; C_5(x) = 16x^5 - 20x^3 + 5x \\
&C_6(x) = 32x^6 - 48x^4 + 18x^2 - 1
\end{aligned} \quad \cdots\cdots\text{(M-4)}$$

また,次の漸化式でも表現できる.

$$C_m(x) = 2xC_{m-1}(x) - C_{m-2}(x), \quad m > 2 \quad \cdots\cdots\text{(M-5)}$$

表M-1に,バタワース特性とチェビシェフ特性の正規化LPFの伝達関数を示す.また,図M-1には,

(a) バタワース特性

(b) チェビシェフ特性
(通過域のリップル=1dBの場合)

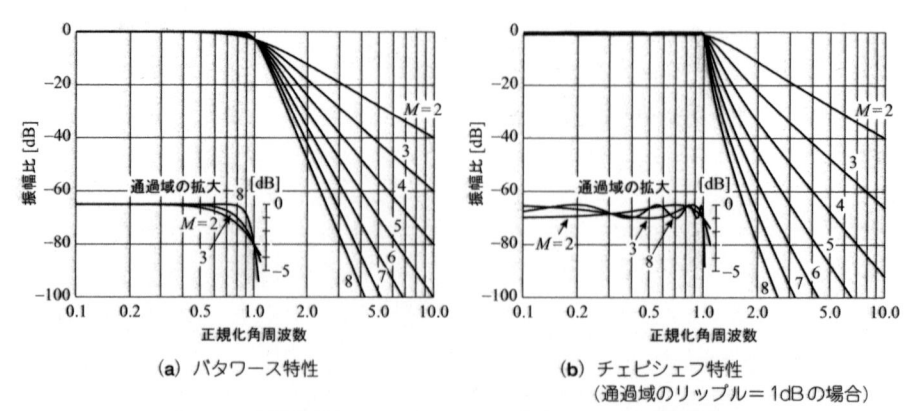

図M-1 遮断周波数で正規化された低域通過フィルタの振幅特性

次数 $M=2\sim 8$ に対応するこの二つのフィルタの振幅特性を示す．なお，チェビシェフ特性は通過域のリップルが1dBの場合を示している．

任意の遮断角周波数をもつ低域通過，高域通過，帯域通過，帯域除去の各フィルタの伝達関数は**表M-2**に示す周波数変換を使って求める．

表M-1 遮断周波数で正規化されたアナログ低域通過フィルタの伝達関数

次数 M	伝達関数	パラメータ
偶数	$\widetilde{G}(s) = \prod_{m=1}^{M/2} \dfrac{1}{s^2 + (2\cos\theta_m)s + 1}$	$\theta_m = (2m-1)\pi/(2M), \quad m = 1, 2, \cdots, M/2$
奇数	$\widetilde{G}(s) = \dfrac{1}{s+1} \prod_{m=1}^{(M-1)/2} \dfrac{1}{s^2 + (2\cos\theta_m)s + 1}$	$\theta_m = m\pi/M, \quad m = 1, 2, \cdots, (M-1)/2$

(**a**) バタワース特性

次数 M	伝達関数	パラメータ
偶数	$\widetilde{G}(s) = \dfrac{1}{\sqrt{10^{r/10}}} \prod_{m=1}^{M/2} \dfrac{u_m^2 + v_m^2}{s^2 + 2u_m s + u_m^2 + v_m^2}$	$\theta_m = \begin{cases} (2m-1)\pi/(2M), \\ \quad m = 1, 2, \cdots, M/2 \quad 偶数次 \\ m\pi/M, \\ \quad m = 1, 2, \cdots, (M-1)/2 \quad 奇数次 \end{cases}$
奇数	$\widetilde{G}(s) = \dfrac{u_0}{s + u_0} \prod_{m=1}^{(M-1)/2} \dfrac{u_m^2 + v_m^2}{s^2 + 2u_m s + u_m^2 + v_m^2}$	$\alpha = \dfrac{1}{M}\sinh^{-1}\dfrac{1}{\sqrt{10^{r/10}-1}}\ ^{\dagger}$ $u_m = \sinh(\alpha)\cos(\theta_m)$ $v_m = \cosh(\alpha)\cos(\theta_m)$

† r：通過域のリップルの大きさ（dB単位で与える）

(**b**) チェビシェフ特性

表M-2 アナログ・フィルタの周波数変換

通過域の種類	変換方法
低域通過	$s \to \dfrac{s}{\omega_0}\ ^{\dagger}$
高域通過	$s \to \dfrac{\omega_0}{s}\ ^{\dagger}$
帯域通過	$s \to \dfrac{s^2 + \omega_1 \cdot \omega_2}{s(\omega_2 - \omega_1)}\ ^{\dagger\dagger}$
帯域除去	$s \to \dfrac{s(\omega_2 - \omega_1)}{s^2 + \omega_1 \cdot \omega_2}\ ^{\dagger\dagger}$

† ω_0：変換されたフィルタの遮断角周波数．
†† ω_1：変換されたフィルタの低域側の遮断角周波数，
ω_2：変換されたフィルタの高域側の遮断角周波数．

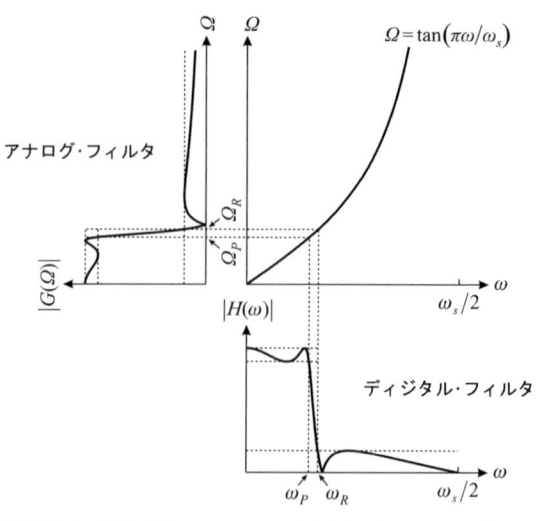

図6-10 双一次z変換で設計されるディジタル・フィルタと元になるアナログ・フィルタの振幅特性の関係

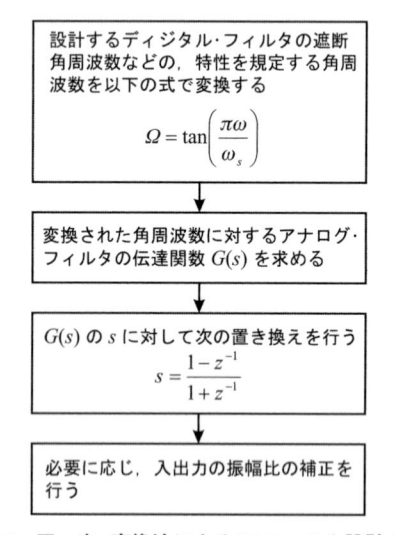

図6-11 双一次z変換法によるIIRフィルタ設計の手順

　ここまで説明した双一次z変換法による設計手順をまとめて図6-11に示す．

(b) 設計例

　例として，双一次z変換法で設計された連立チェビシェフ特性の低域通過フィルタの振幅特性を図6-12に示す．この例では，次数：8次，標本化周波数：10kHz，遮断周波数：1kHzとし，通過域のリップルを0.1dB，阻止域の減衰量を60dBとして設計した．

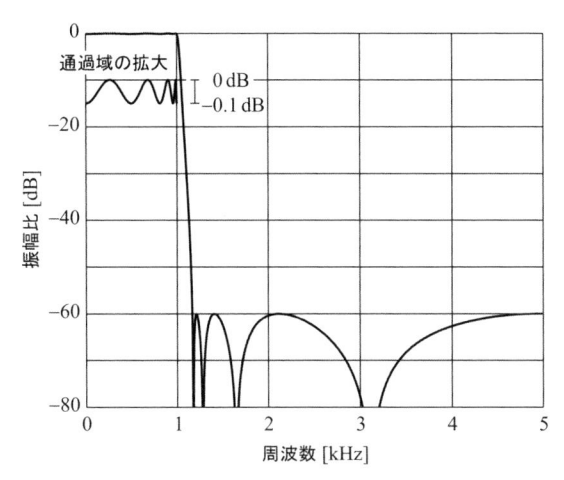

図6-12 双一次 z 変換法による連立チェビシェフ特性のIIRフィルタの設計例
（次数 = 8次，標本化周波数 = 10 kHz，遮断周波数 = 1 kHz，
通過域のリップル = 0.1 dB，阻止域の減衰量 = -60 dB）

参考文献

1) 武部 幹；ディジタルフィルタの設計，東海大学出版会，1986年．
2) 三谷政昭；ディジタルフィルタデザイン，昭晃堂，1987年．
3) 尾知 博；ディジタル・フィルタ設計入門，CQ出版社，1990年．
4) Ed. by Digital Signal Processing Committee, IEEE ASSP Society；Programs for digital signal processing, Chapter 5 & 6, IEEE Press, 1979.
5) R. W. Hamming著，宮川，今井 訳；ディジタル・フィルタ，第9章，科学技術出版社，1980年．
6) 樋口龍雄；ディジタル信号処理の基礎，pp.127-128，昭晃堂，1986年．
7) L. R. Rabiner, J. H. McClellan, and T. W. Parks；"FIR digital filter design techniques using weighted Chebyshev approximation", *Proceedings of IEEE*, vol.63, No.4, pp.595-610, 1975-04.
8) T. W. Parks and C. S. Burrus；Digital filter design, Chapter3, John Wiley & Sons, 1987.
9) 三上直樹；C言語によるディジタル信号処理入門，pp.96-103，CQ出版社，2002年．

付録 6.1　ディジタル・フィルタ設計プログラム

　この章で説明したディジタル・フィルタの設計法を使って作成したプログラムは，CQ出版社のサイト（http://www.cqpub.co.jp/）の中の本書に関する箇所で，ソース・プログラムを含めて公開している．この章ではあまり詳しい説明は行っていないので，詳しい点についてはこのソース・プログラムを参照していただきたい．ここで公開されているプログラムはBorland社のC++ Builder 6で作成した．

◆ カイザー窓を使う窓関数法

　図6-Aには，パラメータをデフォルトのままで実行した場合の例を示す．パラメータを与え"設計"ボタンをクリックすると，設計された係数と，それに対応する振幅特性が表示される．画面右下に"−80"となっているのは表示する際の最小値で，他の値はドロップ・ダウン・リストの中から選ぶことができる．"−4"まで選ぶことができるので，通過域のようすを詳しく見ることができる．

　係数は，C/C++ でプログラムを作成する際にそのままコピー&ペーストして使いやすいように表示している．実際の係数との対応関係は**図6-B**のようになっている．

◆ Parks-McClellan法

　このプログラムは，低域通過，高域通過，帯域通過，帯域除去の各フィルタ（図では"通過域/阻止域型"）のほかに，微分器とヒルベルト変換器[注A]用のフィルタも設計することができる．

　"フィルタの種類"のオプション・ボタンで"通過域/阻止域型"を選択した場合は，通過域と阻止域

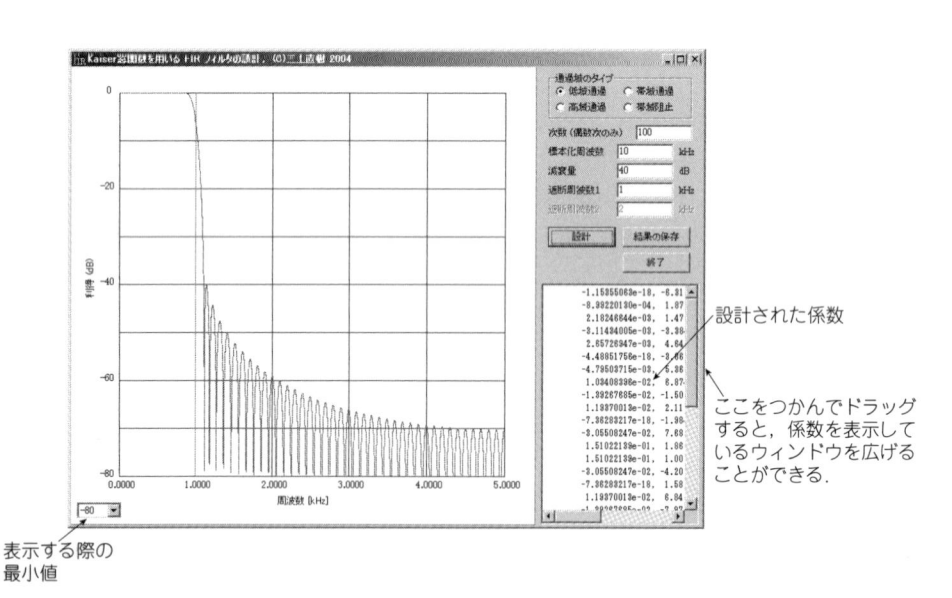

図6-A　カイザー窓を使った窓関数法によるFIR設計プログラムの実行例
（パラメータはデフォルト値）

注A：ヒルベルト変換器は**第11章**で説明する．

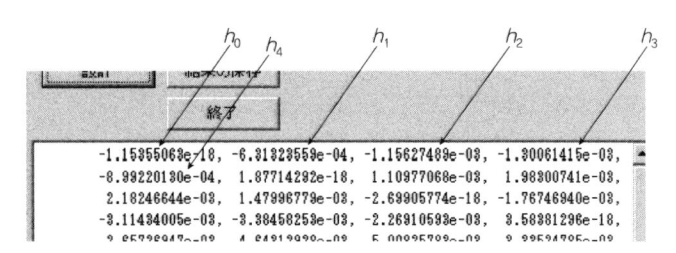

図6-B　図6-Aの設計された係数の表示部の拡大図と数値と係数の対応関係

の数の合計を"帯域数の合計"のドロップ・ダウン・リストで，5まで指定することができる．低域通過，高域通過の各フィルタではこの数を2に，帯域通過，帯域除去の各フィルタではこの数を3に設定する．通過域が二つ，阻止域が三つある場合は，この数を5に設定する．

各帯域に対して，"下側帯域端周波数"，"上側帯域端周波数"，"利得"，"重み"を指定する．"利得"の箇所は，通過域では1，阻止域では0に設定する[注B]．"重み"では大きな数を指定するほど，その帯域のリップルが減少する．たとえば，**図6-8**の振幅特性を例にすると重みの設定により，δ_1とδ_2の比が次の式で決まる．

$$\frac{\delta_1}{\delta_2} = \frac{\dfrac{1}{通過域の重み}}{\dfrac{1}{阻止域の重み}} \quad\cdots\cdots\cdots\cdots\cdots\cdots\cdots\cdots\cdots\cdots\cdots\cdots\cdots\cdots\cdots\cdots\cdots\cdots\cdots\cdots\cdots\cdots\cdots\cdots\cdots\cdots\cdots\cdots\cdots\cdots\cdots(6\text{-}A)$$

このプログラムでは，周波数を与えるとそのときの利得が表示されるようになっている．この図では周波数が3.2kHzのときに–50.77dBと表示されている．なお，マウスでカーソルを振幅特性が表示されている領域へもっていくと，その位置からこの周波数を指定できるようにもなっている．

図6-Cに示す実行例では，帯域通過フィルタで，重みを帯域1から順に5，1，10として設計した例を示す．そのため，設計されたフィルタの振幅特性からわかるように，低域側の減衰量よりも高域側の減衰量が大きくなっている．

◆ 双一次z変換法

このプログラムでは，バタワース特性，チェビシェフ特性のほかに，逆チェビシェフ特性，連立チェビシェフ特性のIIRフィルタを設計できる．

図6-Dに，連立チェビシェフ特性の帯域通過フィルタを設計した例を示す．

設計されたフィルタの係数は，直接形および縦続形に対応するものが表示される．直接形の場合は直接形IIで実現する場合，**図6-E**のブロック図に対応した値が表示される．縦続形の場合は**図6-F**のブロック図に対応した値が表示される．

注B：0，1以外でもかまわない．

付録 6.1 (つづき)　ディジタル・フィルタ設計プログラム

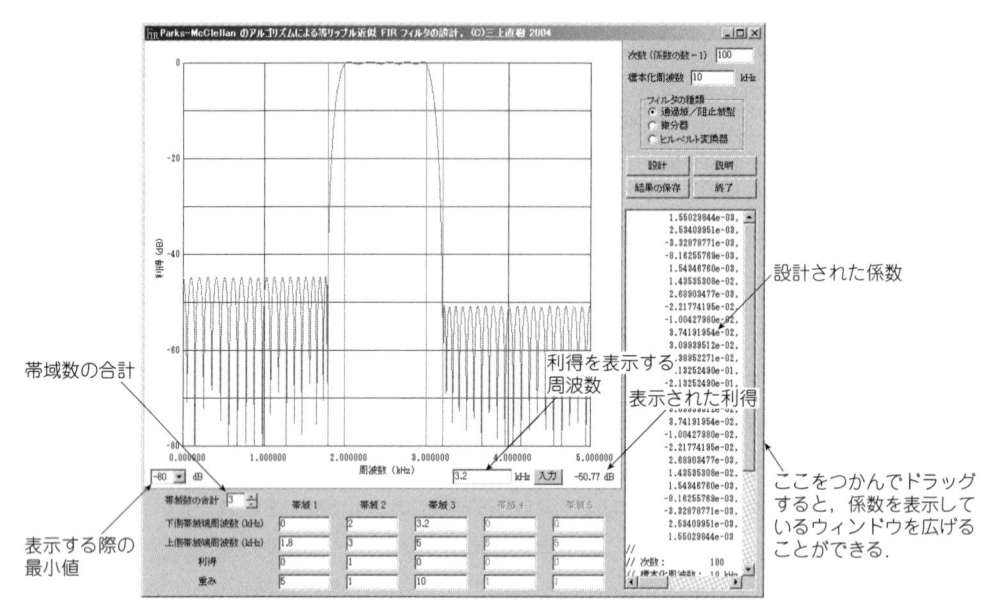

図6-C　Parks-McClellan法によるFIR設計プログラムの実行例
（帯域通過フィルタを設計した場合）

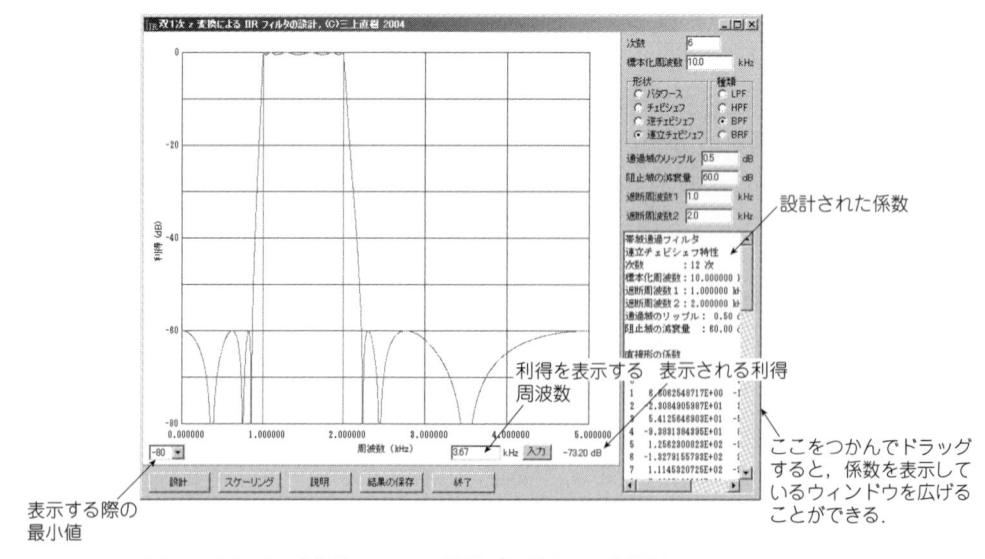

図6-D　双一次z変換法によるIIR設計プログラムの実行例
（連立チェビシェフ特性の帯域通過フィルタを設計した場合）

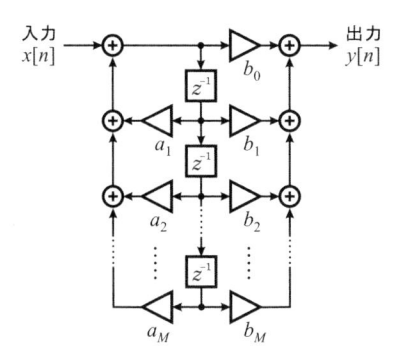

図6-E 直接形IIのIIRフィルタのブロック図と設計された
フィルタの係数との関係

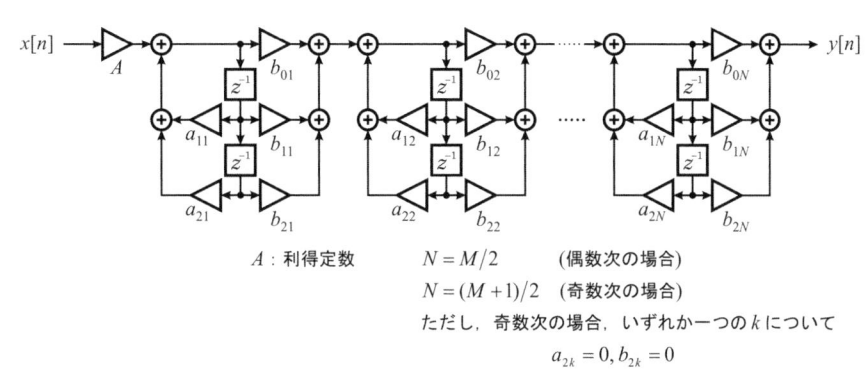

A：利得定数　　$N = M/2$　（偶数次の場合）
　　　　　　　　$N = (M+1)/2$　（奇数次の場合）
ただし，奇数次の場合，いずれか一つの k について
$$a_{2k} = 0, b_{2k} = 0$$

図6-F 縦続形IIRフィルタのブロック図と設計されたフィルタの係数との関係

　なお，"スケーリング"ボタンは，縦続形の係数を L_∞ ノルムに基づいてスケーリングした結果を表示する．スケーリングは固定小数点演算でディジタル・フィルタを実現する場合に，非常に重要な作業であるが，本書で扱う範囲を越えるので説明は省略する．興味ある読者は参考文献3)の「9.4 オーバフローの防止法」や，参考文献9)などを参照していただきたい．

第7章 ディジタル・フィルタにおける誤差とその対策

ディジタル・フィルタを実際に実現する場合には，各種の誤差の影響でうまく働かないことがあるので，その影響を検討する必要がある．誤差の発生要因を大きく分類すると，次の二つになる．

(1) 標本化に起因する誤差
(2) ビット幅が有限であることに起因する誤差

本章では，誤差により引き起こされる現象と，その基本的な対策について説明する．

7.1 標本化に起因する誤差とその対策

標本化に起因する誤差が影響して発生する現象として，エイリアシングとアパーチャ効果がある．

(a) エイリアシングの対策

エイリアシング(aliasing)については，すでに**第2章**の標本化定理のところで説明しているので，ここではその実用的な対策について説明する．標本化定理によると，エイリアシングの影響を除くためには，標本化周波数f_sを次のように決めなければならない．標本化を行うアナログ信号に含まれている周波数成分について，最高の周波数がf_0に制限されている場合，f_sは以下の式を満足する必要がある．

$$f_s \geq 2f_0 \quad \cdots\cdots\cdots\cdots\cdots\cdots\cdots\cdots\cdots\cdots\cdots\cdots\cdots\cdots\cdots\cdots\cdots\cdots\cdots\cdots\cdots\cdots (7\text{-}1)$$

そのため，通常はアナログ信号の標本化を行う前に，高い周波数成分を取り除くため，低域通過フィルタを設ける．このような用途に使う低域通過フィルタはとくにアンチエイリアシング・フィルタ(anti-aliasing filter)と呼ばれている．このとき，使う低域通過フィルタが理想フィルタ[注1]である場合，その遮断周波数f_cを以下のように設定すれば，問題はまったく起こらない．

注1：遮断周波数以下の周波数成分はまったく減衰せず，逆に遮断周波数以上の周波数成分は完全に取り除くようなフィルタを理想低域通過フィルタと呼ぶ．

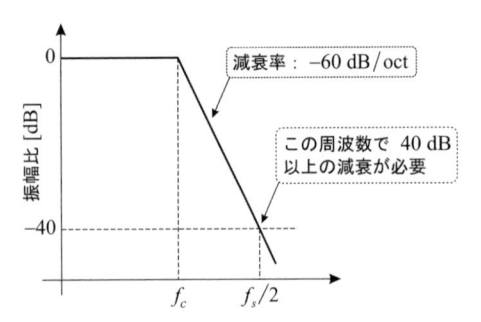

図7-1 アンチエイリアシング・フィルタの遮断周波数の決め方の例

〈例〉
信号の周波数成分：0～10 kHzに一様分布
標本化周波数（f_s）：10 kHz
許容誤差：-40 dB (1/100)
フィルタの減衰率：-60 dB/oct
フィルタの遮断周波数（f_c）：
$$f_c \leq \frac{f_s/2}{2^{40/60}} \cong \frac{10/2}{1.59} \cong 3.15 \text{ [kHz]}$$

$$f_c \leq f_s/2 \tag{7-2}$$

しかし，現実に得られる低域通過フィルタは遮断周波数f_c以上の周波数成分もある程度通過させてしまう．そのため，フィルタの遮断特性に合わせて，遮断周波数を式(7-2)で決まる値よりも低く設定する必要がある．その周波数の決め方は，次のようになる．

たとえば，扱うアナログ信号の周波数成分が0～10 kHzの帯域に一様に分布している場合，標本化周波数f_sが10 kHzで，エイリアシングによる誤差を-40 dB (1/100)以下に抑えたいものとする．このとき，減衰率が-60 dB/oct[注2]の低域通過フィルタを扱うものとすると，その遮断周波数は次のように決める必要がある．

遮断周波数をf_cとすると，このフィルタの減衰量が40dBになる周波数は，

$$f_c \cdot 2^{40/60} \cong 1.59 f_c \tag{7-3}$$

になる．そうすると，周波数$1.59 f_c$が標本化周波数の1/2よりも低くなければならないので，f_cを次の式にしたがって選ぶ必要がある．

$$f_c \leq \frac{10/2}{1.59} \cong 3.15 \text{ [kHz]} \tag{7-4}$$

このようすを図7-1に示す．

(b) アパーチャ効果とその対策

アパーチャ(aperture)効果とは，信号処理した結果をD-A変換器でアナログ信号に変換する際に起こる効果である．この効果を，図7-2を使って説明する．

離散的信号は図7-2(a)に示すように，幅が0の信号である．理論的には，このままの形で振幅をアナログ量に変換し，さらにそれを遮断周波数が$f_s/2$（f_s：標本化周波数）の理想低域通過フィルタに通

注2：octはoctaveの略で，周波数が2倍ということを意味する．したがって，-60 dB/octとは，周波数が2倍になると60 dB，4倍になると120 dB減衰するという意味になる．そのほか，dB/decという単位もよく使われる．decはdecadeの略で，周波数が10倍ということを意味する．したがって，-6 dB/oct$\cong -20$ dB/decという関係になる．

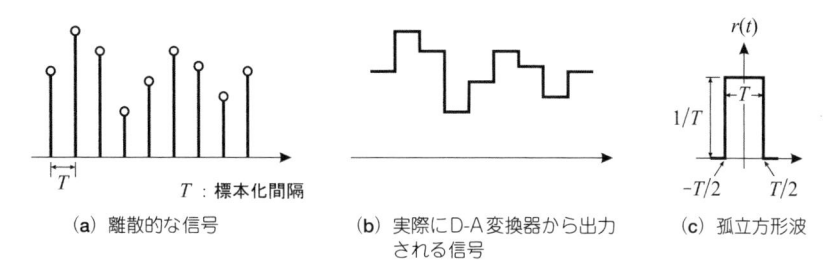

(a) 離散的な信号　　(b) 実際にD-A変換器から出力される信号　　(c) 孤立方形波

図7-2 アパーチャ効果の発生の説明(D-A変換器から実際に出力される信号(b)は(a)の離散的信号と(c)の孤立方形波の畳み込みと考えられる)

せばアナログ信号を再現することができる．しかし，実際にはD-A変換器には零次ホールド特性[注3]をもたせることが多いので，D-A変換器からの出力信号は**図7.2**(b)のようになる．したがって，(a)と(b)の波形が異なることから，そのスペクトルも当然ながら異なることになる．

ところで，(b)の信号は，(a)の信号と，(c)に示すような幅がTで高さが$1/T$の孤立方形波$r(t)$との畳み込み(convolution)とみなすことができる．したがって，(a)と(b)のスペクトルの違いは，(c)をフィルタのインパルス応答とみなしたとき，その周波数特性の影響と考えることができる．

離散的システムの周波数特性はz変換を使って求められるが，(c)はアナログ信号なので，フーリエ変換(Fourier transform)で周波数特性を求める[注4]．$r(t)$のフーリエ変換を$R(\omega)$とすると，振幅特性$|R(\omega)|$は次のようになる．

$$|R(\omega)| = \frac{2}{\omega T}\left|\sin\frac{\omega T}{2}\right| \quad \text{(7-5)}$$

これを**図7-3**に示す．

この図から，振幅特性が高域側で減衰しているようすがわかる．実際には標本化定理により，最大でも$0 \sim f_s/2$の範囲の周波数成分をもつ信号を扱うことになる．その範囲では$f_s/2$のときに減衰が最大になり，そのとき約3.92dB減衰することになる．

したがって，標本化周波数の1/2近くまでの周波数範囲を扱うようなシステムでは，この高域側の減衰を考慮する必要がある．アパーチャ効果の対策としては次のようなものが考えられる．

(1) 振幅特性が，式(7-5)の逆数で表されるようなフィルタ[注5]を挿入する．

注3：零次ホールド特性とは，ある値を出力したら，次の値が来るまではその出力値は変化せずに値を保っているような特性のことである．

注4：孤立方形波を次のように表すものとする．

$$r(t) = \begin{cases} 1/T, & -T/2 \leq t \leq T/2 \\ 0, & \text{それ以外} \end{cases}$$

このとき，$r(t)$のフーリエ変換$R(\omega)$は次のように求められる．

$$R(\omega) = \int_{-\infty}^{\infty} r(t)\exp(-j\omega t)dt = \frac{1}{T}\int_{-\infty}^{\infty}\exp(-j\omega t)dt = \frac{2}{\omega T}\sin\frac{\omega T}{2}$$

注5：アナログ・フィルタでもディジタル・フィルタでもかまわない．

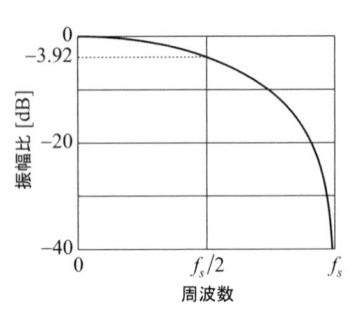

図7-3 アパーチャ効果による高域側での減衰のようす

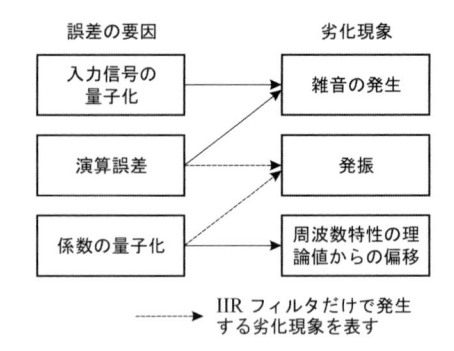

図7-4 有限語長が原因で発生するディジタル・フィルタの特性劣化

(2) 扱う周波数範囲の上限を，標本化周波数の1/2よりもかなり低く抑える．あるいは，同じことであるが，標本化周波数を扱う周波数範囲の上限の2倍よりもかなり高い値に設定する．
(3) マルチレート・フィルタ（multirate filter）の技術を使う[1],[2]．

たとえば，CDプレーヤでよく使われているオーバ・サンプリング方式では(3)の方法が使われている．

7.2　有限ビット幅に起因する誤差とその対策

第6章までの話は，信号とフィルタの係数の取り得る値は連続量，つまりアナログ量であるという仮定で進めてきた．しかし，実際にディジタル・フィルタを実現する場合は，この連続量を離散的な量，つまりディジタル量に変換する必要がある．これを量子化（quantization）と呼ぶ．なお，ある有限のビット幅のディジタル量をさらにビット幅の狭いディジタル量に変換することも，量子化と呼ぶことにする[注6]．

このとき，ディジタル量は当然ながら有限のビット幅で表現されることになるので，誤差が発生し，その影響で不都合な現象が現れる場合が起こってくる．それらをまとめると図7-4のようになる．とくにIIRフィルタの場合に，誤差の影響が大きく現れる場合が多く，FIRフィルタではIIRフィルタほどには誤差の影響が大きく現れないことが知られている．

以下では，量子化誤差の基本的な扱いについて簡単に説明した後，IIRフィルタを実現する際に，有限のビット幅であることにより発生する問題について考察し，その対策の中で簡単なものを紹介する．

注6：たとえば，フィルタの設計プログラムで得られる数値は連続量ではなく，十分なビット幅であってもやはり有限のビット幅のデータとして表現される離散的な量である．これを，さらに狭いビット幅に変換することも通常は量子化と呼んでいる．したがって，ある有限のビット幅のディジタル量をさらにビット幅の狭いディジタル量に変換することを量子化と呼んでも許されるであろう．

(a) 切り捨て (b) 丸め

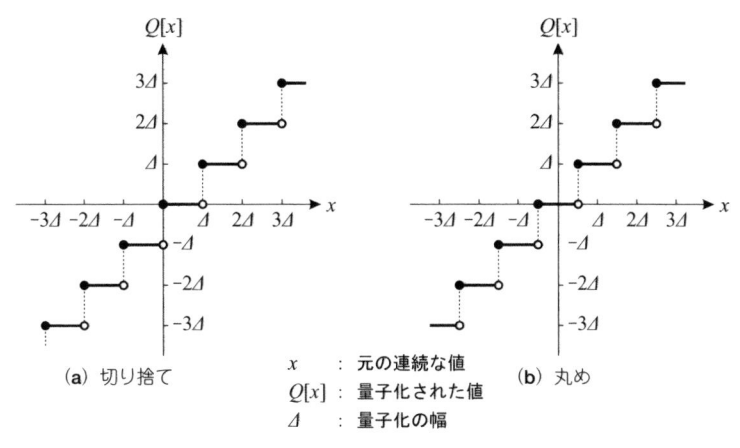

x : 元の連続な値
$Q[x]$: 量子化された値
Δ : 量子化の幅

図7-5 量子化のようす

なお，ディジタル・フィルタの有限のビット幅による影響を定量的に解析する方法として，状態空間表現を使う方法が有名である．しかし，これについては本書の範囲を越えるので，関心のある読者は参考文献3)を参照していただきたい．

(a) 量子化と量子化誤差

量子化では連続量を有限のビット幅に変換するが，その際に切り捨て（truncation）と丸め[注7]（rounding）がよく使われる．数値が2の補数[注8]（two's complement）で表現されている場合の，切り捨てと丸めのようすを図7-5に示す．この図で，横軸は元の連続量xを表し，縦軸は量子化された値$Q[x]$を表している．また，Δは量子化の最小単位，つまり量子化の幅を表している．

量子化にともなって誤差を発生するが，これが量子化誤差εで，

$$\varepsilon = Q[x] - x \quad \cdots\cdots\cdots\cdots\cdots\cdots\cdots\cdots\cdots\cdots\cdots\cdots\cdots\cdots\cdots\cdots\cdots (7\text{-}6)$$

という関係になる．図7-6には量子化誤差εの確率密度関数$P(\varepsilon)$を示す．切り捨ての場合は，量子化誤差の分布は負の側に偏っているので，量子化誤差の平均値$\bar{\varepsilon}$は負の値になる．これを計算すると次のようになる．

$$\bar{\varepsilon} = \int_{-\infty}^{\infty} \varepsilon \cdot P(\varepsilon) d\varepsilon = -\frac{\Delta}{2} \quad \cdots\cdots\cdots\cdots\cdots\cdots\cdots\cdots\cdots\cdots (7\text{-}7)$$

したがって，ディジタル・フィルタの演算に切り捨てを適用すると，$-\Delta/2$のオフセットを生じる[注9]ことになる．一方，丸めを適用した場合は，量子化誤差の分布は正の側と負の側で対称になるので，量子化誤差の平均値は0になる．

注7：10進数の場合の四捨五入に相当．
注8：負の数を表現する際に，正の数を2進数で表現したときの"0"と"1"を反転し，さらにLSB（いちばん位の小さなビット，通常はいちばん右端のビットになる）に"1"を加えた形式で表現する方法．
注9：直流レベルが$-\Delta/2$だけ変位すること．

(a) 切り捨ての場合 (b) 丸めの場合

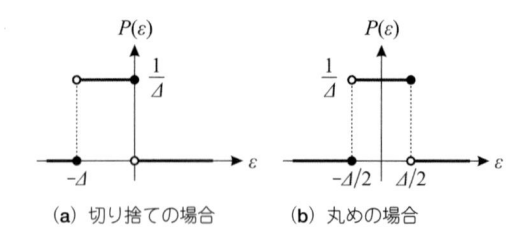

$\varepsilon = Q[x] - x$ ：量子化誤差
$P(\varepsilon)$ ：量子化誤差の確率密度関数

図7-6 量子化誤差の確率密度関数

(b) A-D変換とS/N比

ディジタル信号処理システムでは，基本的に，入力されたアナログ信号をA-D変換器により量子化して，ディジタル量に変換してから各種の処理を行う．その際に発生する量子化誤差の分散 σ_ε^2 は次のようになる．

$$\sigma_\varepsilon^2 = \int_{-\infty}^{\infty} \varepsilon^2 \cdot P(\varepsilon) d\varepsilon = \left[\frac{1}{3\Delta} \varepsilon^3 \right]_{-\Delta/2}^{\Delta/2} = \frac{\Delta^2}{12} \quad \cdots (7\text{-}8)^{注10}$$

この量子化誤差は雑音の発生という形で現れるので，システムが許容できるS/N比に基づいて，何ビットのA-D変換器を使うかということを決めなければならない．そこで，以下の条件でA-D変換器のビット幅とS/N比の関係を求めてみる．

(1) 入力信号の振幅分布は一様分布とする．
(2) 入力信号の最大の振幅はA-D変換器のフルスケールに等しいものとする．

このとき，LビットのA-D変換器を使うものとすると，S/N比は次のようになる．

$$S/N比 \cong 6.02 L \, [\text{dB}] \quad \cdots (7\text{-}9)^{注11}$$

この結果から，A-D変換器のビット幅が1ビット増加するごとに，S/N比は約6dB改善されることがわかる．よく使われるA-D変換器のビット幅とS/N比の関係を**表7-1**[注12]に示す．

注10：この式の変形の過程では丸めを想定しているが，切り捨ての場合も結果は同じになる．
注11：入力信号の確率密度関数 $P(\varepsilon)$ は

$$P(x) = \begin{cases} 1/(\Delta \cdot 2^L), & -\Delta \cdot 2^{L-1} \leq x \leq \Delta \cdot 2^{L-1} \\ 0, & それ以外 \end{cases}$$

となるから，入力信号の分散 σ_x^2 は次のようになる．

$$\sigma_x^2 = \int_{-\infty}^{\infty} x^2 \cdot P(x) dx = \left[\frac{1}{3\Delta \cdot 2^L} x^3 \right]_{-\Delta \cdot 2^{L-1}}^{\Delta \cdot 2^{L-1}} = \frac{\Delta^2 \cdot 2^{2(L-1)}}{3}$$

したがって，S/N比は

$$S/N比 = 10 \log_{10} \left(\frac{\sigma_x^2}{\sigma_\varepsilon^2} \right) = 10 \log_{10} \left(\frac{\Delta^2 \cdot 2^{2(L-1)}/3}{\Delta^2/12} \right) = 20 L \log 2 \cong 6.02 L \, [\text{dB}]$$

で与えられる．
注12：ただし，この表の値は式(7-9)から，つまり入力信号の振幅が一様分布するという仮定で求めたものなので，ほかの分布の場合は値が変わってくる．たとえば，ガウス分布の場合，この表にあるS/N比の値よりも小さくなる．

表7-1　A-D変換器のビット幅とS/N比の関係
（入力信号が一様分布の場合）

ビット幅	S/N比 [dB]
8	48
12	72
16	96
20	120
24	144

表7-2　係数の誤差の影響を示すための
IIRフィルタの設計仕様

通過域の種類	低域通過フィルタ
特性	連立チェビシェフ特性
標本化周波数	10 kHz
遮断周波数	1 kHz
次数	4次
通過域のリップル	0.5 dB
阻止域の減衰量	60 dB

(c) フィルタ係数の量子化誤差

基本的なディジタル・フィルタの設計では，係数を求める際に係数の量子化については考慮していない．しかし，設計された係数を使って実際にディジタル・フィルタを実現する際には，係数を有限のビット幅に量子化するため，誤差が発生する．これが係数の量子化誤差といわれるものである．この影響で，**図7-4**にも示しているように，実現されたフィルタの周波数特性が，設計された周波数特性からずれてしまうという現象が発生する．とくに，IIRフィルタの場合は，伝達関数の極の位置がz平面上の単位円の外側までずれてしまうと，発振してしまい使い物にならなくなる．

ところで，係数の誤差に対して，フィルタの周波数特性がどれだけ変化するのかを表す尺度として，係数感度がある．係数感度が高いほど，係数の量子化誤差に対する周波数特性の変化が大きくなる．この係数感度はフィルタの構成方法に大きく依存する．そこで，以下では直接形，縦続形，並列形のIIRフィルタで，係数の誤差が周波数特性に及ぼす影響について示す．

例として，**表7-2**に示す仕様で双一次z変換により設計されたIIRフィルタを使って，係数誤差の影響で振幅特性がどの程度偏移するのかを調べる．ここでは，相対誤差が−0.5 % ～ 0.5 % の範囲に一様分布するように係数に誤差を与えて[注13]，それぞれのフィルタについて五つの異なる誤差について計算した振幅特性を**図7-7**に示す．この図で，黒色の線は誤差がない[注14]場合で，灰色の線は誤差がある場合を示している．

この図から，通過域の特性で比較すると，直接形は係数誤差の影響を大きく受け，振幅特性が大きく偏移することがわかる．それに対して，縦続形や並列形では，影響はあまり大きくないので，振幅特性の偏移も小さいことがわかる．一方，阻止域の特性では，並列形が大きく影響を受け，振幅特性が大きく偏移するのに対して，直接形や縦続形は大きな影響を受けず，振幅特性の偏移が小さいことがわかる．なお，阻止域のようすを詳しく見ると，直接形は縦続形に比べて，係数誤差の影響による振幅特性の偏移は若干大きくなっている．

注13：係数の量子化誤差の影響を調べるというのであれば，たとえば係数の小数点以下をnビットに丸めた場合の振幅特性について調べるべきだと思うかもしれない．しかし，そうすると，たまたま誤差の影響が小さくなってしまう場合もあるため，ここでは相対誤差が一様分布するものとし，それぞれの形について5例ずつ振幅特性を示した．実際には，もっと多数の例を示したほうが望ましいが，図がわかりにくくなるので，5例とした．
注14：実際にはC/C++のdouble型(64ビット)としている．

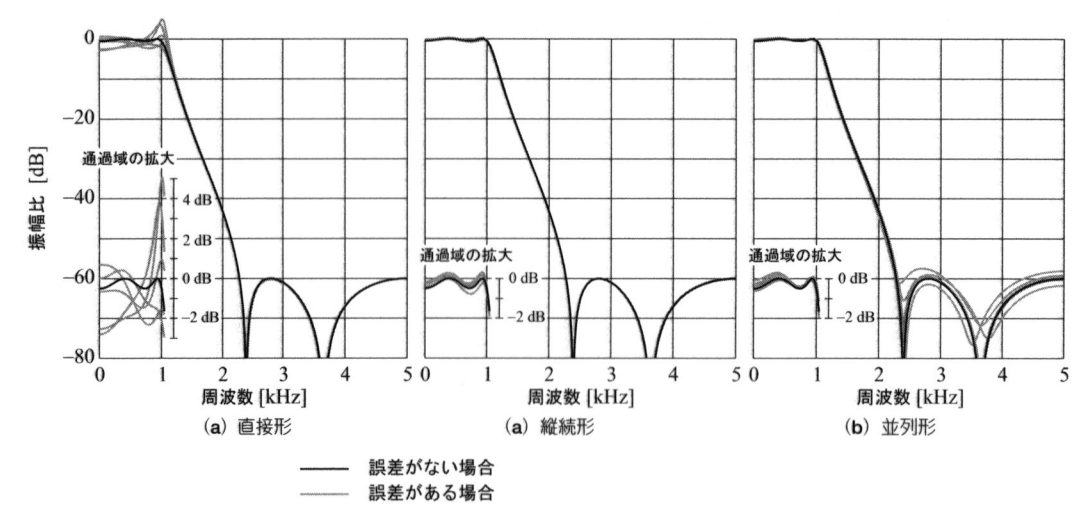

図7-7 IIRフィルタの係数誤差が振幅特性へ与える影響(係数誤差が−0.5%〜0.5%の範囲で一様分布する場合)

以上のことから，係数の誤差を考慮すれば，直接形や並列形ではなく，縦続形を使うのが望ましいということがわかる．

(d) 演算誤差

フィルタ処理を実行する場合の演算誤差には二つの種類がある．一つは，演算結果を丸めるまたは切り捨てる場合に発生するもので，これは量子化誤差の一種と考えられる．もう一つはオーバフロー(overflow)である．

量子化による演算誤差やオーバフローの対策としてもっとも有効なのはスケーリングである．また，量子化による演算誤差に対する対策としてはそのほかにペアリング(pairing)やオーダリング(ordering)がある．しかしこれらは，本書の範囲を越えるので，興味のある読者は，スケーリングについては参考文献4)，5)などを，ペアリングやオーダリングについては参考文献4)などを，それぞれ参照していただきたい．

以下では固定小数点演算でフィルタ処理を行うものとして話を進める[注15]．係数およびデータのビット幅が同じだと仮定すると，乗算の結果は元のデータのビット幅の2倍になる．IIRフィルタでは，乗算結果を再び乗算するため，乗算の結果2倍のビット幅になったものを元のビット幅に縮める必要がある．これも一種の量子化ということができるが，このとき当然ながら誤差が発生する．**図7-8**には，もっとも簡単なIIRフィルタを使い，演算誤差が発生するようすを示す．なお，この図のシステムでは，加算器は入力データのビット幅の2倍の幅で演算するものと仮定している．

注15：浮動小数点演算の場合，IEEEの単精度浮動小数点フォーマットを使う場合が多いが，このとき仮数部は24ビットあるので，演算誤差の影響が顕著には現れない場合が多い．また，ダイナミック・レンジはかなり広いので，フィルタが不安定ではないかぎりオーバフローを発生することも少ない．そこで，この項では固定小数点演算で話を進める．

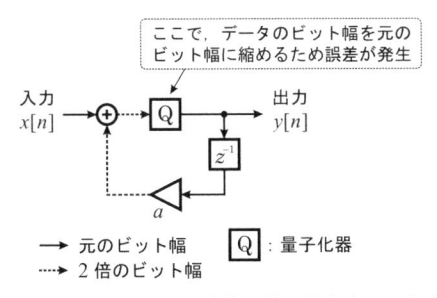

図7-8 IIRフィルタで演算誤差が発生するようす

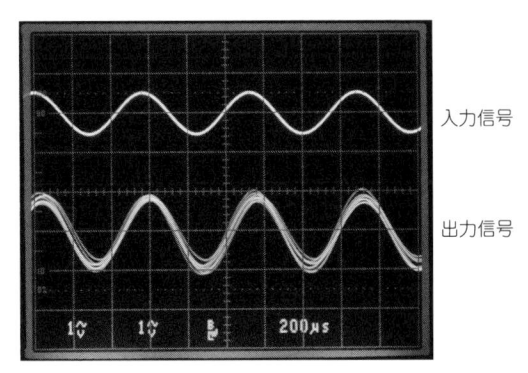

写真7-1 演算誤差の影響で雑音が発生しているようす
（直接形II IIRフィルタの場合）

　演算誤差の影響は雑音の発生という形で現れる．誤差の影響で発生する雑音にもいろいろあるが，通常，発生する雑音は白色雑音(white noize)とみなしてよい．しかし，場合によってはリミット・サイクル(limit cycle)振動が発生し，この場合は特定の周波数成分をもつ雑音になる．

　まず，白色雑音が発生した場合の例を**写真7-1**に示す．これは，直接形IIの低域通過フィルタの場合である．発生した雑音自体は白色であっても，出力には低域通過フィルタを通った後のものが現れる．したがって，この例では**写真7-1**からもわかるように，雑音に高い周波数成分はほとんど含まれていない．

　次に，リミット・サイクル振動の例を示す．リミット・サイクル振動はIIRフィルタに特有の現象なので，**図7-8**に対応する以下の差分方程式で考える．

$$y[n] = a\,y[n-1] + x[n], \quad |a| < 1 \quad \cdots\cdots(7\text{-}10)$$

このフィルタのインパルス応答は次のようになる．

$$y[n] = a^n \quad \cdots\cdots(7\text{-}11)$$

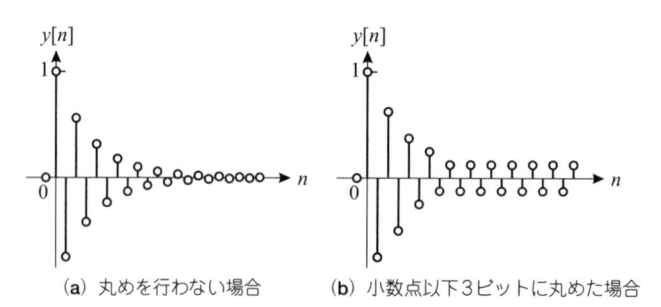

図7-9 リミット・サイクル振動の例
(a) 丸めを行わない場合
(b) 小数点以下3ビットに丸めた場合

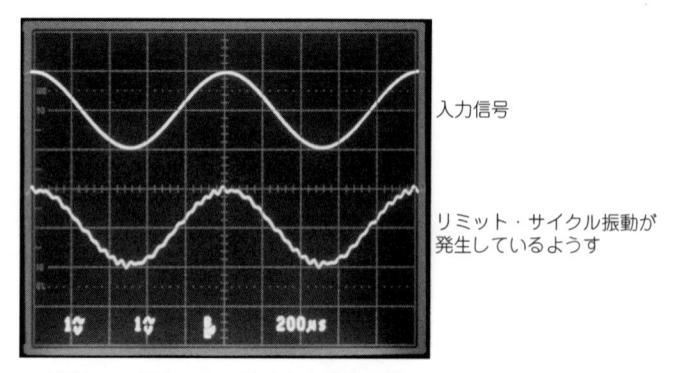

写真7-2 リミット・サイクル振動の例

したがって，式(7-10)のインパルス応答を計算する際に，無限のビット幅で行えば，時間の経過とともに，0に近づいていく．このようすを$a=-0.75$の場合について**図7-9(a)**に示す．

次に演算誤差が発生する場合を考えてみよう．たとえば，演算結果，つまり$ay[n]+x[n]$を小数点以下3ビットに丸めるものとする．このとき，$a=-0.75$として式(7-10)でインパルス応答の計算を行うと，**図7-9(b)**のようになる．**図7-9(b)**からわかるように，丸めを行い演算誤差が生じる場合，時間が経過しても，0にはならずに，一定の振幅の振動が発生している．この振動がリミット・サイクル振動と呼ばれている．

写真7-2にリミット・サイクル振動の例を示す．これは式(7-12)の差分方程式で表されるIIRフィルタで，演算の結果を小数点以下4ビットに丸めた場合に，正弦波を入力したときの出力波形である．

$$y[n] = Q\{ay[n-1]+(1-a)x[n]\}, \quad a=-0.75 \qquad (7-12)$$

ここで，$Q\{\cdot\}$は量子化を表すものとする．

オーバフローも演算誤差の一種であるが，これが起こると非常に大きな雑音が発生する．**写真7-3**にオーバフローの例を示す．このように，オーバフローが発生すると入力信号の波形とはまったく異なった波形が出力されることになる．

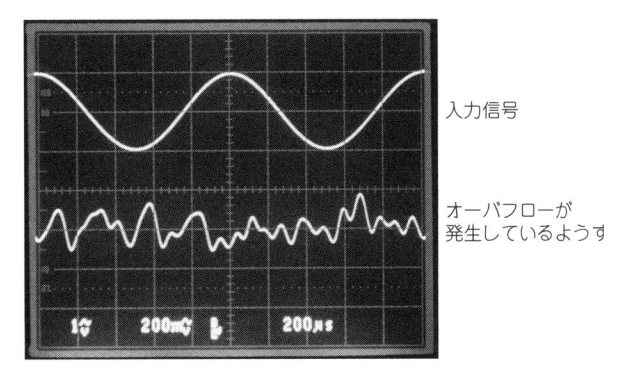

写真7-3 オーバフローの例

なお，ここではフィルタの構成法と演算誤差の関係は示さないが，一般に係数感度の高い構成法は演算誤差の影響も大きく現れることが知られている．

参考文献
1) 尾知 博；ディジタル・フィルタ設計入門，第8章，CQ出版社，1990年．
2) 貴家仁志；マルチレート処理，昭晃堂，1995年．
3) 樋口龍雄；ディジタル信号処理の基礎，第9章，第10章，昭晃堂，1986年．
4) 参考文献1)の第9章．
5) 参考文献3)の第10章．

第8章 信号の発生方法

この章では，正弦波の発生方法とその応用，白色雑音の発生方法について説明する．

8.1 正弦波の発生方法

正弦波を発生する方法としては，次の三つが考えられる．
(1) 表検索による方法
(2) ディジタル・フィルタを使う方法
(3) 近似式を使う方法

(1)の方法は，あらかじめsinの値を計算してメモリに格納し，そこから順に読み出すという方法で，非常に簡単なので説明するまでもないであろう．そこで，ここでは(2)，(3)について説明する．

(a) ディジタル・フィルタによる方法

図8-1に示すIIRフィルタで，入力$x[n]$と出力$y[n]$の関係を表す差分方程式は次のようになる．

$$y[n] = a_1 y[n-1] + a_2 y[n-2] + b_1 x[n-1] \quad \cdots\cdots(8\text{-}1)$$

これに対応する伝達関数$H(z)$を次の式で示す．

$$H(z) = \frac{b_1 z^{-1}}{1 - a_1 z^{-1} - a_2 z^{-2}} \quad \cdots\cdots(8\text{-}2)$$

ところで，**4.4節(c)**で示したように，伝達関数の分母が式(8-2)のようにz^{-1}についての2次式の場合に，伝達関数の極が複素極で，単位円の真上に存在すれば，そのシステムのインパルス応答は一定の振幅の正弦波になる．その条件は$a_2 = -1$で，このとき式(8-2)は次のようになる[注1]．

注1：式(8-2)が共役複素極をもつ場合，その位置を極形式で$r\exp(\pm j\theta)$と表すものとすると，2次方程式の根と係数の関係から，a_1，a_2は次のようになる．

$$a_1 = 2r\cos\theta, \quad a_2 = -r^2$$

複素極が単位円上に存在するということは，$r=1$ということなので，$a_1 = 2\cos\theta$，$a_2 = -1$になる．

$$a_1 = 2\cos(2\pi F_0 T)$$
$$a_2 = -1$$
$$b_1 = \sin(2\pi F_0 T)$$

F_0: 正弦波の周波数
T: 標本化間隔

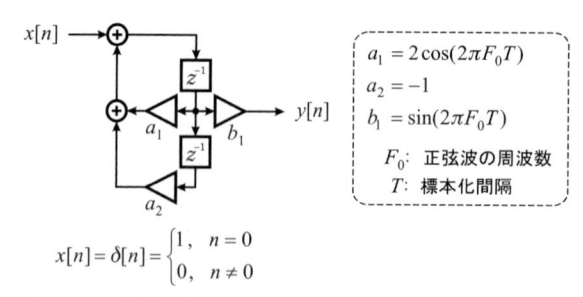

$$x[n] = \delta[n] = \begin{cases} 1, & n = 0 \\ 0, & n \neq 0 \end{cases}$$

図8-1 正弦波発生のためのIIRフィルタのブロック図

$$H(z) = \frac{b_1 z^{-1}}{1 - 2\cos\theta z^{-1} + z^{-2}} \quad \cdots (8\text{-}3)$$

ここで，標本化の間隔をTとすると，発生する正弦波の周波数F_0とθの関係は次のようになっている．

$$\theta = 2\pi F_0 T \quad \cdots (8\text{-}4)$$

このIIRフィルタのインパルス応答は，式(8-3)の逆z変換で与えられる．そこで，**第4章の表4-1**を参照すると，式(8-3)の逆z変換$h[n]$は次のようになる．

$$h[n] = \frac{b_1}{\sin(2\pi F_0 T)} \sin[2\pi F_0 T n], \quad n \geq 0 \quad \cdots (8\text{-}5)$$

したがって，インパルス応答が正弦波になることがわかる．

このままでは，発生する正弦波の周波数により振幅が異なるので，周波数によらずに振幅を1にするためには，$b_1 = \sin(2\pi F_0 T)$とすればよい．したがって，標本化間隔がTの場合に，振幅1，周波数F_0の正弦波を発生するためには，次の差分方程式のインパルス応答を求めればよい．

$$y[n] = 2\cos(2\pi F_0 T) y[n-1] - y[n-2] + \sin(2\pi F_0 T) x[n-1]$$
$$\text{ただし，} y[-1] = 0, \ y[-2] = 0 \quad \cdots (8\text{-}6)$$

(b) 多項式近似による方法

sin関数の値を計算するには近似式を使う．近似式の形はいろいろあるが，DSPで計算することを考えると多項式近似を使うのが望ましい[注2]．たとえば，

$$\sin\left(\frac{\pi}{2} x\right) \cong A_1 x + A_3 x^3 + A_5 x^5, \quad |x| \leq 1$$
$$A_1 = 1.57032033$$
$$A_3 = -0.64211427 \quad \cdots (8\text{-}7)^{\text{注3}}$$
$$A_5 = 0.07186159$$

注2：DSPは一般にハードウェアの高速除算器を備えていないため，有理関数近似などのように除算を使う近似式では計算時間が長くなる．

$$\phi[n] = \phi[n-1] + c_0$$

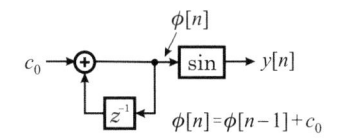

$\boxed{\sin}$ ：入力の x に対して $\sin(\pi x/2)$ を計算する要素

c_0 ：周波数を決める定数
（$c_0 = 4F_0T$，F_0：周波数，T：標本化間隔）

図8-2　多項式近似を使う正弦波発生器のブロック図

という近似式を使うと sin の値を計算でき，そのときの絶対誤差の最大値は 6.7706×10^{-5} になる．$|x|>1$ の場合には，sin 関数の周期性を考慮して計算する[注4]．

sin 関数の計算ができれば，正弦波発生器は簡単に作ることができる．そのためのブロック図を**図8-2**に示す．sin を計算する要素に対して，一定の割合で増加する値を入力すると，その出力には正弦波が現れる．この入力を $\phi[n]$ とすると，$\phi[n]$ を一定の割合で増加させるためには次の差分方程式を計算すればよい．

$$\phi[n] = \phi[n-1] + c_0 \quad \cdots\cdots\cdots (8\text{-}8)$$

ここで，c_0 は発生する正弦波の周波数 F_0 を決める定数で，標本化間隔を T とすると，次の式で与えられる．

$$c_0 = 4F_0T \quad \cdots\cdots\cdots (8\text{-}9)$$

8.2　正弦波発生法の応用

ここでは，**8.1 節**で発生させた正弦波を振幅変調する方法と，正弦波を発生する電圧制御発振器（VCO）について紹介する．

注3：多項式近似による近似式の係数を求めるもっとも簡単な方法はテーラー（Taylor）展開を使う方法だが，この方法では展開の中心から離れると誤差が急激に大きくなるので，近似式の係数を求める方法としては適切ではない．式 (8-7) の係数はテーラー展開から求めた係数ではなく，ミニマックス近似により筆者が求めたものである．ミニマックス近似のためのプログラムについては，拙著"アルゴリズム教科書"，第 12 章，CQ 出版，を参照していただきたい．

注4：まず，与えられた x から
$$x = 4n + x',\ |x'| \leq 2,\ n：整数$$
を満足する x' を求める．そして，$|x'| \leq 1$ であれば x' に対する $\sin(\pi x'/2)$ を求める．$|x'| > 1$ の場合には，x' を以下のように置き換えてから $\sin(\pi x'/2)$ を求める．

$x' > 1$ の場合：　$2 - x' \to x'$

$x' < -1$ の場合：　$-2 - x' \to x'$

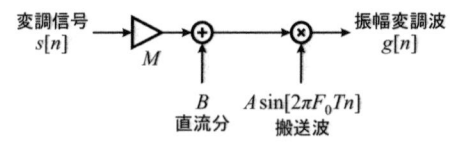

```
変調信号 ──▷── ⊕ ──── ⊗ ──→ 振幅変調波
 s[n]     M   ↑      ↑       g[n]
              B    A sin[2πF₀Tn]
           直流分    搬送波
```

$$g[n] = (B + m \cdot s[n])A\sin[2\pi F_0 Tn]$$

図8-3 振幅変調器のブロック図

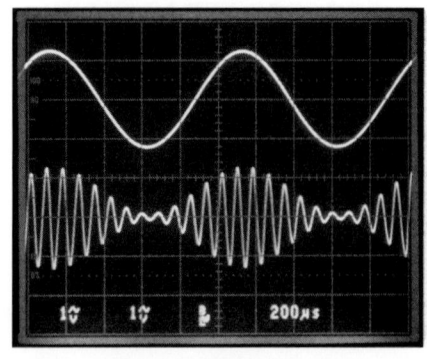

写真8-1 振幅変調のようす

変調信号（1kHzの正弦波）
振幅変調された信号（搬送波の周波数：12kHz）

(a) 振幅変調器

振幅と周波数が一定な高周波[注5]に対して，たとえば音声信号などの別の信号で変化させてその情報を与えることを変調（modulation）という．振幅を変化させる場合は振幅変調[注6]（amplitude modulation，AM）と呼ばれる．

振幅変調を行うための変調器の原理を**図8-3**に示す．変調信号を$s[n]$，搬送波を$A\sin[2\pi F_0 Tn]$とすると，振幅変調された信号$g[n]$は次のようになる．

$$g[n] = (B + M \cdot s[n])A\sin[2\pi F_0 Tn] \quad \cdots\cdots\cdots (8\text{-}10)$$

ここで，Mは変調度を決める定数，Bは直流分に相当する定数である[注7]．実際にDSPで作った振幅変調器に，周波数12kHzの搬送波と変調信号として1kHzの正弦波を加えたときの，振幅変調された波形を**写真8-1**に示す．

(b) 電圧制御発振器（VCO）

8.1節(b) の多項式による近似式を使って正弦波を発生する方法に，要素を少し追加すれば電圧制

注5：これを搬送波（carrier）という．
注6：振幅変調とは，中波の放送帯（526.5～1606.5kHz）で，ステレオではない通常のモノラルの放送で使われている変調方式で，変調信号により搬送波の振幅が変化する．
注7：直流分を加えない場合，搬送波抑圧振幅変調になり，中波の放送帯でモノラル放送で使っている変調方式とは異なったものになる．

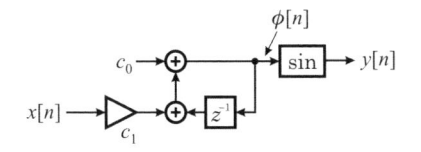

図8-4 VCOのブロック図

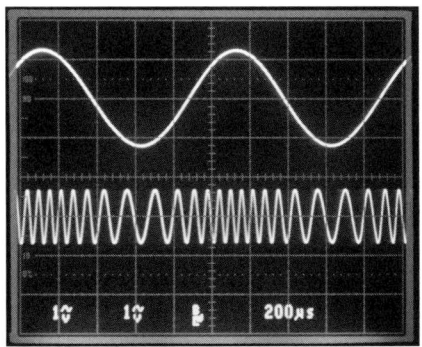

c_0 : VCOの固有周波数を決める定数
c_1 : 入力の変化に対する周波数の変化の割合を決める定数

写真 8-2 周波数変調のようす

変調信号（1kHzの正弦波）
周波数変調された信号（搬送波の周波数：12kHz）

御発振器（VCO, voltage controlled oscillator）を作ることができる．つまり，**図8-2**のブロック図で，$\phi[n]$の増加率を入力信号により変化させればよい．したがって，VCOのブロック図は**図8-4**のようになる．

この図で，c_0は入力が0のときの発振周波数，つまりVCOの固有周波数を決める定数で，c_1は入力信号$x[n]$の値の変化に対する発振周波数の変化の比，つまりVCOの変換利得を決める定数である．このとき，入力信号$x[n]$と，sinの値を計算する要素に与える信号$\phi[n]$との関係は次のようになる．

$$\phi[n] = \phi[n-1] + c_0 + c_1 x[n] \quad\quad\quad\quad\quad\quad\quad\quad\quad (8\text{-}11)$$

ところで，VCOの固有周波数を搬送波の周波数と考えると，VCOは周波数変調（frequency modulation：FM）を行う変調器とみなすことができる．**写真8-2**には，実際にDSPで作成した固有周波数が12kHzのVCOの入力に，1kHzの正弦波を与えたときの周波数変調された波形の写真を示す．

8.3　白色雑音の発生方法

どの周波数成分のエネルギも一様に含まれている信号は白色雑音（white noise）と呼ばれている．この白色雑音を，近似的にしかも簡単に発生させる方法の一つがM系列信号[1]を使う方法である．

M系列信号は非常に簡単に作ることができるので，ノイズ・ジェネレータのほかに，スペクトル拡

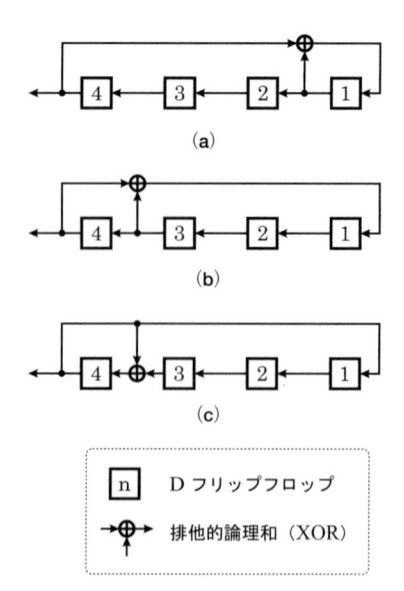

図8-5　4段のDフリップフロップによるM系列発生回路

散通信，システムの動特性の推定，その他に種々の計測や通信などの分野で広く使われている．
　この節では最初にM系列信号の発生方法について説明し，次にそれを使った白色信号の生成法について説明する．

(a) M系列信号

　M系列信号とは，0と1からなる2値信号で，Dフリップフロップ[注8]と排他的論理和[注9]（exclusive OR）を行う素子（以降はXORと書く）による非常に簡単な論理回路で発生することができる．図8-5には4段のDフリップフロップを使ったM系列信号発生器のいくつかの例を示す．この発生器では，各Dフリップフロップには共通のクロックが与えられ，そのクロックに同期して，データが矢印の向きにシフトする．ただし，図8-5ではクロックは省略されている．ここで，すべてのDフリップフロップが0である状態を除く任意の初期状態[注10]に対して，0と1がランダムに並んだように見える信号がクロックに同期して出力される．

　M系列発生器をハードウェアで作成する場合は，通常は図8-5の(a), (b)のような構成を使う．しかし，ソフトウェアで作成する場合は(a), (b)よりも(c)のほうが適している．その理由は，各Dフリップフロップを1ワードの各ビットに割り当てると，(a), (b)では対応する特定のビット同士の

注8：Dフリップフロップとは記憶作用をもつディジタル論理回路素子の一つで，クロックが加えられた時点での入力値が出力に現れ，次のクロックが加えられるまでは，入力が変化しても出力は変化しないという働きをもっている．
注9：排他的論理輪とは，その記号を "^" で表すものとすると，次のような論理演算である．
　　$0 \wedge 0 = 0,\ 0 \wedge 1 = 1,\ 1 \wedge 0 = 1,\ 1 \wedge 1 = 0.$
注10：0と0のXORは0になるので，すべてのDフリップフロップの初期状態が0になっていると，出力は常に0になり，M系列信号を発生することはできない．

```
      1 2 3 4 5 6 7 8 9 10 11 12 13 14 15 16 17 18 19 20
 (a)  1 0 1 0 1 1 0 0 1 0 0 0 1 1 1 1 0 1 0 1
 (b)  1 0 1 0 1 1 1 1 0 0 0 1 0 0 1 1 0 1 0 1
 (c)  1 1 0 0 1 0 0 0 1 1 1 1 0 1 0 1 1 0 0 1
```

図8-6 図8-5に示すM系列発生器で生成されたM系列信号(初期値：1010の場合)

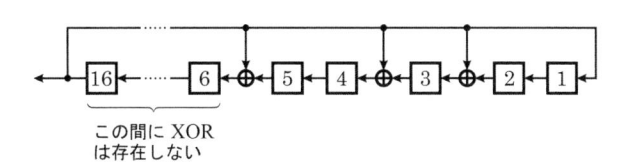

図8-7 16段のDフリップフロップによるM系列発生回路の例

XORを行う必要があるが，それには手間がかかる[注11]からである．一方，(c)では1ワードで表される二つのデータの，同じ位置にあるビット同士のXORを行うことで実現できるが，これは通常1命令で実行できる．そのため，ソフトウェアで作成する場合，(c)の構成を採用すると，(a)や(b)の構成に対して，より高速のプログラムを作ることができる．

M系列信号の発生器がm段のDフリップフロップで構成されているとすると，M系列信号は次のような性質をもっている．

① 2^m-1という周期をもつ．
② 1周期内に1が2^{m-1}個，0が$2^{m-1}-1$個存在する．

図8-6には，**図8-5**の各構成で，Dフリップフロップの初期状態を1010として発生させたM系列を示す．この場合$m=4$なので，周期は15になるが，**図8-6**からこのことを確認できる．この図を見ると，各M系列信号は互いに異なっているように見えるが，(a)と(c)はただ単にずれているだけで，(c)を右に四つシフトすると(a)と同じになる．しかし，(b)は(a)とはまったく異なっており，(b)をいくらシフトしても(a)とは同じにならない．

ところで，M系列信号を生成するためのXORの位置は勝手に決めることができず，Dフリップフロップの段数により，その位置が決まっている．その位置も一般には1種類だけでなく複数存在する[1]．$m=2 \sim 24$に対するXORの位置の中の一つを**表8-1**[注12]に示す．

例として，16段のフリップフロップによるM系列信号発生器をソフトウェアで作成する．発生器の構成は，**表8-1**で示されるXORの位置を使うと**図8-7**のようになる．これに対するC++のプログラムを**リスト8-1**に示す．

M系列信号を発生するための関数mseq16()では，16段のDフリップフロップを，引数のreg

注11：通常，計算機は1ワードの中の任意のビット同士のXORを求める命令をもっていないから．
注12：この表のXORの位置は，次の文献のAppendix Cの表に載っているものの中から，筆者が任意に選んだものである．
　　　W.W.Peterson, E.J.Weldon, Jr.；Error-correcting codes, Second Edition, The MIT Press, 1972.

表8-1 M系列生成のためのビットの位置

m	ビットの位置	周期
2	1	3
3	1	7
4	1	15
5	2	31
6	2	63
7	1	127
8	6, 5, 1	255
9	4	511
10	3	1,023
11	2	2,047
12	7, 4, 3	4,095
13	4, 3, 1	8,191
14	12, 11, 1	16,383
15	1	32,767
16	5, 3, 2	65,535
17	3	131,071
18	7	262,143
19	6, 5, 1	524,287
20	3	1,048,575
21	2	2,097,151
22	1	4,194,303
23	5	8,388,607
24	4, 3, 1	16,777,217

リスト8-1 M系列信号発生のためのプログラム($m=16$の場合)

```
int mseq16(unsigned int &reg)
{
    const unsigned int bit2 = 1 << (2-1);
    const unsigned int bit3 = 1 << (3-1);
    const unsigned int bit5 = 1 << (5-1);
    const unsigned int xor_dat = bit2 | bit3 | bit5;
    const unsigned int bitM   = 1 << (16-1);

    if ((reg & bitM) == bitM)        // 16段目に相当するビットを調べる
    {                                // 1 の場合の処理
        reg = ((reg ^ xor_dat) << 1) | 1;
        return 1;
    }
    else
    {                                // 0の場合の処理
        reg = reg << 1;
        return 0;
    }
}
```

```
0000101000 0010110011 0011000110 0000000100 1011100010
1001001000 1011100000 1110001001 1110000011 0111010111
1110110011 0010101111 1010111010 0110011011 0011000001
0010000111 1010001001 0100000111 0011100111 0001010010
1000010111 0111000000 0111110011 0011011111 0000001010
1110110100 1010111001 0101101010 1111011011 0010000100
```

図8-8 リスト8-1の関数mseq16( )で作成したM系列信号（初期値：0000 1010 0000 1010）

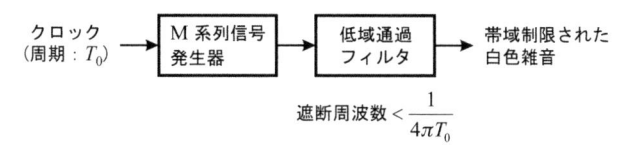

図8-9 M系列信号発生器を使った白色雑音発生器の構成

が参照するunsigned int型の変数の下位16ビットに対応させている．また，XORの操作をすべきビットの位置(2, 3, 5)は定数xor_datに設定されている．

関数mseq16( )で行われている処理は次のようになっている．まず16段目のDフリップフロップに相当するビットが1であるかどうかをif文で調べる．1であれば，定数xor_datと引き数regのXORを求め，その結果を左へ一つシフトし，さらにそのLSBに1を追加したものを，regが参照する変数へ格納し，最後に戻り値を1としている．調べた結果が1でなければ，単にregが参照する変数の内容を左へ一つシフトし，最後に戻り値を0としている．

関数mseq16( )を使う場合は，まずこの関数の引数が参照するunsigned int型の変数に，下位16ビットがすべて0という状態を除く任意の値を設定する．次に，関数mseq16( )を呼び出すとその戻り値が0か1のいずれかになる．

この関数で，引き数が参照する変数に0x0a0a(= 0000 1010 0000 1010$_2$)を与えて作ったM系列の最初の256個を**図8-8**に示す．

(b) 白色信号の発生法

M系列信号をノイズ・ジェネレータに利用する場合，そのままでは大きな直流分をもつため，通常0は−1に対応させた信号を使う．このとき，M系列発生器に与えるクロックの周期をT_0とすると，発生するM系列信号のスペクトルは，$1/(4\pi T_0)$以下の周波数帯域では0.1dB以内の誤差で一様な大きさであることが知られている[2]．したがって，M系列信号を$1/(4\pi T_0)$以上の周波数成分を除去する低域通過フィルタに通せば，帯域制限された白色雑音(white noise)を発生することができる．以上のことから，白色雑音を発生するノイズ・ジェネレータを**図8-9**の構成で作ることができる[注13]．

注13：低域通過フィルタを実行する際に，その標本化周波数f_sがM系列発生器に与えるクロックの周波数と同じだとすると，発生する白色雑音は最大でも$f_s/(4\pi T_0)$に帯域制限しなければならない．したがって，帯域を$f_s/2$近くまで伸ばしたい場合はマルチレート処理が必要になる．その具体的な例は参考文献3)を参照のこと．

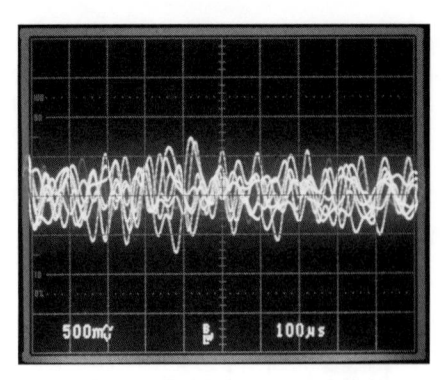

写真8-3　帯域制限された白色雑音

　写真8-3には，クロックの周波数を384kHzとして発生したM系列信号を，遮断周波数21.6kHzの低域通過フィルタに通して生成した白色雑音を示す[注14]．

参考文献
1) 柏木 潤；M系列とその応用，昭晃堂，1996年．
2) 森下 巌，小畑秀文；信号処理，第9章，計測自動制御学会，1982年．
3) 三上直樹；C言語によるディジタル信号処理入門，第8章，CQ出版社，2002年．

注14：この例では，D-A変換器に出力する際に，1/8にダウン・サンプリングして，標本化周波数を48kHzにしてD-A変換器にデータを送っている．

第9章 離散的フーリエ変換とFFT

　高速フーリエ変換(FFT：fast Fourier transform)は，ディジタル・フィルタと並んで，ディジタル信号処理の大きな柱の一つになっている．FFTとは，離散的フーリエ変換(DFT：discrete Fourier transform)を効率良く実行するためのアルゴリズムである．そこで，この章では最初にDFTの基本的な事項について説明した後，FFTのアルゴリズムについて説明していく．

9.1 離散的フーリエ変換(DFT)

(a) フーリエ変換と離散的フーリエ変換(DFT)

　フーリエ変換(Fourier transform)は信号の解析にとどまらず，非常に広い分野で使われている．ここでは時間信号のフーリエ変換ということを想定して話を進める．

　連続時間系の時間信号を$g(t)$，そのフーリエ変換を$G(\omega)$とすると，$G(\omega)$は次のように定義される．

$$G(\omega) = \int_{-\infty}^{\infty} g(t) \exp(-j\omega t) dt \quad \cdots\cdots\cdots (9\text{-}1)$$

ここで，jは虚数単位($j = \sqrt{-1}$)である．この式とは逆に，$G(\omega)$が与えられている場合，$g(t)$を次式により計算することができる．

$$g(t) = \frac{1}{2\pi} \int_{-\infty}^{\infty} G(\omega) \exp(j\omega t) d\omega \quad \cdots\cdots\cdots (9\text{-}2)$$

式(9-1)の操作を「フーリエ変換」と呼ぶのに対して，式(9-2)の操作は「逆フーリエ変換」(inverse Fourier transform)と呼んでいる[注1]．この二つの式で，$G(\omega)$と$g(t)$は一般には複素数である．

注1：フーリエ変換，逆フーリエ変換の表現は分野によって異なる場合があるが，式(9-2)を式(9-1)の右辺に代入したときに，右辺と左辺が等しくなれば，どの表現でも本質的な違いはない．たとえば式(9-2)から$1/(2\pi)$を取り除き，代わりに式(9-1)に$1/(2\pi)$をつけてもよい．あるいは式(9-1), (9-2)の両方に$1/\sqrt{2\pi}$を付けてもよい．また，複素指数関数の部分も，式(9-1)で$\exp(-j\omega t)$の代わりに$\exp(j\omega t)$とし，式(9-2)で$\exp(j\omega t)$の代わりに$\exp(-j\omega t)$と表現する場合もある．しかし，電気，電子，情報，通信などの分野では式(9-1), (9-2)のように表現することが多い．

一方，ディジタル信号処理で扱う信号は，連続時間系の時間信号$g(t)$が，$1/(2T)$以下に帯域制限されているものとして，これをある一定の標本化間隔Tで標本化したものになる．これを前の章までと同様に$g[n]$と書くことにする．さらに，$g(t)$は周期NTの周期関数であると仮定すると，式(9-1)に対応して，次のように表現できる．

$$G[k] = \sum_{n=0}^{N-1} g[n] \exp\left(\frac{-j2\pi nk}{N}\right), \quad k = 0, 1, \cdots, N-1 \quad \cdots\cdots (9\text{-}3)$$

この操作を離散的フーリエ変換(DFT：discrete Fourier transform)という．同様に式(9-2)に対応して次のように表現できる．

$$g[n] = \frac{1}{N} \sum_{k=0}^{N-1} G[k] \exp\left(\frac{j2\pi nk}{N}\right), \quad n = 0, 1, \cdots, N-1 \quad \cdots\cdots (9\text{-}4)$$

この操作を離散的逆フーリエ変換(IDFT：inverse discrete Fourier transform)という[注2]．この二つの式で，フーリエ変換の場合と同様に$G[k]$と$g[n]$は一般には複素数である．

ところで，連続時間系の信号が周期信号の場合，そのフーリエ変換はフーリエ級数展開係数として表される．DFTはこのフーリエ級数展開の特別な場合であると考えることができる．詳しくは**コラムN**を参照のこと．

DFTを計算するためのC++で記述した関数dft()のプログラムを**リスト9-1**[注3]に示す．このプログラムを，IDFTを計算するように変更するためには，次のように変更と追加を行う．まず，

```
j2pn = complex<double>(0, 2*M_PI/N);
```

のように変更する．次に，いちばん最後の行に次の文を追加する．

```
for (k=0; k<N; k++)G[k] = G[k]/(double)N;
```

リスト9-1　DFTの計算のためのプログラム

```cpp
#include <complex.h>
using namespace std;
// g[]      : DFTを計算すべき信号
// G[]      : DFTの計算結果
// N        : データ数
void dft(const complex<double> g[], complex<double> G[], int N)
{
    complex<double> j2pn = complex<double>(0, -2*M_PI/N);

    for (int k=0; k<N; k++)
    {
        G[k] = 0;
        for (int n=0; n<N; n++)
            G[k] = G[k] + g[n]*exp(j2pn*(double)(n*k));
    }
}
```

注2：フーリエ変換の場合と同様に，$1/N$を式(9-4)ではなく式(9-3)に付けたり，両方の式に$1/\sqrt{N}$付けたりという場合もある．複素指数関数の部分も，式(9-3)で$\exp(j2\pi nk/N)$とし，式(9-4)で$\exp(-j2\pi nk/N)$とする場合もある．
注3：このリストの中で使っている M_PI は円周率を表す定数．

(b) DFTと信号の周波数成分

標本化間隔をTとすると，式(9-3)で計算される$G[k]$は，周波数$k/(NT)$の周波数成分に対応する．ただし，$N/2<k<N$に対する$G[k]$は周波数$(k-N)/(NT)$の周波数成分，つまり負の周波数に対応していることに注意する必要がある．負の周波数についてはコラムOを参照のこと．標本化された信号と，それから計算されたDFTの周波数成分の関係の例を図9-1に示す．

次に，いくつかの信号に対するDFTの具体的な例を図9-2に示す．この図は1秒間の長さの信号を，標本化周波数8Hzで8点標本化したものとして，そのDFTを示している．

Column N

フーリエ級数展開とDFTの関係

DFTとフーリエ変換を直接関係付けるよりも，むしろDFTはフーリエ級数展開の特別の場合であるとみなしたほうが考えやすい．連続時間系の信号$g(t)$が周期信号でその周期をPとすると，一般に次の形にフーリエ級数展開できる．

$$g(t) = \frac{1}{P} \sum_{k=-\infty}^{\infty} G_k \exp\left(\frac{j2\pi kt}{P}\right) \quad \cdots (\text{N-1})$$

ここで，展開係数は

$$G_k = \int_0^P g(t) \exp\left(\frac{-j2\pi kt}{P}\right) dt, \quad k = -\infty, \cdots, -1, 0, 1, \cdots, \infty \quad \cdots (\text{N-2})$$

で与えられ，この係数G_kは周波数k/Pに対応する周波数成分を表す．

信号$g(t)$を標本化間隔Tで標本化したものを$g(nT)$とする．このときの標本化間隔は標本化定理を満足するものとする．つまり，負の周波数(コラムO参照)まで考えると，$g(t)$は$-1/(2T) \sim 1/(2T)$に帯域制限されているものとする．したがって，$-N/2 \leq k \leq n/2$以外のkに対して$G_k=0$になる．さらに，$g(t)$の1周期をNに分割して標本化したと仮定すると$P=NT$になる．以上のことを考慮すれば，式(N-2)は次のように書くことができる．

$$\begin{aligned}G_k &= \sum_{n=0}^{N-1} g(nT) \exp\left(\frac{-j2\pi kTn}{TN}\right) \\ &= \sum_{n=0}^{N-1} g(nT) \exp\left(\frac{-j2\pi kn}{N}\right), \quad k=-N/2, \cdots, 0, 1, \cdots, N/2\end{aligned} \quad \cdots (\text{N-3})$$

ところで，標本化間隔Tで標本化された信号のフーリエ変換は周波数軸で，周波数$1/T$を周期とする周期関数になるので，$G_k = G_{k+mN}$(m: 整数)および，$G_{-N/2} = G_{N/2}$が成り立つ．そこで，$k=-N/2, \cdots, -1, 0, 1, \cdots, N/2$とする代わりに，$k=0, 1, \cdots, N-1$書いても同じことになる．また，$g(nT)$をいままでと同じように$g[n]$と書き，$G_k$を$G[k]$と書くことにすれば，式(N-3)は，

$$G[k] = \sum_{n=0}^{N-1} g[n] \exp\left(\frac{-j2\pi kn}{N}\right), \quad k=0, 1, \cdots, N-1 \quad \cdots (\text{N-4})$$

となり，この式は式(9-3)と同じになる．

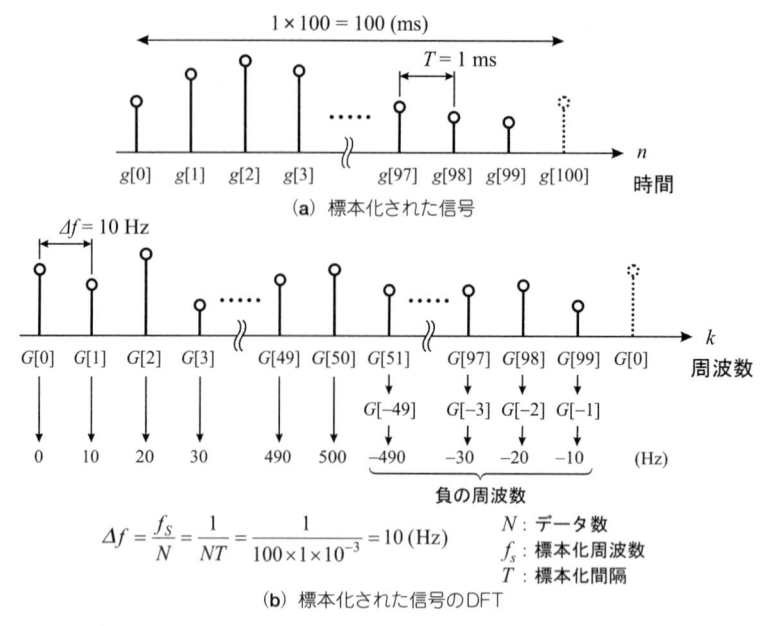

図9-1 標本化された信号と離散的周波数の関係（$N = 100$, $T = 1\text{ms}$の場合）

　図9-3には図9-2(a)の解釈を示した．この図から1Hzの正弦波から求めたDFTは，実部がすべて0で，虚部だけが0以外の値をもっていることがわかる．つまり，計算されたDFTは純虚数になる．このDFTの結果は次のように解釈できる．1Hzの正弦波はオイラーの公式（**コラムD**）により，次のように表現できる．

$$\sin(2\pi t) = -\frac{j}{2}\exp(j2\pi t) + \frac{j}{2}\exp(-j2\pi t) \quad \cdots\cdots (9\text{-}5)$$

この信号の$\exp(j2\pi t)$，$\exp(-j2\pi t)$の係数の部分がDFTの結果に対応していることになる．つまり，$\exp(j2\pi t)$の係数が$-j/2$になっているが，これは図9-3で虚部の1Hzのところに現れている成分が負の値になっていることに対応する．同様に$\exp(-j2\pi t)$係数が$j/2$になっているが，これは図9-3で虚部の-1Hzのところに現れている成分が正の値になっていることに対応する．

　図9-2の(b)～(f)も同じように解釈することができる．したがって，DFTの結果から，信号にどのような周波数成分が含まれているかを知ることができる[注4]．また，ここでは例を示していないが，各周波数成分の大きさも，計算されたDFTの大きさから知ることができる．これらの解釈は，いずれも標本化された信号の長さが信号の周期の整数倍に一致する場合に成り立つ．

　一方，図9-2の(g)，(h)は標本化された信号の長さが信号の周期の整数倍に一致しない場合で，このときは，DFTの結果から信号の周波数を正しく知ることができないので，注意する必要がある．

注4：さらに，信号がsinかcosかということもわかる．これについてはDFTの性質の項を参照のこと．

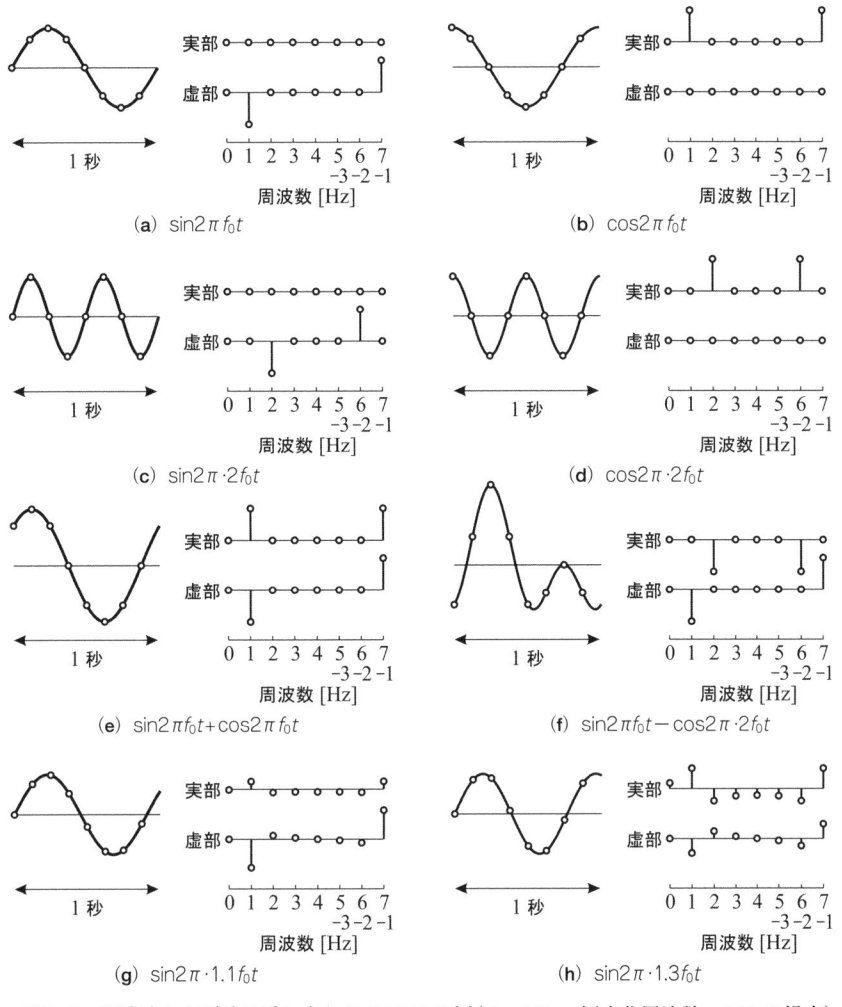

図9-2 正弦波およびその重ね合わせのDFTの例（$f_0=1\,\mathrm{Hz}$，標本化周波数：$8\,\mathrm{Hz}$の場合）

(a) $\sin 2\pi f_0 t$
(b) $\cos 2\pi f_0 t$
(c) $\sin 2\pi \cdot 2f_0 t$
(d) $\cos 2\pi \cdot 2f_0 t$
(e) $\sin 2\pi f_0 t + \cos 2\pi f_0 t$
(f) $\sin 2\pi f_0 t - \cos 2\pi \cdot 2f_0 t$
(g) $\sin 2\pi \cdot 1.1 f_0 t$
(h) $\sin 2\pi \cdot 1.3 f_0 t$

$$\sin(2\pi f_0 t) = -\frac{j}{2}\exp(j2\pi f_0 t) + \frac{j}{2}\exp(-j2\pi f_0 t)$$

正の周波数成分　　負の周波数成分

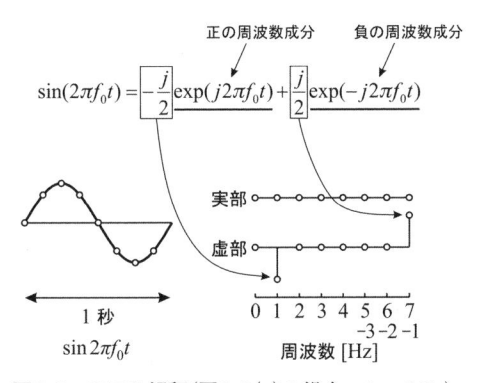

図9-3 DFTの解釈（図9-2(a)の場合，$f_0 = 1\,\mathrm{Hz}$）

9.1 離散的フーリエ変換（DFT）

(c) DFTの性質

この項では，DFTを利用する上で役に立つ，基本的な性質を示す．以下では，$f[n]$のDFTを$F[k]$，$g[n]$のDFTを$G[k]$と表すことにする．

(1) 線形性

a, bを定数とすると，

$$x[n] = af[n] + bg[n] \tag{9-6}$$

Column O

負の周波数

私たちが一般的な用語として"周波数"という言葉を使うときは，単位時間あたりの振動数という意味で使う．たとえば，$\sin(2\pi ft)$や$\cos(2p\pi ft)$という信号は，単位時間にf回振動するので，その周波数はf Hzである．しかし，振動数は正の数なので，周波数を振動数の意味で使うと，負の周波数を解釈することはできない．

そこで，f Hzの周波数の信号を$\exp(j2\pi ft)$という複素指数関数で表すことにする．すると，$\sin(2\pi ft)$や$\cos(2\pi ft)$はオイラーの公式により次のように表すことができる．

$$\sin(2\pi ft) = -\frac{j}{2}\exp(j2\pi ft) + \frac{j}{2}\exp(-j2\pi ft) \tag{M-1}$$

$$\cos(2\pi ft) = \frac{1}{2}\exp(j2\pi ft) + \frac{1}{2}\exp(-j2\pi ft) \tag{M-2}$$

このとき，$\exp(j2\pi \cdot 1 \cdot t)$という信号を基本的な単位と考えるものとする．そうすると，$\exp(j2\pi ft)$をf Hzの周波数成分に，$\exp(-j2\pi ft)$を$-f$ Hzの周波数成分に対応するものとみなすことによって，負の周波数を解釈することができる．

なお，$\exp(j2\pi ft)$を複素平面上で表現すると，単位円の上を＋の方向へ回転する信号と考えることができる．通常は反時計周りの回転を＋の方向と考えるので，$\exp(-j2\pi ft)$は時計回りに回転することになる．そのようすを図O-1に示す．結局，周波数の正か負かの違いは回転方向の違いと考えればよいことになる．

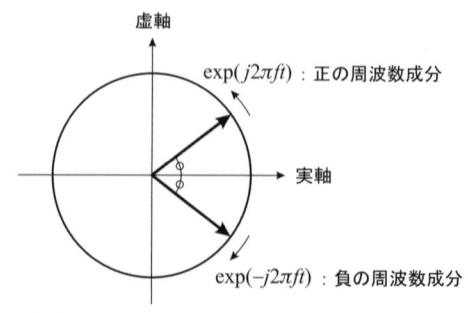

図O.1　正の周波数成分と負の周波数成分の複素平面上の表現

のDFT $X[k]$ は次のようになる．

$$X[k] = aF[k] + bG[k] \quad \cdots\cdots\cdots (9\text{-}7)$$

(2) 実信号のDFT

信号 $g[n]$ が実数の場合[注5]，N 個の $g[n]$ から計算されたDFTを $G[k]$ とすると，$G[k]$ と $G[N-k]$ は互いに複素共役（complex conjugate）になる．つまり，

$$G[k] = G[N-k]^*, \quad k = 0, 1, \cdots, N-1 \quad \cdots\cdots\cdots (9\text{-}8)$$

ここで，*は複素共役を表す．したがって，その実部，虚部，絶対値，偏角について以下の関係が成り立つ．

$$\mathrm{Re}\{G[k]\} = \mathrm{Re}\{G[N-k]\}, \quad k = 0, 1, \cdots, N-1 \quad \cdots\cdots\cdots (9\text{-}9\text{-a})$$
$$\mathrm{Im}\{G[k]\} = -\mathrm{Im}\{G[N-k]\}, \quad k = 0, 1, \cdots, N-1 \quad \cdots\cdots\cdots (9\text{-}9\text{-b})$$
$$|G[k]| = |G[N-k]|, \quad k = 0, 1, \cdots, N-1 \quad \cdots\cdots\cdots (9\text{-}10\text{-a})$$
$$\arg\{G[k]\} = -\arg\{G[N-k]\}, \quad k = 0, 1, \cdots, N-1 \quad \cdots\cdots\cdots (9\text{-}10\text{-b})$$

ここで，$\mathrm{Re}\{\}$ は実部，$\mathrm{Im}\{\}$ は虚部，$\arg\{\}$ は偏角を表す．このようすを**図9-4**に示す．

さらに，信号 $g[n]$ が実数で，偶関数あるいは奇関数で表される場合[注6]，DFTは次の式で計算することができる．

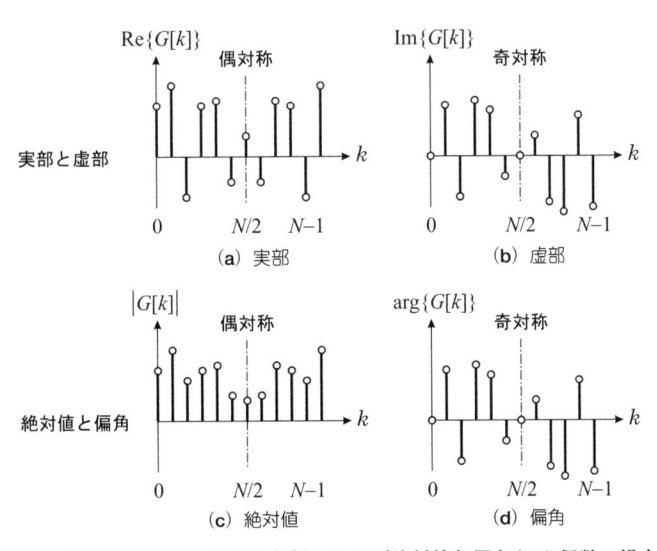

偶関数の場合： $G[k] = \displaystyle\sum_{n=0}^{N-1} g[n] \cos\left(\dfrac{2\pi nk}{N}\right), \quad k = 0, 1, \cdots, N-1 \quad \cdots\cdots\cdots (9\text{-}11\text{-a})$

図9-4 実信号のDFTの実部と虚部，および絶対値と偏角（N が偶数の場合）

注5：このような信号を実信号という．
注6：信号 $g[n]$ が $0 \leq n \leq N-1$ の外側の区間で，$0 \leq n \leq N-1$ の区間と同じ信号が周期的に繰り返されているものとして，偶関数で表されるか奇関数で表されるかを考える．

(a) 信号 g[n]

(b) 二つ左にシフトした信号 g[n+2]

循環シフトでは，はみ出した部分を足りない部分にもってくる

(c) 二つ左に循環シフトした信号 g[n+2]₁₀

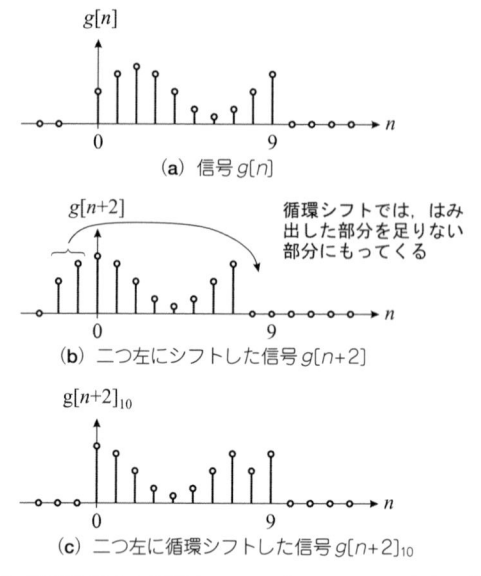

図9-5 循環シフトの説明（$N=10$，左へ二つシフトする場合）

奇関数の場合： $G[k] = -j \sum_{n=0}^{N-1} g[n] \sin\left(\frac{2\pi nk}{N}\right), \quad k = 0, 1, \cdots, N-1$ ……………………………… (9-11-b)

したがって，信号 $g[n]$ を偶関数で表すことができれば，その DFT の虚部はすべて 0，つまり実数になる．また，信号 $g[n]$ を奇関数で表すことができれば，その DFT の実部はすべて 0，つまり純虚数になる．

(3) 循環シフト定理

最初に，図9-5 を使って，循環シフト（circular shift）について説明する．図9-5(a)に示す，$0 \leq n \leq N-1$ の区間の外側は 0 である信号 $g[n]$ を考える．これを左に 2 だけ通常のシフトを行うと，図9-5(b)のようになり，$0 \leq n \leq N-1$ の区間からはみ出す部分が出てくる．このはみ出した部分を右側の足りない部分にもってくるというシフトの方法を，循環シフト[注7]と呼ぶ．

信号 $g[n]$ の DFT を $G[k]$ とし，$g[n]$ を左に m だけ循環シフトしたものを $g[n+m]_N$ で表すものとする．ただし，$[n]_N$ は $n \bmod N$[注8] を表す．$g[n+m]_N$ の DFT を $G^{(m)}[k]$ と表すと，循環シフト定理により次の関係が成り立つ．

[注7]：なぜ循環シフトを考えるかというと，$0 \leq n \leq N-1$ の区間の信号の DFT を計算するということは，この区間の信号が区間外にも周期的に接続されているという仮定が前提になっているからである．周期的な信号をシフトした場合，$0 \leq n \leq N-1$ の区間については循環シフトを行ったのと同じことになる．

[注8]：整数 n が次のように表されているものとする．

$n = n_1 + n_2 N$

ただし，n_1，n_2，N は整数とする．ここで $0 \leq n_1 \leq N-1$ とすると，次のようになる．

$n_1 = n \bmod N$

したがって，n が正の整数の場合，$n \bmod N$ とは，n を N で割り算したときの余りと考えることができる．

$$G^{(m)}[k] = \exp(-j2\pi m/N) \cdot G[k] \quad \cdots\cdots (9\text{-}12)$$

(4) 循環畳み込み定理

循環畳み込み(circular convolution)の記号を⊛で表すことにすると，$f[n]$と$g[n]$の循環畳み込みの定義は次のようになる．

$$x[n] = f[n] \circledast g[n] = \sum_{m=0}^{N-1} f[m] \cdot g[n-m]_N = \sum_{m=0}^{N-1} f[n-m]_N \cdot g[m] \quad \cdots\cdots (9\text{-}13)$$

$f[n]$，$g[n]$，$x[n]$のDFTをそれぞれ$F[k]$，$G[k]$，$X[k]$とすると，式(9-13)のDFTは次のようになる．

$$X[k] = F[k] \cdot G[k] \quad \cdots\cdots (9\text{-}14)$$

つまり，時間領域での循環畳み込みが，周波数領域での積に対応する．

また，周波数領域の循環畳み込みを，

$$X[k] = F[k] \circledast G[k] = \sum_{m=0}^{N-1} F[m] \cdot G[n-m]_N = \sum_{m=0}^{N-1} F[n-m]_N \cdot G[m] \quad \cdots\cdots (9\text{-}15)$$

とすると，このIDFTは次のようになる．

$$x[n] = f[n] \cdot g[n]$$

つまり，周波数領域での循環畳み込みは，時間領域での積に対応する．

9.2 高速フーリエ変換（FFT）

(a) FFTとは

9.1節ではDFTについて説明したが，これを式(9-3)の定義どおりに計算すると，計算量がN^2に比例する．したがって，Nが少し大きな数になると計算量が膨大なものになり，計算時間が非常に長くなるという実用上重大な問題がある．

これを解決するために提案されたアルゴリズムが高速フーリエ変換(fast Fourier transform)，略してFFTで，J. W. CooleyとJ. W. Tukeyにより1965年に発表されている．このFFTアルゴリズムを使うと，計算量が$N\log_2 N$に比例するようになるので，計算量を大幅に削減できる．

FFTアルゴリズムの基本となる考え方は，式(9-3)の中に出てくる複素指数関数$\exp(-j2\pi k/N)$の二つの性質に基づいている．$W_N = \exp(-j2\pi/N)$と表すものとすると[注9]，一つはW_Nの周期性で，任意の整数mに対して，次の式が成り立つ．

$$W_N^k = W_N^{k \pm mN} \quad \cdots\cdots (9\text{-}16)$$

もう一つは，W_N^kを次のように分解できるという性質である．

$$W_N^k = W_N^l \cdot W_N^{k-l} \quad \cdots\cdots (9\text{-}17)$$

この二つの性質を利用して，式(9-3)の$\exp(-j2\pi nk/N)$による乗算の部分をうまく分解すると，同じ

注9：このW_Nは回転因子(twiddle factor)などと呼ばれる．

係数による乗算が多数出てくる．これらを乗算回数が少なくなるようにまとめて，演算の順序を変更することにより，全体の演算量を大幅に減らすことができる．

CooleyとTukeyは時間間引き(decimation-in-time)アルゴリズムと，周波数間引き(decimation-in-frequency)アルゴリズムを提案している．以下では，周波数間引きアルゴリズムについて紹介する．

ところで，私たちがFFTを使う場合に，データ数が2^M（M：整数）のFFTをもっともよく使う．このようなアルゴリズムは2を基底とする(radix-2)アルゴリズムと呼ばれている．

なお，信号処理でFFTを使うという立場からすると，FFTアルゴリズムの導き方を理解していなくても困るようなことはないので，本書では省略する．FFTアルゴリズムの導き方について興味がある読者は，参考文献2)，3)などを参照してほしい．

(b) 2を基底とする周波数間引きFFTアルゴリズム

ここではデータ数が2^Mの場合の周波数間引きアルゴリズムについて紹介する．図9-6に，$N=2^4=16$に対する周波数間引きFFTアルゴリズムの処理の流れを示す．図9-6(a)はアルゴリズム全体のようすで，(b)はFFTの中で基本的な演算単位であるバタフライ演算(butterfly operation)を示す．

第1段目では，データを二つのグループに分け，$g[0]$と$g[8]$，$g[1]$と$g[9]$のように$N/2=8$だけ離れたところにあるデータ同士でバタフライ演算を行う．その際にW_{15}^kの指数(exponent)kは，上から順に0，1，2，3，4，5，6，7になっている．

第2段目は，第1段目で分けられた二つのグループを，さらに二つのグループに分け，全体としては四つのグループに分ける．次に，$N/2^2=4$だけ離れたところにあるデータ同士でバタフライ演算を行う．その際にW_{15}^kの指数kは，上から順に0，2，4，6，0，2，4，6になっている．

同様に，第3段目，第4段目も処理を行っていくと，最後の段の出力にDFTの結果が現れる．

この例では，全体が4段で構成されているが，データ数が2^Mの場合は，全体でM段の構成になる．

なお，図9-6を見ると，入力データ$g[n]$の並び方は，[ ]の中の数字が0から順に1ずつ増加するように並んでいる．しかし，計算された$G[k]$の並び方は，[ ]の中の数字0から順に1ずつ増加するようにはなっていない．このような並び方はビット逆順(bit reversal)の並び方と呼ばれている．したがって，このアルゴリズムを使う場合，普通はビット逆順に並んでいるものを通常の順番に並べ替える必要がある[注10]．

ビット逆順の数を作るもっとも素朴な方法を次に示す．ある数がMビットの2進数で次のように表されるものとする．ただしb_k（$k=0, 1, ..., M-1$）は0または1とする．

$$b_{M-1} b_{M-2} \cdots b_2 b_1 b_0$$

このとき，ビットの前後の順番を入れ替えると次のようになる．

$$b_0 b_1 b_2 \cdots b_{M-2} b_{M-1}$$

これがビット逆順の数になる．

$N=16$の場合の，通常の順番とビット逆順の順番の対応関係を表9-1に示す．

注10：ビット逆順に並んでいることをふまえて以降の処理を行えば，並べ替えは必ず必要というわけではない．

(a) 全体のようす

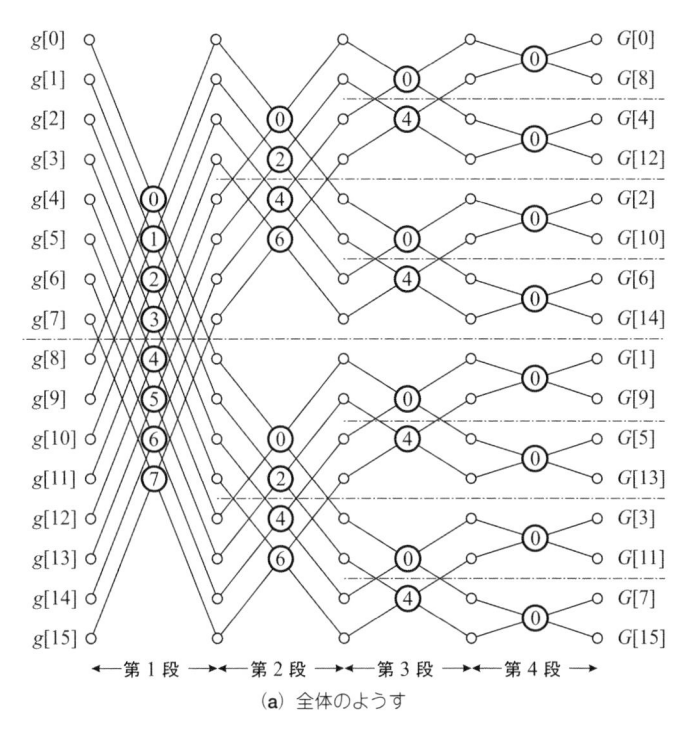

(b) バタフライ演算

$$A = a + b$$
$$B = (a-b)W_{16}^k$$
$$W_{16}^k = \exp\left(\frac{-j2\pi k}{16}\right)$$
$$= \cos\left(\frac{2\pi k}{16}\right) - j\sin\left(\frac{2\pi k}{16}\right)$$

図9-6 周波数間引きによる2を基底とするFFTアルゴリズム($N=16$)

(c) FFTのプログラム

周波数間引きアルゴリズムによる2を基底とするFFTの，C++言語によるプログラムの例を**リスト9-2**に示す．関数`fft_dif()`がFFTを実行するための関数である．このプログラムはDFTとIDFTの両者が計算できるようになっており，引き数numberが正であればDFT，負であればIDFTを計算する．

なお，このプログラムでは，回転因子W_Nを使うたびに計算しているが，最初に回転因子W_Nの表を作っておき，あとはそれを参照するようにすれば計算量の節約になる．ビット逆順の並べ替えの処理も同様である．そのようなプログラムのリストの例は，参考文献3)などに掲載されている．

(d) FFTの計算量

まず，バタフライ演算で必要となる計算量から考える．**図9-6(b)** からわかるように，一つのバタ

表9-1 ビット逆順の表（$N=16$の場合）

通常		ビット逆順	
10進数	2進数	2進数	10進数
0	0000	0000	0
1	0001	1000	8
2	0010	0100	4
3	0011	1100	12
4	0100	0010	2
5	0101	1010	10
6	0110	0110	6
7	0111	1110	14
8	1000	0001	1
9	1001	1001	9
10	1010	0101	5
11	1011	1101	13
12	1100	0011	3
13	1101	1011	11
14	1110	0111	7
15	1111	1111	15

表9-2 DFTの計算で，定義にしたがって直接計算する場合とFFTを使う場合の複素乗算回数の比較

データ数	直接計算（回）	FFT（回）	回数の比（％）
64	4,096	192	4.69
128	16,384	448	2.73
256	65,536	1,024	1.56
512	262,144	2,304	0.88
1024	1,048,576	5,120	0.49
2048	4,194,304	11,264	0.27
4096	16,777,216	24,576	0.15

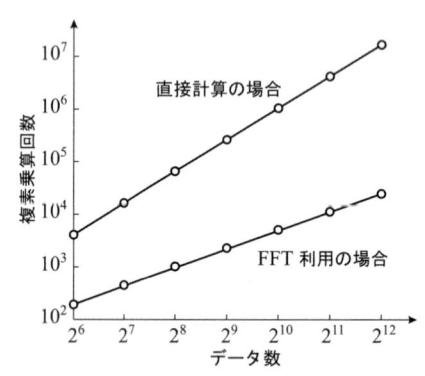

図9-7 DFTの計算で，定義にしたがって直接計算する場合とFFTを使う場合の複素乗算回数の比較

フライ演算に対して，複素加算（減算も加算と考える）が2回，複素乗算が1回必要になる．次に，全体で必要なバタフライ演算の回数は，$N=16$の場合，全体が4段で構成され，各段には$N/2=8$回のバタフライ演算が含まれる．

一般に，データ数をNとすると，段数は$\log_2 N$で，各段では$N/2$のバタフライ演算が含まれる．したがって，全体では複素加算が$N\log_2 N$回，複素乗算が$(N/2)\log_2 N$になる．

表9-2および図9-7にはDFTを定義に従って直接計算する場合と，FFTを使って計算する場合の，複素乗算回数比較を示す．これらから，データ数Nが大きくなると，演算回数はFFTを使ったほうがはるかに少なくなることがわかる．

リスト9-2　周波数間引きによる2を基底とするFFTのプログラム

```cpp
#include <complex.h>
using namespace std;
// データの交換
inline void swap(complex<double> &a, complex<double> &b)
                { complex<double> tmp = a; a = b; b = tmp;}
void fft_dif(complex<double> x[], int number);

// x[]     : DFTを計算すべき信号と計算結果
// number  : データ数 (number>0: DFTの計算, number<0: IDFTの計算)
void fft_dif(complex<double> x[], int number)
{
    complex<double> xtmp;
    int             jnh, jp, jx, k, n_half, n_half2;
    complex<double> arg = complex<double>(0, -1)*2.0*M_PI/(double)number;

    int n = abs(number);
// FFTの計算開始
    n_half = n/2;
    for (int ne = 1; ne < n; ne = ne<<1)
    {
        n_half2 = n_half<<1;
        for (jp = 0; jp < n; jp = jp + n_half2)
        {
            jx = 0;
            for (int j = jp; j < jp + n_half; j++)
            {
                jnh = j + n_half;
                xtmp = x[j];
                x[j] = xtmp + x[jnh];                      // バタフライ演算
                x[jnh] = (xtmp - x[jnh])*exp(arg*(double)jx);  // バタフライ演算
                jx = jx + ne;
            }
        }
        n_half = n_half>>1;
    }
// ビット逆順の並べ替え
    for (int j = 0; j < n; j++)
    {
        jp = j;
        jx = 0;
        for (k = 1; k < n; k = k<<1)
        {
            jx = (jx << 1) | (jp & 1);
            jp = jp >> 1;
        }
        if (j < jx) swap(x[j], x[jx]);
    }
// 逆FFTの場合
    if (number < 0) for (int j=0; j<n; j++) x[j] = x[j]/(double)n;
}
```

参考文献

1) J. W. Cooley and J. W. Tukey ； "An algorithm for the machine calculation of complex Fourier series", *Mathematics of Computation*, vol. 19, No. 90, pp.279-301, 1965.
2) 佐川雅彦, 貴家仁志；高速フーリエ変換とその応用, 第1章, 第2章, 昭晃堂, 1993年.
3) 三上直樹；アルゴリズム教科書, 第9章, CQ出版社, 1996年.

第10章 FFTの応用

FFTにはいろいろな応用があるが，この章では第一に，もっとも基本的な応用である，FFTを使ったスペクトル解析法について説明する．その次に，DFTの循環畳み込み定理を使った応用として，FFTを使ってFIRフィルタの操作を高速に行う方法と，FFTを使って相関関数を高速に計算する方法について説明する．

10.1 スペクトル解析への応用

ある信号にどのような周波数成分がどれだけ含まれているのかを求めることをスペクトル解析 (spectrum analysis)という．ここでは最初に，FFTを使ってスペクトル解析を行う場合の問題点について明らかにする．次に，その問題点の解決法を示して，具体的なスペクトル解析の手順を説明する．最後に，実際にアナログ信号を標本化して得られた離散的信号に対してスペクトル解析を行った例を示す．

(a) FFTによるスペクトル解析の問題点

FFTはDFTの計算を高速に実行するためのアルゴリズムなので，FFTを使ってスペクトル解析を行う場合，DFTの性質に起因する次の二つの点に気を付けなければならない．

第1には，DFTの対象となる信号は，時間について連続な信号を標本化したものであるという点で，第2には，本来DFTは周期的信号に対して定義されている点である．

◆ 標本化により起こる問題点

時間について連続なアナログ信号を標本化する際には，標本化定理を満足しなければならない．もしも標本化定理を満足しなければ，2.3節(b)で説明したように，エイリアシングが発生する．その影響で，FFTで求めたスペクトルに，本来存在しない周波数成分があたかも存在するように見えてしまうということが起きる．

図10-1にその一例を示す．図10-1(a)は矩形波を標本化して得られた離散的信号 $x[n]$ で，(b)はこのデータからFFTで求めたDFTの絶対値 $|X[k]|$，つまり振幅スペクトルである．表示する際は

(a) スペクトル解析されるデータ

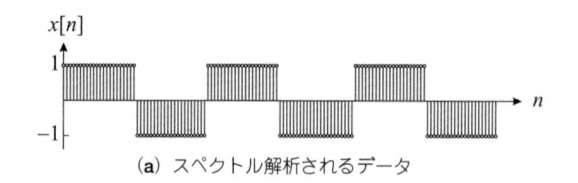

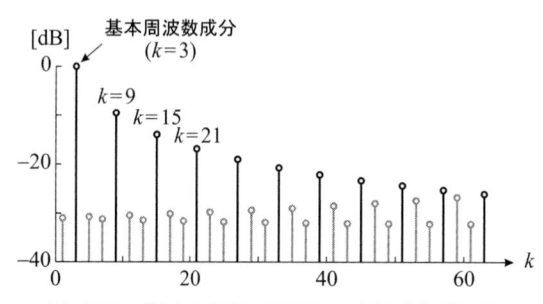

(b) 振幅スペクトル（灰色の部分はエイリアシングの影響で生じた周波数成分）

図10-1　エイリアシングの例

$|X[k]|$ の最大値が1になるように正規化し，さらにこれをdB単位に変換している[注1]．ここで，データ数は$N=128$とし，矩形波の3周期分がちょうど128に一致するように標本化を行った．

ところで，標本化する前の矩形波$x(t)$の基本周波数をf_0，振幅を1とすると，この$x(t)$はフーリエ級数で次のように表現できる．

$$x(t) = \frac{4}{\pi}\left\{\sin(2\pi f_0 t) + \frac{1}{3}\sin(3\cdot 2\pi f_0 t) + \frac{1}{5}\sin(5\cdot 2\pi f_0 t) + \cdots\right\}$$
$$= \frac{4}{\pi}\sum_{n=1}^{\infty}\frac{1}{2n-1}\sin(2\pi(2n-1)f_0 t) \quad\cdots\cdots (10\text{-}1)$$

この式からわかるように，矩形波$x(t)$には無限に高い周波数成分まで含まれている．したがって，これをそのまま標本化してFFTでスペクトルを求めると，エイリアシングのために，本来$x(t)$には含まれていない周波数成分が存在するように見えてしまうことになる．

図10-1(b)では，$k=3$の成分が基本周波数成分に対応する[注2]．したがって，式(10-1)からわかるように，本来は基本波およびその3倍波，5倍波，7倍波，…に対応する$k=3$，9，15，21…，つまり図で黒い色で示した成分だけが表示されるはずだが，それ以外（図では灰色で示した成分）の成分も表示されている．たとえば，$k=1$，5，7，11…に対応する成分は，本来は存在しないにもかかわらず表

注1：$|X[k]|$ の最大値をX_{MAX}とすると，図10-1の縦軸は次の量を表していることになる．

$$20\log_{10}\frac{|X[k]|}{X_{MAX}}$$

注2：この例では，信号の3周期がFFTの点数である128に一致している．つまり，128点の中で信号が3回振動している．したがって，図10-1(b)では$k=3$の成分が基本周波数に対応する．

(a) 本来の信号

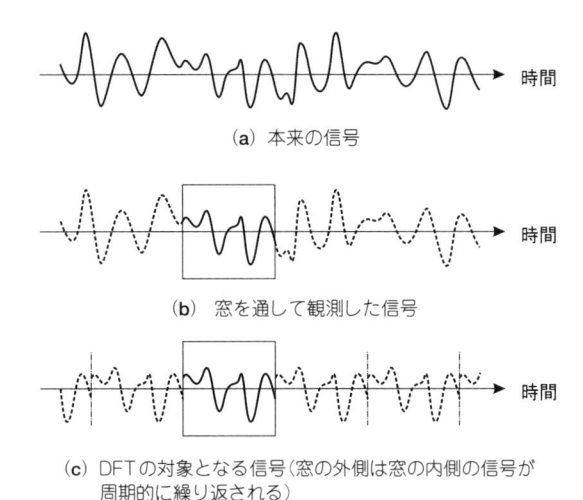

(b) 窓を通して観測した信号

(c) DFTの対象となる信号（窓の外側は窓の内側の信号が周期的に繰り返される）

図10-2　窓の概念とDFTの対象となる信号のようす（非周期信号の場合）

示されている．これがエイリアシングの影響により標本化定理を満足しない高い周波数の成分が低い周波数領域に現れているもので，本来は存在しない成分が存在しているかのように見える．

実際にスペクトル解析を行う場合は，解析すべき信号に含まれている最高の周波数成分は事前にわからない場合が多い．そこで，エイリアシングの対策として，解析すべき信号から低域通過フィルタで高い周波数成分を取り除いてから標本化を行うのが一般的である．このとき使う低域通過フィルタはアンチエイリアシング・フィルタと呼ばれているが，このフィルタを選ぶ際には，**7.1節(a)**で説明したことに注意する必要がある．

◆ **DFTが周期信号に対して定義されていることにより起こる問題点**

DFTを使ってスペクトル解析を行う場合は，長く続く信号の一部を取り出して，その信号からDFTの計算を行う．一部分を取り出すという操作は，ちょうど電車の窓から外の景色の一部分を眺めることにたとえることができる．そこで，長く続く信号の一部分を取り出すことを，窓（window）を掛けるという言い方をする．このようすを**図10-2**に示す．

ところで，**第9章のコラムN**に示したように，DFTは本来，周期信号に対して定義されている．したがって，DFTでスペクトル解析を行う場合，窓の外側の部分は，窓を通して観測される信号が周期的に続いているものと仮定していることになる．つまり，信号全体として，**図10-2(c)**のような信号を仮定していることになる．

したがって，信号が周期的で，しかもその信号の周期の整数倍の長さがDFTを計算する際のデータ数，つまり窓の幅に一致していれば，何も問題は起こらない．しかし，実際には**図10-2**のように，スペクトル解析の対象となる信号は必ずしも周期的というわけではないので，DFTで得られたスペクトルはその信号が本来もっているスペクトルとは異なったものになる．

また，たとえ信号が周期的であったとしても，信号の周期の整数倍の長さがDFTを計算する際のデータ数，つまり窓の幅に一致するという条件は，いつも満足させられるとはかぎらない．むしろ

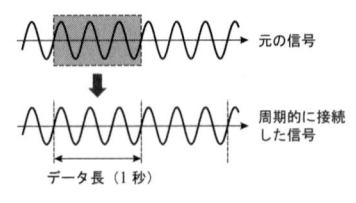

(a) 3.0 Hzの正弦波（データ長が信号の周期の整数倍に一致する場合）

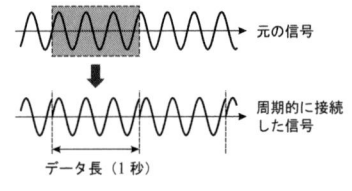

(b) 3.2 Hzの正弦波（データ長が信号の周期の整数倍に一致しない場合）

図10-3 DFTでスペクトル解析を行う場合の信号のようす

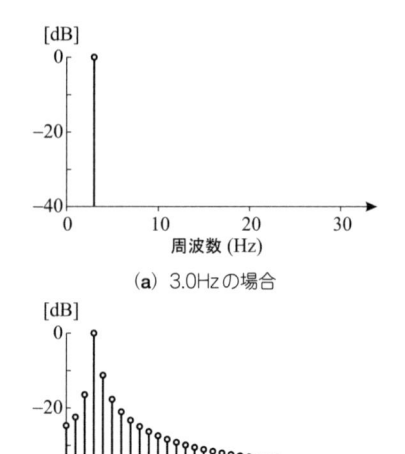

(a) 3.0 Hzの場合

(b) 3.2 Hzの場合

図10-4 図10-3に示す正弦波のデータからFFTで求めた振幅スペクトル

一致しない場合のほうが多いといえる．そこで，正弦波を使って，その周期の整数倍が窓の幅に一致する場合と一致しない場合に，スペクトルがどのように異なるのかについて以下に示す．

図10-3はDFTの計算に使う窓の内側の信号と，その信号を窓の外側へも周期的に接続したようすを示す．**図10-3(a)**は3 Hz，(b)は3.2 Hzの正弦波で，窓の幅は1秒としている．このとき，標本化周波数は64 Hzとするので，FFTは$N=64$として実行する．**図10-3(a)**の場合は，窓の幅と信号の周期の整数倍（この場合は3倍）の長さが一致しているので，周期的に接続しても元の正弦波と同じものになる．一方，同図(b)の場合は，窓の幅と信号の周期の整数倍の長さは一致しないので，周期的に接続すると元の正弦波とは異なることになる．

この二つの場合についてFFTで求めた振幅スペクトルを，最大値が1になるように正規化しdB単位で表示したものを**図10-4**に示す．**図10-4(a)**の場合は，周波数成分が3 Hzのところだけに存在しているので，元の信号のスペクトルが正確に求められていることになる．一方，同図(b)の場合は，一つの周波数成分だけでなく，いくつもの周波数成分が存在するように見えるので，元の信号のスペクトルが正確に求められているとはいえない．ただし，元の信号が3.2 Hzの正弦波なので，それにもっとも近い3 Hzの周波数成分のところがもっとも大きくなっている[注3]．

以上のことから，窓の幅と信号の周期の整数倍の長さが一致しないかぎり，信号が周期的であっ

注3：DFTで計算されるスペクトルは離散的周波数に対応するものになる．たとえば，データの長さが，つまり窓の幅をW秒とすると，DFTでは$1/W$ Hzの整数倍に対応する周波数における周波数成分の大きさが求められる．ここで示した例では信号の長さは1秒なので，DFTで得られるスペクトルは0，1，2，…Hzの周波数成分に対応する．したがって，3.2 Hzにもっとも近い3 Hzの成分がもっとも大きな値になっている．

(a) 標本化した信号の波形

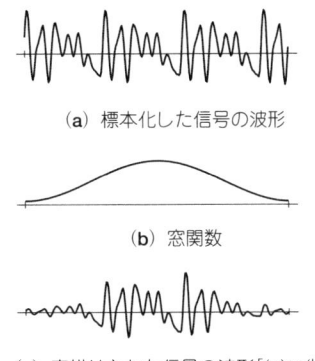

(b) 窓関数

(c) 窓掛けされた信号の波形[(a)×(b)]

図10-5 窓掛けのようす

ても非周期的であっても，DFTで得られるスペクトルは，信号の本来もっているスペクトルとは多少異なったものになる．そこで，スペクトル解析を行う場合は，DFTで得られるスペクトルが，本来のスペクトルとできるだけ違いが小さくなるように処理を行わなければならない．そのためには，取り出したデータを周期的に接続した場合のつなぎ目で，できるだけ波形の不連続の程度が小さくなければならない．その対策として窓関数(window function)を使った窓掛けが必要になる．

(b) 窓関数とスペクトル解析

窓掛けのようすを図10-5に示す．この図のように，取り出したデータ(a)に対して，(b)の重みを乗算し，(c)のようなデータにすることを窓掛けと呼んでいる．この図で(b)に示すような重みが「窓関数」と呼ばれている．このようにすることで，取り出したデータを周期的に接続した場合のつなぎ目で不連続さが目立たなくなる．

FFTを使ってスペクトル解析をする際によく使われる窓関数を次に示す．以下の式で，Lは窓の幅であり，取り出したデータの数に対応する．

(1) 方形(rectangular)窓

$$w_R[n] = \begin{cases} 1, & 0 \leq n \leq L-1 \\ 0, & \text{それ以外} \end{cases} \quad \cdots\cdots(10\text{-}2)$$

(2) ハニング(Hanning)窓

$$w_N[n] = \begin{cases} 0.5 - 0.5\cos(2\pi n/L), & 0 \leq n \leq L-1 \\ 0, & \text{それ以外} \end{cases} \quad \cdots\cdots(10\text{-}3)$$

(3) ハミング(Hamming)窓

$$w_M[n] = \begin{cases} 0.54 - 0.46\cos(2\pi n/L), & 0 \leq n \leq L-1 \\ 0, & \text{それ以外} \end{cases} \quad \cdots\cdots(10\text{-}4)$$

(4) ブラックマン(Blackman)窓

$$w_B[n] = \begin{cases} 0.42 - 0.5\cos(2\pi n/L) + 0.08\cos(4\pi n/L), & 0 \leq n \leq L-1 \\ 0, & \text{それ以外} \end{cases} \quad \cdots\cdots(10\text{-}5)$$

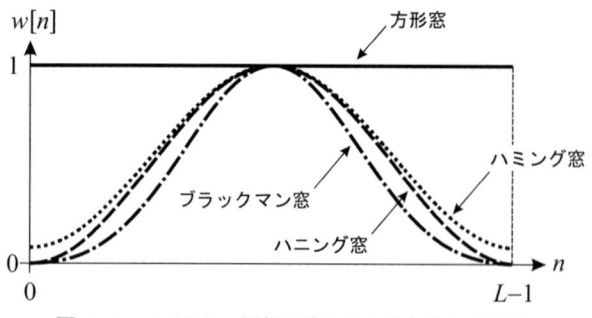

図10-6 スペクトル解析で使われる代表的な窓関数

　これらの窓関数を図10-6に示す．この中で，方形窓は一様な重みになっているが，ほかのものはすべて中央部の重みがもっとも大きく，両端になるにしたがって重みは小さくなっていることがわかる．

　窓関数には，ここで示したもののほかに，第6章で示したKaiser窓をはじめ，いろいろのものが提案されているが，それらについては参考文献1)を参照していただきたい．

　ここで示した4種類の窓関数を使ってスペクトル解析を行い，得られるスペクトルが窓関数によりどのように違ってくるのかを次に二つの例を挙げて示す．

　スペクトルは次の手順で求める．2種類の信号から，それぞれ標本化間隔 = 1/128秒で1秒間に相当するデータを標本化して取り出す．次に，このデータに対してそれぞれ4種類の窓関数を乗算し，それから$N=128$のFFTを使ってDFTを求める．最後に，DFTの絶対値を求め正規化を行い，dB表示で表したものが図10-7[注4]である．なお，同図(a)と(b)では縦軸の目盛りが異なっているので，注意してほしい．

　図10-7(a)に，振幅の大きく異なる四つの正弦波を重ね合わせて合成した信号から求めた振幅スペクトルを示す．同図(b)に，振幅はあまり変わらず，周波数が非常に近い二つの正弦波を重ね合わせて合成した信号から求めた振幅スペクトルを示す．なお，各信号の周波数成分，および振幅は図10-7の中に示している．ただし，振幅は，最大のものを0dBとした相対的な値になっている．この場合は，いずれも信号の周期の整数倍の値と，DFTの計算に使ったデータの長さは一致しない．

　以下に，それぞれの結果に対するコメントを示す．

＜図10-7(a)の場合＞
① 方形窓
　9Hz付近に周波数成分が存在するのはわかるが，それ以外の周波数成分については判断できない．
② ハニング窓
　9, 14, 19Hz付近に周波数成分が存在することがわかる．しかし，26Hz付近の周波数成分はあまり

注4：DFTで求めたスペクトルは離散的な周波数における値になり，この図ではわかりやすくするために，各縦線の頂点を結んだ線もいっしょに表示した．

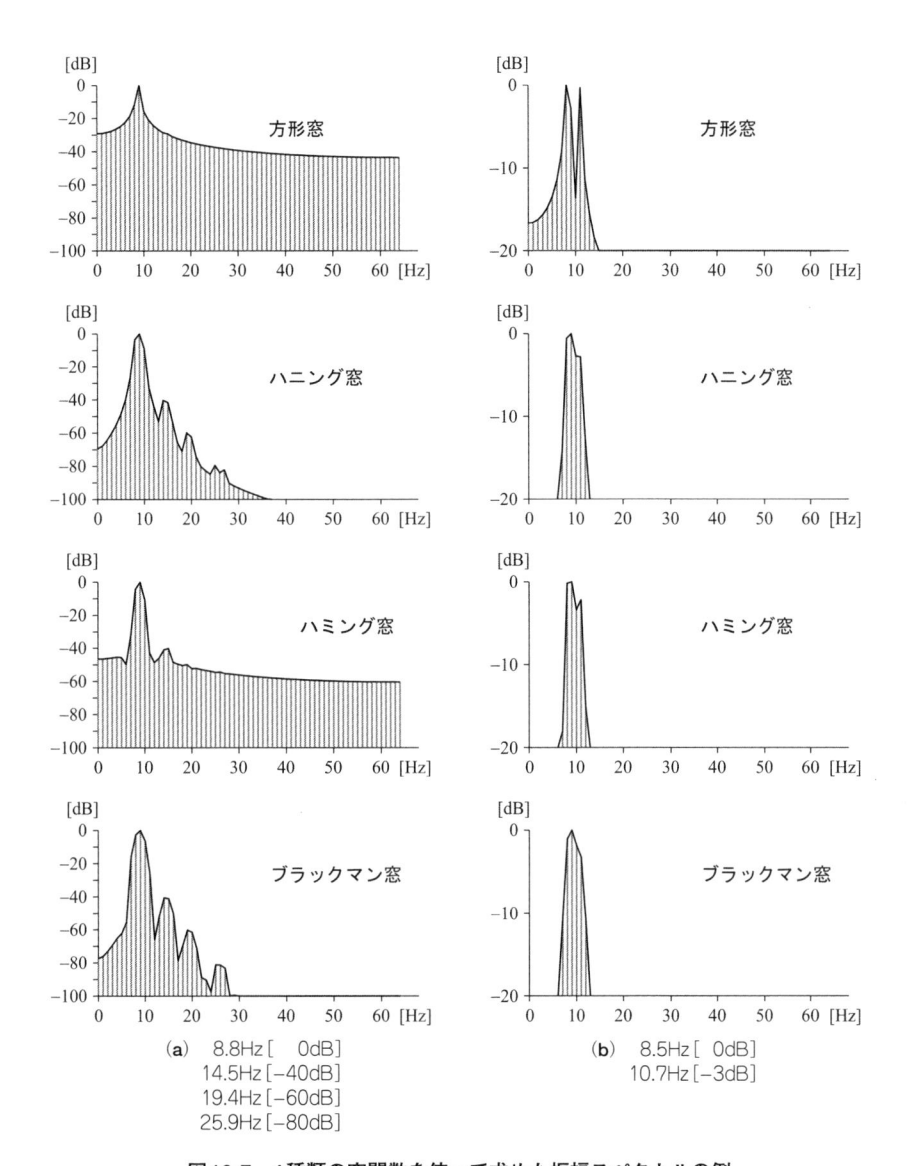

(a)　8.8Hz [　0dB]
　　14.5Hz [−40dB]
　　19.4Hz [−60dB]
　　25.9Hz [−80dB]

(b)　8.5Hz [　0dB]
　　10.7Hz [−3dB]

図10-7　4種類の窓関数を使って求めた振幅スペクトルの例
標本化周波数：128Hz
データ数　　：128
データ長　　：　1秒

はっきり現れていない．

③ ハミング窓

9, 14Hz付近に周波数成分が存在することがわかる．しかし，14Hz付近の周波数成分は，ハニング窓ほどは明瞭ではない．

④ ブラックマン窓

　四つの周波数成分の存在がはっきりとわかる．この結果から，ブラックマン窓は非常に小さな周波数成分を検出する場合に有効であることがわかる．

＜図10-7(b)の場合＞
① 方形窓

　二つの周波数成分の存在がはっきりとわかる．この結果から，方形窓を使った場合は周波数分解能が高いことがわかる．

② ハニング窓

　周波数成分は9Hz付近のもの以外の存在はわからない．

③ ハミング窓

　周波数成分は9Hz付近のもの以外に，11Hz付近の周波数成分の存在もなんとか確認できるが，方形窓のように明瞭ではない．

④ ブラックマン窓

　周波数成分は9Hz付近のもの以外の存在はわからない．

　　　　　　　　　　　＊　　　　　　　　　　＊

　以上のことから，FFTをスペクトル解析に応用する場合，その目的と信号の性質に応じて，使う窓関数を選択することが重要だということがわかる．

　たとえば，解析すべき信号に含まれる複数の周波数成分が互いにあまり近接していないが，非常に小さな周波数成分も検出したい場合は，ブラックマン窓がもっとも優れ，次に続くのがハニング窓になる．一方，解析すべき信号に含まれる周波数成分は非常に接近しているが，周波数成分の大きさがほぼ同じ場合には方形窓がもっとも優れ，次に続くのがハミング窓になる．また，含まれる周波数成分の大きさも，もっとも小さいもので最大の周波数成分に対してせいぜい−40dB程度であり，周波数分解能もある程度高いほうが望ましい場合にはハミング窓が適している．

　また，ここでは例を示していないが，信号の周期の整数倍の長さと窓の幅を正確に一致させられる場合には方形窓が適している．信号の周期の整数倍の長さと窓の幅が一致させられない場合に一般的によく使われているのはハニング窓またはハミング窓である．

　なお，以上の結果は窓関数のスペクトル（**コラムP**を参照）を知ることにより，より理解が深まる．

(c) FFTによるスペクトル解析

◆ FFTによるスペクトル解析の手順

　10.1節(a)，(b)で説明してきたことをふまえると，FFTを使ってスペクトル解析を行うための一般的な手順は次のようになる．

　スペクトル解析を行う信号は，エイリアシングを防ぐため，低域通過フィルタで帯域制限を行った後，標本化される．これによって得られたL個の離散的信号を$s[n]$, ($n=0, 1, \cdots, L-1$)とする．次に，$s[n]$に窓関数$w[n]$, ($n=0, 1, \cdots, L-1$)を乗算する．このようにして得られた$s[n] \cdot w[n]$のDFTを計算するが，データ数Lは必ずしもDFTを求めるためのFFTのデータ数$N=2^M$に等しいとはかぎらない．そこで，その場合は，データの不足するところに$N-L$個の0を付け加える．その後，

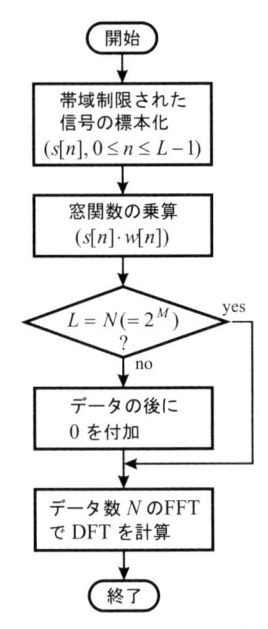

```
           ┌─────────┐
           │  開始   │
           └────┬────┘
                ↓
        ┌──────────────┐
        │ 帯域制限された │
        │ 信号の標本化   │
        │(s[n], 0≤n≤L-1)│
        └──────┬───────┘
               ↓
        ┌──────────────┐
        │ 窓関数の乗算   │
        │ (s[n]·w[n])   │
        └──────┬───────┘
               ↓
        ┌──────────┐  yes
        │L=N(=2^M)?├──────┐
        └────┬─────┘      │
             │no          │
             ↓            │
        ┌──────────┐      │
        │データの後に│     │
        │ 0を付加   │      │
        └────┬─────┘      │
             ↓←───────────┘
        ┌──────────────┐
        │データ数NのFFT │
        │でDFTを計算    │
        └──────┬───────┘
               ↓
           ┌─────────┐
           │  終了   │
           └─────────┘
```

図10-8 FFTによるスペクトル解析の手順

FFTを使ってDFTを求める．以上の処理の手順を**図10-8**に示す．

◆ スペクトル解析の例

ここでは，音声信号をスペクトル解析した例を**図10-9**に示す．**図10-9**(a)には母音の /ア/ を10 kHzで標本化した512個のデータを示す[注5]．このデータに対して，ハミング窓を乗算する．ここでは，窓の幅がスペクトル解析の結果にどのような影響を与えるかを示すため，二つの幅の窓を用意している．一つは51.2ms(データ数：512個)で，もう一つは5.2ms(データ数：52個)の幅の窓である．**図10-9**(b)が51.2ms，(d)が5.2msの窓関数を掛けたデータに対応する．

DFTの計算には，$N=512$のFFTを使った．窓の幅の小さいほうはデータの数が52個のため，53〜512番目のデータが入る配列には0を入れてからFFTを実行した．最後に，FFTで得られたDFTの絶対値を求め，それを最大値が0dBになるように正規化してdB表示したものを**図10-9**(c)と(e)に示す．

得られた振幅スペクトル(c)，(e)を比較すると，周波数分解能と窓の幅の関係[注6]がわかる．(c)で

注5：標本化された離散的信号なので，本来はそのように表示すべきかもしれないが，もともとの信号は時間について連続しているので，ここでは各値を結んだ折れ線として表示している．(b)，(d)も同様に表示している．また，得られるスペクトルも同様に離散的だが，(c)，(e)は各値を結んだ折れ線として表示している．

注6：二つの周波数成分を区別する能力が周波数分解能である．周波数分解能は使用する窓関数にも依存するが，同じ窓関数を使う場合は窓関数の幅の逆数に比例する．大ざっぱに考えるときは周波数分解能を窓関数の幅の逆数と考えてもよい．そうすると，**図10-9**(c)，(d)の周波数分解能はそれぞれ，約20Hz，約192Hzになる．なお，周波数分解能の定義は何に注目するかによって変わってくる．詳しいことは参考文献1)を参照のこと．

(a) 元の信号の波形

(b) 51.2 ms の幅のハミング窓を掛けた信号の波形

(c) (b)から計算された振幅スペクトル

(d) 5.2 ms の幅のハミング窓を掛けた信号の波形

(e) (d)から計算された振幅スペクトル

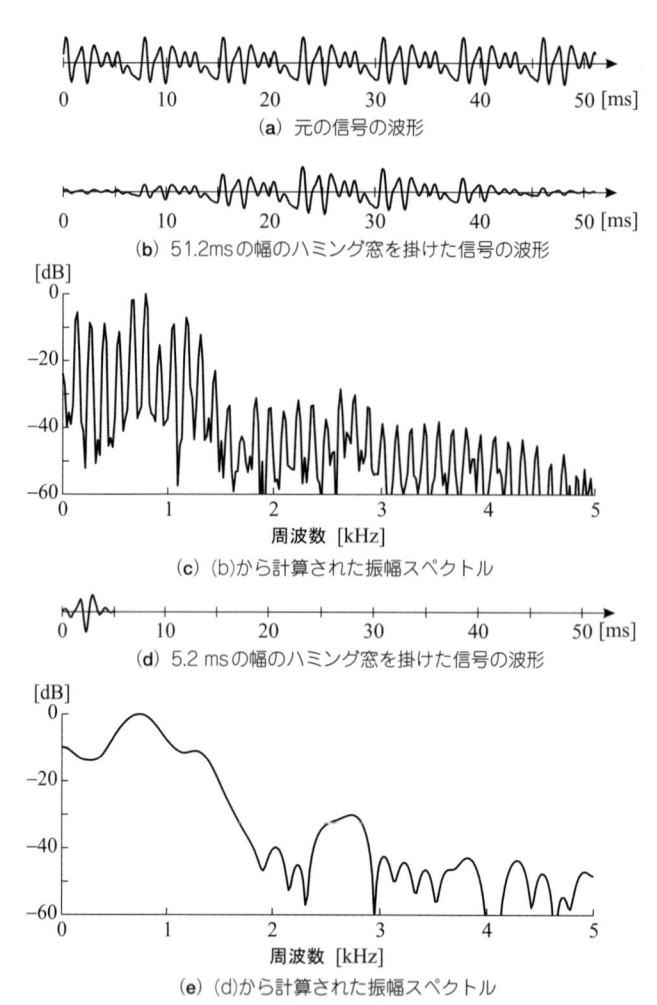

図10-9 スペクトル解析に用いる信号（音声信号 /ア/）の波形とスペクトル解析の結果

は約130 Hzの基本周波数[注7]とその高調波成分のようすがよくわかる．一方，(e)では周波数分解能が良くないため，スペクトルの大まかな構造はわかるが，スペクトルの細かな構造はよくわからない．

10.2　FIRフィルタ処理の高速化への応用

(a) 循環畳み込みと非循環畳み込み

第5章ではFIRフィルタの入出力の関係を表す差分方程式を式(5-1)に示したが，ここでは係数を$h[m]$，入力を$x[n]$，出力を$y[n]$として，次の差分方程式で表すことにする．

注7：この場合，基本周波数は声帯の開閉の回数に対応する．つまり，1秒間に約130回の開閉が行われていることになる．

Column P

窓関数のスペクトル

DFTの循環畳み込みの性質から，窓を掛けた信号のDFTは，周波数領域において，信号の本来のスペクトルと窓関数のスペクトルとの畳み込みであると解釈できる．そこで，代表的な窓関数の振幅スペクトルを図P-1に示す．このスペクトルは，窓の幅を128とし，その後ろに0を付加してから2048点FFTを行い，中央の周波数が0になるように並べ換え，その$-128 \leq k \leq 128$に対するDFT値の絶対値を表示したものになっている．なお，この図で横軸は，窓の幅をWとしたとき$1/W$を単位にして目盛りを付けている．縦軸は最大値が0 dBになるように正規化している．

これらの図には，中央部に大きな山が一つ存在し，その左右には小さな山が多数存在する．この大きな山はメイン・ローブ(main lobe)，小さな山はサイド・ローブ(side lobe)と呼ばれている．

方形窓の場合に小さな周波数成分を検出できないのは，もっとも大きな周波数成分に対するサイド・ローブが大きいため，これに隠されてしまうためである．方形窓のサイドローブの中で最大のものは約-13dBもある．一方で，メイン・ローブの幅はここに示した4種類の中ではもっとも狭いので，周波数分解能は高いといえる．

逆にブラックマン窓の場合には，メイン・ローブの幅が広いので，周波数分解能があまり良くなく，非常に近接した二つの周波数成分を分離できない．しかし，もっとも大きなサイド・ローブでも約-58dBとかなり小さいので，レベルの小さな周波数成分を検出したい場合には有効である．

以上のことから，スペクトルのメイン・ローブの幅ができるだけ狭く，サイド・ローブの大きさができるだけ小さい窓関数が望ましい．しかし，実際には一方が良ければ他方は悪いという関係がある．

なお，図P-1からわかるように，窓関数のタイプが決まれば，メインローブの幅は$1/W$に比例する．したがって，周波数分解能を向上させるためには窓の幅，つまりDFTの計算に使うデータの数を増加させればよいことがわかる．窓の幅を変えてもサイド・ローブの大きさに変化はない．

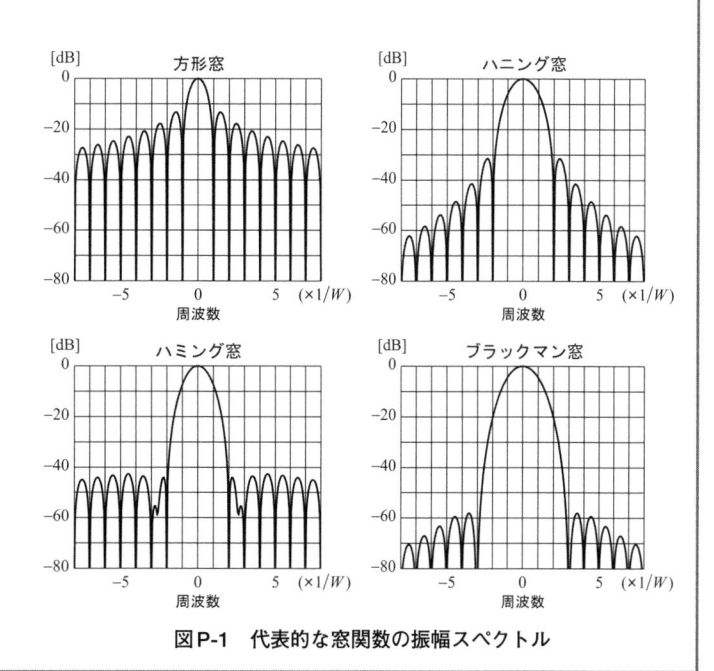

図P-1 代表的な窓関数の振幅スペクトル

$$y[n] = \sum_{m=0}^{M-1} h[m] \cdot x[n-m] \quad \cdots\cdots (10\text{-}6)^{注8}$$

この式は次のように書くこともできる．

$$y[n] = \sum_{m=n-M+1}^{n} h[n-m] \cdot x[m] \quad \cdots\cdots (10\text{-}7)$$

一方，DFTの性質で示したように，$h[m]$および$x[n]$に対してN点の循環畳み込み（circular convolution）を行った結果を$\tilde{y}[n]$とすると，次のようになる．

$$\tilde{y}[n] = h[n] \circledast x[n] = \sum_{m=0}^{N-1} h[m] \cdot x[n-m]_N = \sum_{m=0}^{N-1} h[n-m]_N \cdot x[m] \quad \cdots\cdots (10\text{-}8)$$

ここで，$\circledast$は循環畳み込みの演算を行う記号とする．また$[\ ]_N$は$[\ ]$の中の値をmodulo Nで評価するものとする．式(10-8)で，$h[m]$，$x[n]$，$\tilde{y}[n]$のN点DFTをそれぞれ$H[k]$，$X[k]$，$\tilde{Y}[k]$とすると，循環畳み込み定理から

$$\tilde{Y}[k] = H[k] \cdot X[k] \quad \cdots\cdots (10\text{-}9)$$

の関係が成り立つ．したがって，式(10-9)で求められる$\tilde{Y}[k]$の逆DFT（略してIDFT）を求めれば式(10-8)の$\tilde{y}[n]$が得られる．

しかし，式(10-8)と式(10-6)，(10-7)は同じものではないので，式(10-9)の$\tilde{Y}[k]$のIDFTとして求めた$\tilde{y}[n]$は，式(10-6)，(10-7)で得られる$y[n]$とは異なったものになる．そこで，式(10-8)の後半の式

$$y[n] = \sum_{m=0}^{N-1} h[n-m]_N \cdot x[m]$$

に注目する．この式を使って，$h[m]$の個数をM，$x[m]$のデータ数をL，DFTの計算に用いるFFTのデータ数をNとしたときの循環畳み込みを行うようすを**図10-10**に示す．つまり，$h[m]$と$x[m]$の畳み込みは，$h[n-m]$を時間軸に沿ってシフトしながら$x[m]$との乗算を行い，その積をmについての総和を行うことにより計算できる．その際に，$h[n-m]$が原点から左にはみ出した部分を右側にもってきて計算すれば，循環畳み込みになる．このとき，右側にもってきた部分が**図10-10**のように$x[m]$に重ならなければ非循環畳み込み，つまり式(10-6)，(10-7)で計算される通常の畳み込みと同じになる．

以上のことから，$h[m]$の個数をM，$x[m]$のデータ数をL，DFTの計算に用いるFFTのデータ数をNとすると，

$$M + L - 1 \leq N \quad \cdots\cdots (10\text{-}10)$$

を満足すれば，式(10-9)のIDFTとして求めた$\tilde{y}[n]$は，式(10-6)，(10-7)で得られる$y[n]$と同じものになる．

(b) FFTによるFIRフィルタ（有限な長さの信号の場合）

前項では式(10-10)を満足すれば，DFTとIDFTを使ってFIRフィルタによるフィルタ処理ができ

注8：この式は式(5-1)と違い，Σの計算の範囲がMまでではなく，$M-1$までになっている点も注意すること．

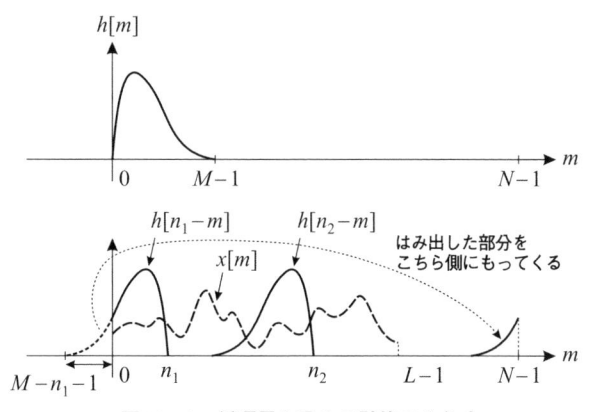

図10-10　循環畳み込みの計算のようす

ることを説明した．そこで，このDFT，IDFTをFFTアルゴリズムで計算すれば，畳み込みの計算を直接に行うよりも高速にフィルタ処理を実行することが可能になる．とくに，フィルタの係数の個数M，入力信号のデータ数Lが大きい場合に有利になる．

FFTを使ったフィルタ処理は，次のように行う．まず，入力信号$x[n]$，$(0 \leq n \leq L-1)$フィルタの係数$h[n]$，$(0 \leq n \leq M-1)$の後ろに0を付け加えて，それぞれの全体の個数が，使用するFFTのデータ数である$N=2^K$に等しくなるようにする．これをそれぞれ$x'[n]$，$h'[n]$，$(0 \leq n \leq N-1)$する．このとき，Nは式(10-10)を満足するように決める．次に，$x'[n]$，$h'[n]$のDFTである$X'[k]$，$H'[k]$，$(0 \leq k \leq N-1)$をN点FFTにより計算する．その次に，得られた$X'[k]$と$H'[k]$を乗算して$Y[k]$を求める．

$$Y[k] = X'[k] \cdot H'[k], \quad 0 \leq k \leq N-1 \quad \cdots\cdots (10\text{-}11)$$

最後に，$Y[k]$のIDFTをN点IFFTにより計算し，出力信号$y[n]$，$(0 \leq n \leq N-1)$を得る．以上の手順を図10-11に示す．

(c) FFTによるFIRフィルタの実行の例（長さが有限な信号の場合）

FFTを使ってFIRフィルタの処理を実行した例を図10-12に示す．図10-12(a)は150 Hzで振幅1の正弦波に，910 Hzで振幅0.2，1120 Hzで振幅0.2，2330 Hzで振幅0.1の正弦波を加算して，それを10 kHzで標本化したものである．同図(b)はフィルタの係数で，このフィルタはカイザー窓を使い，遮断周波数=500 Hz，阻止域の減衰量=40 dB，次数=48次として設計した低域通過フィルタになっている．同図(c)はフィルタの出力である．

出力には150 Hzの正弦波のみが現れ，ほかの周波数成分は除去されていることがわかる．なお，図10-12(c)の両端の波形は乱れているが，これはフィルタの係数と入力信号が完全に重ならなかった部分に対応する．

参考までに，図10-12の波形の振幅スペクトルとフィルタの振幅特性を図10-13に示す．振幅スペクトルを計算する際はブラックマン窓を使った．スペクトルの上からも，150 Hzの正弦波の周波数成分以外は除去されていることがわかる．

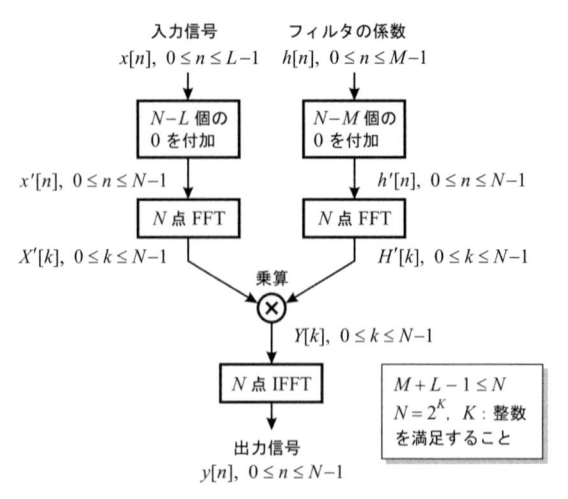

図10-11 FFTによるFIRフィルタ処理の実行の手順

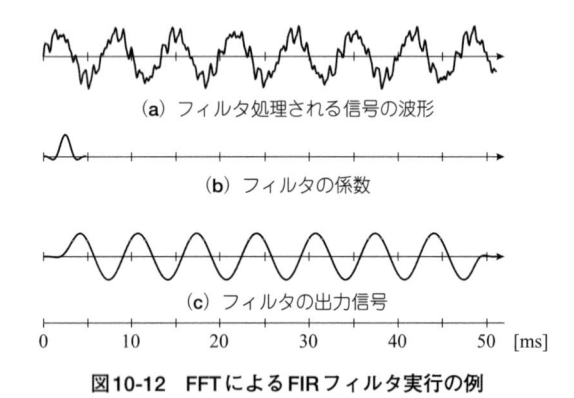

図10-12 FFTによるFIRフィルタ実行の例

(d) FFTによるFIRフィルタ（長さが無限な信号の場合）

　前の項ではデータの長さが有限で，しかも前もってわかっている場合の処理方法について説明した．しかし，現実の信号に対してFIRフィルタの処理をリアルタイムで行わせようとする場合は，信号の長さが決まっていないのが普通である．そのような場合は，信号がどこまでも続く，つまり信号の長さが無限であるとみなして処理を行う必要があるので，前の項で説明した方法をそのまま使うことはできない．このような場合は，信号をブロックに分割した上で，前の項で説明した方法を適用する．そのための方法として，重複加算法(overlap-add method)と重複保持法(overlap-save method)という二つの方法が知られている[2], [3]．ここでは，処理が多少簡単になる重複保持法について説明する．

　重複保持法では，入力信号をブロックに分割するが，一部の入力データを重複して用いる．このとき，FFTを使って行う畳み込みが循環畳み込みではなく，直線畳み込みになる条件である式(10-

(a) フィルタ入出力信号の振幅スペクトル

(b) フィルタの振幅特性

(c) フィルタ出力信号の振幅スペクトル

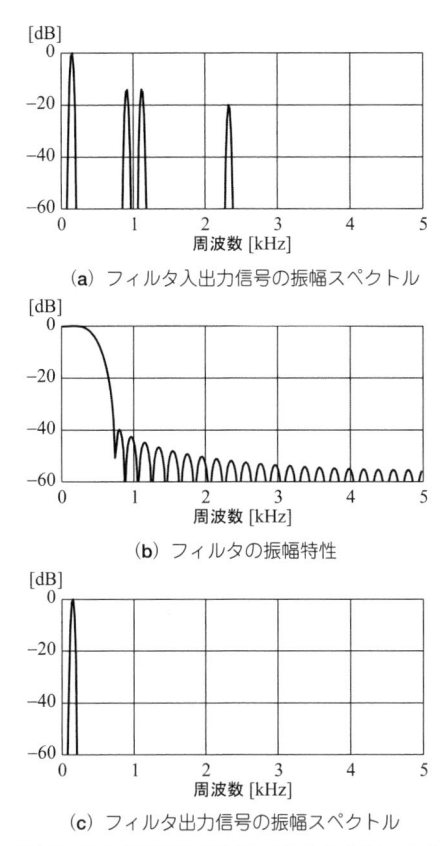

図10-13 図10-12の各波形の振幅スペクトルとフィルタの振幅特性

10)を考慮に入れて考えなければならない．

　入力信号の個数と使用するFFTの点数が等しい場合，つまり式(10-10)で$L=N$の場合には，次のように考えることができる．式(10-9)で求められる$\tilde{Y}[k]$のIDFTとして求められた$\tilde{y}[n]$の中で，先頭から$M-1$個のデータは循環畳み込みの結果であり，残り$N-M+1$個のデータは直線畳み込みの結果に一致すると考えることができる．したがって，$\tilde{y}[n]$の中で，先頭の$M-1$個のデータを取り除けば，この畳み込みの結果は循環畳み込みではなく，直線畳み込みになる．

　以上のことから，入力信号をブロックに分割する際には1ブロックのデータ数を，FFTの点数と等しいN個とし，次のブロックとは$M-1$個のデータを重複させて処理を行っていけばよいことがわかる．したがって，データを取得するブロックの範囲を$N-M+1$個分だけシフトしながら処理を行っていくことになる．なお，最初のブロックだけはその一つ前のブロックのデータは存在しないので，先頭に$M-1$個の0を付加する．つまり，フィルタ処理を行う前の元の信号$x[n]$を後に$M-1$個だけシフトし，先頭に0を追加したものを$x'[n]$とすると，$x'[n]$とブロックに分割したときの第mブロックの信号$x_m[n]$の関係は次のようになる．

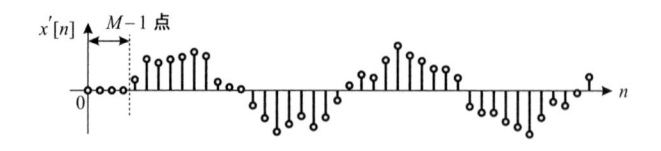

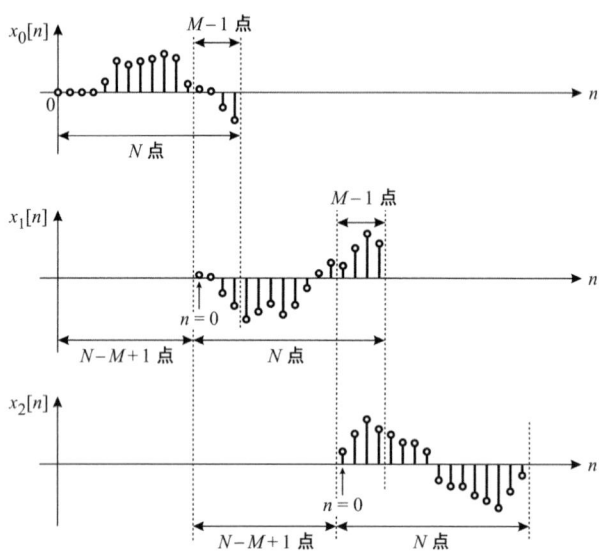

図10-14 重複保持法で入力信号を分割するようす
　　　　　M：フィルタの係数の個数
　　　　　N：使用するFFTの点数

$$x_m[n] = \begin{cases} x'[n+m(N-M+1)], & 0 \leq n \leq N-1 \\ 0, & \text{それ以外} \end{cases} \quad\quad\quad (10\text{-}12)$$

このようすを**図10-14**に示す．この図で，各ブロックの時間の原点は$n=0$という具合に示している．$x_0[n]$, $x_1[n]$, $x_2[n]$はブロックに分割された信号である．この図から，第mブロックの後部の$M-1$個のデータと，第$m+1$ブロックの先頭の$M-1$個のデータが重複しているようすがわかる．

出力する際は，ブロックごとに行った畳み込みの計算結果の中で，先頭の$M-1$サンプルを捨てながら一つの信号に合成していけば，その全体に対して直線畳み込みを行った結果，つまりフィルタの出力$y[n]$が得られる．

FFTを使って計算した第mブロックの出力信号から，先頭の$M-1$サンプルを除いた信号を$y_m[n]$とすると，出力信号$y[n]$は次のように表されることになる．

$$y[n] = \sum_{m=0}^{\infty} y_m[n - m(N-M+1)], \quad n = 0, 1, \cdots \quad\quad\quad (10\text{-}13)$$

このようすを**図10-15**に示す．この図で，各ブロックの時間の原点は$n=0$という具合に示している．

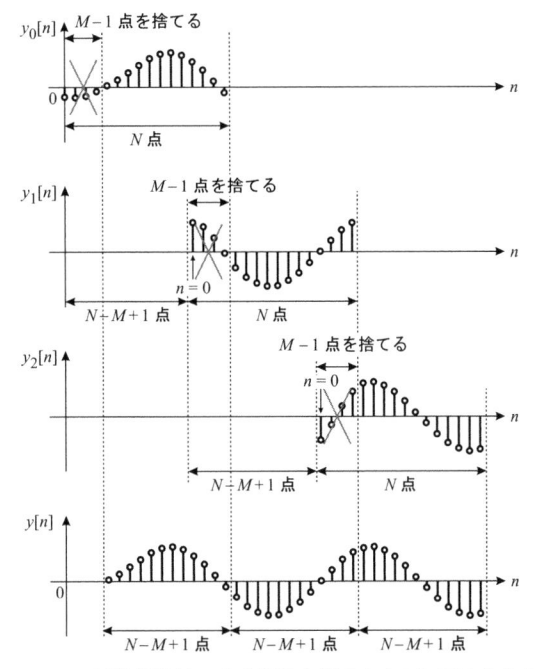

図10-15 重複保持法で出力信号を得るための処理のようす
　　　　M：フィルタの係数の個数
　　　　N：使用するFFTの点数

10.3　相関関数の高速計算への応用

(a) 相関関数

　相関関数(correlation function)も信号を解析するときによく使われる．たとえば，**図10-16**に示すシステムで，$x(t)$に対する$y(t)$の時間遅れt'を$x(t)$と$y(t)$から求める方法について考えてみよう．ただし，マイクで拾う信号$y(t)$には，途中で雑音が混入することが考えられるので，$y(t)$はt'だけ遅れた$x(t)$に雑音$e(t)$を加算したものと考えられる．

　もし，雑音がなければ，$y(t)=x(t-t')$になるので，**図10-17**に示すように，τだけ時間シフトした信号$y(t+\tau)$を生成し，τを変えながら，常に$x(t)=y(t+\tau)$になるようなτを見つければよいことになる．しかし，実際には雑音が加わるので，τをどのように変えても，常に$x(t)=y(t+\tau)$が成り立つという状態は存在しない．

　そこで，相関関数というものを導入する．$x(t)$，$y(t)$という二つの信号に対して，相関関数は次のように定義される．

$$r_{xy}(\tau) = \int_{-\infty}^{\infty} x(t) \cdot y(t+\tau) dt \quad \cdots\cdots (10\text{-}14)^{\text{注9}}$$

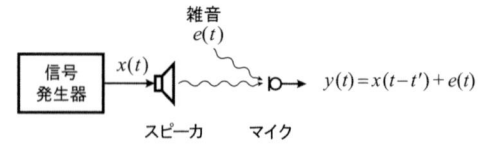

図10-16　元の信号 $x(t)$ とマイクで拾った信号 $y(t)$

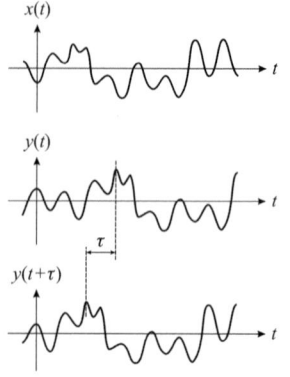

図10-17　信号 $x(t)$ に類似している信号 $y(t)$ と，$y(t)$ を τ だけシフトした信号 $y(t+\tau)$ のようす

ここで，$y(t+\tau)$ は図10-17に示すように，$y(t)$ を時間軸に沿って τ だけシフトしたものになる．τ を変えながらこの相関関数 $r_{xy}(\tau)$ を求めると，時間遅れ t' は $r_{xy}(\tau)$ が最大になるときの τ として求められる．

この式(10-14)で，とくに $x(t)$ と $y(t)$ が同じ場合，つまり

$$r_{xx}(\tau) = \int_{-\infty}^{\infty} x(t) \cdot x(t+\tau) dt \tag{10-15}$$

で計算される $r_{xx}(\tau)$ は自己相関関数(autocorrelation function)と呼ばれている．この自己相関関数と区別するため，式(10-14)で定義されるものは相互相関関数(cross-correlation function)と呼ばれている．

自己相関関数 $r_{xx}(\tau)$ は次の性質をもっている．
① $r_{xx}(\tau)$ は $\tau=0$ のとき最大になる．
② $r_{xx}(\tau)$ は偶関数である．つまり $r_{xx}(\tau)=r_{xx}(-\tau)$．

式(10-14)，式(10-15)は変数が連続値で，しかも積分を含んだ式になっている．そこで，ディジタ

注9：$x(t)$ と $y(t)$ は複素数であってもかまわないので，本来の相関関数は

$$r_{xy}(\tau) = \int_{-\infty}^{\infty} x(t) \cdot y^*(t+\tau) dt$$

で定義される．ここで，$y^*(t+\tau)$ は $y(t+\tau)$ の複素共役を表す．しかし，実際問題として，我々が扱う信号のほとんどのものが実数であり，実数の複素共役は同じものである．したがって，式(10-13)において，$y(t+\tau)$ は複素共役としない形で表現している．

ル信号処理の場合は，次の式を使って相関関数を計算する．$x(t)$と$y(t)$を標本化したものをそれぞれ$x[n]$，$y[n]$とし，標本化したデータの数をNとすると，
相互相関関数は

$$r_{xy}[m] = \frac{1}{N}\sum_{n=0}^{N-1} x[n] \cdot y[n+m], \quad m = 0, 1, \cdots, N-1 \quad \cdots\cdots(10\text{-}16)$$

自己相関関数は

$$r_{xx}[m] = \frac{1}{N}\sum_{n=0}^{N-1} x[n] \cdot x[n+m], \quad m = 0, 1, \cdots, N-1 \quad \cdots\cdots(10\text{-}17)$$

で求める．

式(10-16)，(10-17)を直接計算すると，N^2に比例する計算量が必要なため，Nが大きい場合には直接計算は実用的ではない．しかし，FFTを利用すると$N\log_2 N$に比例する計算量になるため，直接計算よりもはるかに少ない時間で相関関数を求めることが可能になる．

(b) FFTによる相関関数の高速計算法

◆ FFTによる自己相関関数の計算法

$x[n]$のDFTを$X[k]$とすると，$|X[k]|^2$はパワー・スペクトル(power spectrum)と呼ばれている[注10]．このパワー・スペクトル$|X[k]|^2$と自己相関関数$r_{xx}[m]$との間には次の関係が成り立つことが知られている．

$$|X[k]|^2 = N \cdot \text{DFT}[r_{xx}[m]] \quad \cdots\cdots(10\text{-}18)$$

$$r_{xx}[m] = \frac{1}{N}\text{IDFT}\left[|X[k]|^2\right] \quad \cdots\cdots(10\text{-}19)$$

ただし，DFT[ ]はDFTの操作を，IDFT[ ]はIDFTの操作を表すものとする．この関係はウィーナ・ヒンチン(Wiener-Khinchine)の定理と呼ばれている．

以上のことから，FFTを使って自己相関関数を次のような手順で計算することができる．初めに，$x[n]$のDFTを，FFTアルゴリズムを使って計算し，パワー・スペクトル$|X[k]|^2$を求める．次に$|X[k]|^2$のIDFTを，FFTアルゴリズムを使って計算すると，自己相関関数$r_{xx}[m]$が求められることになる．

しかし，このようにして求めた自己相関関数は，式(10-17)に示したものとは異なり，循環自己相関関数(circular autocorrelation function)と呼ばれるものになる．一方，循環自己相関関数と区別するために，式(10-17)の相関関数をとくに非循環自己相関関数と呼ぶ場合もある．

循環自己相関関数になるのは，DFTの性質に由来するもので，畳み込みの場合と同じ理由である．つまり，DFTを計算してから求めた自己相関関数は，

$$r_{xx}[m] = \frac{1}{N}\sum_{n=0}^{N-1} x[n] \cdot x[n+m]_N, \quad m = 0, 1, \cdots, N-1 \quad \cdots\cdots(10\text{-}20)$$

注10：正確には，$|X[k]|^2$はピリオドグラム(periodgram)と呼ばれ，ピリオドグラムの期待値がパワー・スペクトルになる．しかし，$|X[k]|^2$もパワー・スペクトルの推定値の一つと考えることができるので，$|X[k]|^2$自身をパワー・スペクトルと呼ぶ場合もある．

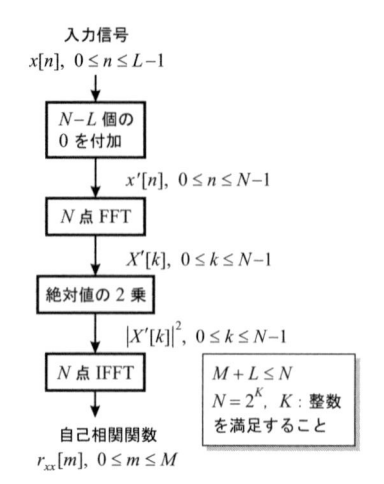

```
          入力信号
       x[n], 0 ≤ n ≤ L−1
              ↓
       ┌──────────┐
       │ N−L 個の │
       │ 0 を付加 │
       └──────────┘
              ↓  x'[n], 0 ≤ n ≤ N−1
       ┌──────────┐
       │  N 点 FFT │
       └──────────┘
              ↓  X'[k], 0 ≤ k ≤ N−1
       ┌──────────┐
       │絶対値の2乗│
       └──────────┘
              ↓  |X'[k]|², 0 ≤ k ≤ N−1
       ┌──────────┐      ┌─────────────┐
       │ N 点 IFFT│      │ M + L ≤ N   │
       └──────────┘      │ N = 2^K, K:整数│
              ↓          │ を満足すること│
         自己相関関数     └─────────────┘
       r_xx[m], 0 ≤ m ≤ M
```

図10-18　FFTを使った自己相関関数計算の手順

を計算したことになる．ここで，[ ]_N は[ ]の中の値をmodulo Nで評価することを意味する．そうすると，$x[n+m]_N$ は $x[n]$ を m だけ時間軸に沿って循環シフト(**図9-5**参照)したものとみなすことができる．したがって非循環自己相関関数を求める場合には，非循環畳み込みの場合と同様に，DFTを計算するときに，$x[n]$ の後ろにゼロを付け加えてからFFTを実行する．

ところで，自己相関を求める場合，時間シフト量 m の最大値は $N-1$ まで求めることは少なく，多くの場合には，$N-1$ よりも小さな値 M まで，つまり，$m = 0, 1, \cdots, M$ に対する自己相関を求めることになる．したがって，データの個数を L，DFTを計算するためのFFTのデータ数を $N(=2^K)$，時間シフト量の最大値 M をとすると，

$$L + M \leq N \tag{10-21}$$

を満足するようなデータ数 N のFFTを使ってDFTの計算を行うことになる．

以上の手順をまとめて**図10-18**に示す．

◆ **FFTによる相互相関関数の計算法**

FFTを使って相互相関関数を求める方法は，FFTを使って自己相関関数を求める方法とほぼ同じ手順になる．$x[n]$ のDFTを $X[k]$，$y[n]$ のDFTを $Y[k]$ とすると，$X^*[k] \cdot Y[k]$ はクロス・スペクトル(cross spectrum)と呼ばれている．なお，$X^*[k]$ は $X[k]$ の複素共役を表す．一方，クロス・スペクトルは相互相関関数のフーリエ変換として得られることが知られているので，相互相関関数はクロス・スペクトルの逆フーリエ変換で計算できる．したがって，離散時間系において，相互相関関数 $r_{xy}[m]$ は次の式で計算される．

$$r_{xy}[m] = \frac{1}{N} \text{IDFT}[X^*[k] \cdot Y[k]] \tag{10-22}$$

ただし，このようにして計算された相互相関関数は，自己相関関数の場合と同様に，循環相互相関関数になる．したがって，通常の相互相関関数を求める場合には二つの信号 $x[n]$，$y[n]$ の後ろに，

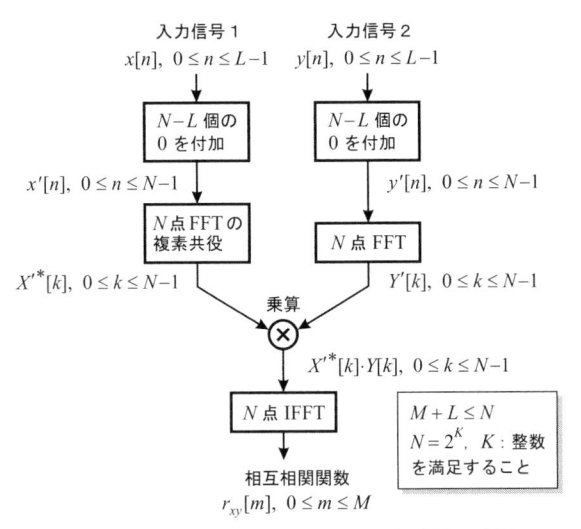

```
入力信号 1                入力信号 2
x[n], 0 ≤ n ≤ L-1        y[n], 0 ≤ n ≤ L-1
        ↓                         ↓
   ┌─────────┐              ┌─────────┐
   │ N-L 個の │              │ N-L 個の │
   │ 0 を付加 │              │ 0 を付加 │
   └─────────┘              └─────────┘
        ↓                         ↓
 x'[n], 0 ≤ n ≤ N-1      y'[n], 0 ≤ n ≤ N-1
        ↓                         ↓
   ┌─────────┐              ┌─────────┐
   │ N 点 FFT の │           │ N 点 FFT │
   │ 複素共役  │              │         │
   └─────────┘              └─────────┘
        ↓                         ↓
X'*[k], 0 ≤ k ≤ N-1      Y'[k], 0 ≤ k ≤ N-1
         ↘     乗算      ↙
              ⊗
              ↓
    X'*[k]·Y'[k], 0 ≤ k ≤ N-1
              ↓
       ┌─────────┐      ┌──────────────┐
       │ N 点 IFFT │    │ M + L ≤ N     │
       └─────────┘      │ N = 2^K, K:整数│
              ↓         │ を満足すること │
         相互相関関数    └──────────────┘
      r_xy[m], 0 ≤ m ≤ M
```

図10-19　FFTを使った相互相関関数計算の手順

自己相関関数を求める場合と同様に0を付加してからDFTの計算を行う．

FFTを利用して相互相関関数を求める手順を**図10-19**に示す．

(c) 相関関数の例

◆ 自己相関関数の例

自己相関関数とは，元の信号に対して，その信号自身を時間軸に沿ってシフトしたときに，それが元の信号に対してどの程度似ているかを表すものである．

たとえば，白色雑音の自己相関関数を考えてみよう．白色雑音とそれを時間軸に沿ってシフトしたものはまったく異なるものになる．したがって，m≠0の場合に，$r_{xx}[m]$は非常に小さな値になり，m=0の場合にのみ$r_{xx}[0]$は大きな値になるものと予想できる．

もう一つ，周期信号の自己相関関数を考えてみよう．周期信号を時間軸に沿って周期の整数倍に相当する分だけシフトしたものは，元の信号と同じものになる．したがって，周期信号の自己相関関数も周期関数になり，その周期は元の信号の周期に等しくなることが予想できる．

さらに，周期信号$s[n]$に白色雑音$e[n]$が加算された信号，

$$x[n] = s[n] + e[n] \qquad (10\text{-}23)$$

の自己相関関数について考えてみよう．二つの信号$u[n]$，$v[n]$の相関関数を$\langle u[n], v[n] \rangle$と表すものとする．そうすると，式(10-23)の$x[n]$の自己相関関数$r_{xx}[m]$は次のようになる．

$$\begin{aligned} r_{xx}[m] &= \langle s[n]+e[n], s[n]+e[n] \rangle \\ &= \langle s[n], s[n] \rangle + \langle e[n], e[n] \rangle + 2\langle s[n], e[n] \rangle \end{aligned} \qquad (10\text{-}24)$$

白色雑音$e[n]$は一般に，自分自身以外の信号とは無相関になるので，式(10-24)において，

(a) 白色雑音

(b) (a)の自己相関関数

(c) 正弦波

(d) (c)の自己相関関数

(e) 白色雑音が加わった正弦波

(f) (e)の自己相関関数

図10-20　白色雑音，正弦波，白色雑音が加わった正弦波の波形と自己相関関数

$$\langle s[n], e[n] \rangle = 0 \quad \cdots\cdots\cdots\cdots\cdots\cdots\cdots\cdots\cdots\cdots\cdots\cdots\cdots\cdots\cdots\cdots\cdots\cdots (10\text{-}25)$$

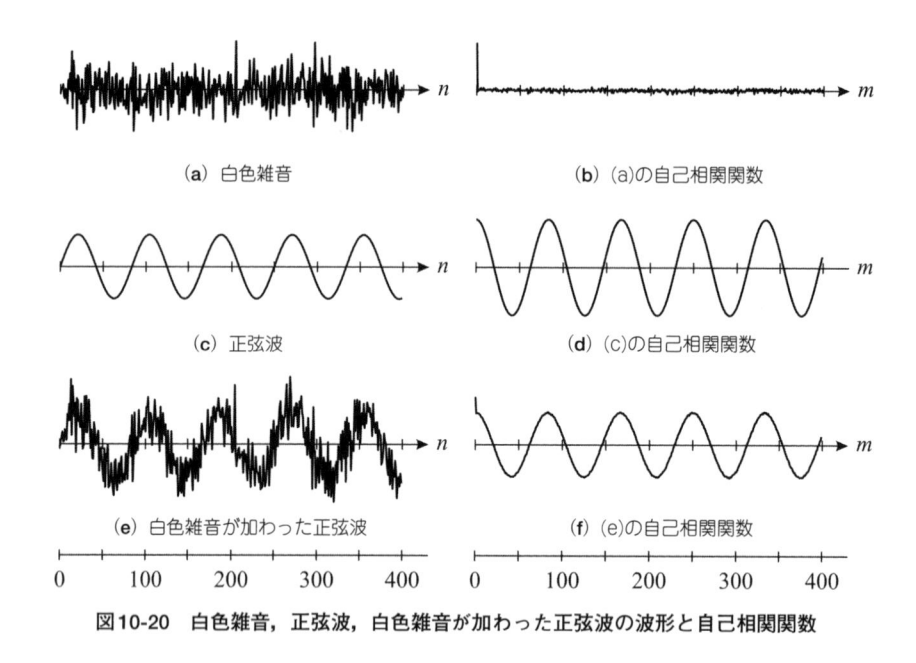

と考えることができる．したがって，式(10-24)は次のようになる．

$$\begin{aligned} r_{xx}[m] &= \langle s[n], s[n] \rangle + \langle e[n], e[n] \rangle \\ &= r_{ss}[m] + r_{ee}[m] \end{aligned} \quad \cdots\cdots\cdots\cdots\cdots\cdots\cdots\cdots\cdots (10\text{-}26)$$

つまり，$x[n]$の自己相関関数関数は，$s[n]$の自己相関関数$r_{ss}[m]$と$e[n]$の自己相関関数$r_{ee}[m]$の和になると考えることができる．

図10-20には白色雑音，正弦波，白色雑音を含む正弦波の波形の一部，およびそれぞれの自己相関関数を示す．なお，自己相関関数は偶関数であるため，**図10-20**では$r_{xx}[m]$の$m \geq 0$の部分だけを示している．また，表示された自己相関関数は最大値で正規化している．

自己相関関数を計算する際のデータ数Nは2048，最大のシフト数Mは500としている．また，式(10-17)で定義される自己相関関数に対して，データ$x[n]$が$0 \leq n \leq N-1$に対してのみ与えられているものとすれば，$0 \leq n \leq N-1$以外のnに対しては$x[n]=0$として計算することになる．つまり，式(10-17)の自己相関関数は，

$$r_{xx}[m] = \frac{1}{N} \sum_{n=0}^{N-1-m} x[n] \cdot x[n+m], \quad m = 0, 1, \cdots, M \quad \cdots\cdots\cdots\cdots\cdots (10\text{-}27)$$

を計算していることになる．したがって，mが大きくなると，$x[n]$と$x[n+m]$で互いに重なる部分が減少するが，式(10-27)はそのことを考慮していない．そこで，**図10-20**で示される自己相関関数は$\Sigma x[n] \cdot x[n+m]$をNで割るのではなく，$N-m$で割るようにして計算している．つまり，次の式で計算されるものを示している．

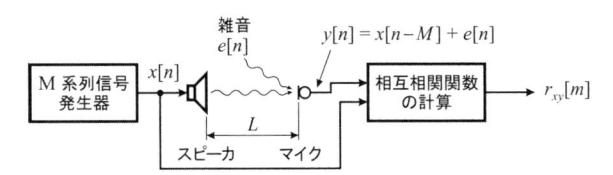

図10-21 相互相関関数を利用する，音の伝播時間の測定

$$r_{xx}[m] = \frac{1}{N-m} \sum_{n=0}^{N-1-m} x[n] \cdot x[n+m], \quad m = 0, 1, \cdots, M \quad \cdots\cdots\cdots\cdots (10\text{-}28)$$

図10-20(b)からわかるように，白色雑音の自己相関関数は$m=0$で大きな値をもち，それ以外では非常に小さい値になっている．

図10-20(d)は正弦波の自己相関関数であるが，自己相関関数は$m=0$のとき最大になるので，余弦波になっている．

図10-20(f)は白色雑音を含む正弦波の自己相関関数であるが，これは式(10-26)のように，白色雑音の自己相関関数と正弦波の自己相関関数の和と考えることができる．したがって，$m=0$を除く部分は正弦波の自己相関関数と考えることができる．一方，$m=0$の部分は白色雑音の自己相関関数の影響が現れるため，鋭いピークが見られる．

この結果から，白色雑音を含む正弦波の自己相関関数の$m=0$を除く部分は，図10-20(d)とほぼ同じであり，多少は雑音が残るものの元の正弦波が復元されたものと考えることができる．ただし，元の正弦波に対して1/4周期分シフトした波形が復元されている[注11]．

◆ 相互相関関数の例

相互相関関数を使うと，二つの類似した信号の時間差を求めることができる．たとえば，図10-21のような構成により，スピーカから出た音が距離Lだけ離れたマイクに届くまでの時間を測定することを想定して，$x[n]$と$y[n]$の相互相関関数を計算する．そのときの$x[n]$，$y[n]$，および両者の相互相関関数$y_{xy}[m]$を図10-22に示す．

図10-22(a)に示す$x[n]$は，20段のフリップフロップで発生したM系列信号[注12]である．同図(b)の$y[n]$は$x[n]$を35サンプル分遅らせ，さらに白色雑音を加えたものである．同図(c)は相互相関関数$r_{xy}[m]$である．この$r_{xy}[m]$は$x[n]$と$y[n]$から$N=2048$のFFTを使い，$0 \leq m \leq 200$について求めた．

(c)からわかるように，相互相関関数$r_{xy}[m]$は$m=35$のところに大きなピークを生じているので，

注11：一般に，自己相関関数を求めると，元の信号のもっている位相の情報は失われてしまう．たとえば，

$$x[n] = A\sin[\omega_0 n + \phi]$$

の自己相関関数は，

$$r_{xx}[m] = \frac{A^2}{2}\cos[\omega_0 m]$$

になるので，ϕの情報は失われることがわかる．

注12：M系列信号は1か0の値をとる．そこで，ここでは0のときは-1に対応させて，直流分がほぼ0になるようにしている．

(a) 元の信号

(b) 雑音を含む遅延した信号（マイクで拾う信号）

(c) (a)と(b)の相互相関関数

図10-22　相互相関関数の例

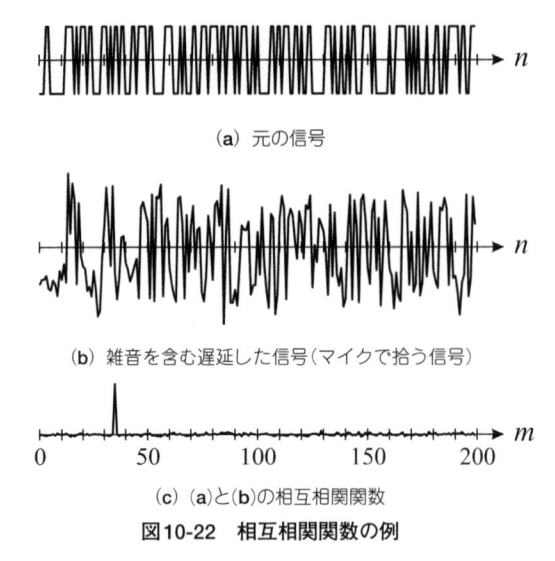

$y[n]$は$x[n]$に対して35サンプル分に相当する時間だけ遅れていることがわかる．

参考文献

1) F. J. Harris ; "On the use of windows for harmonic analysis with discrete Fourier transform", *Proceedings of IEEE*, vol.66, No.1, pp.51-81, 1978-01.
2) E. O. Brigham ; The fast Fourier transform, Chapter 13, Prentice-Hall, 1974.
3) 佐川雅彦，貴家仁志；高速フーリエ変換とその応用，第5章，昭晃堂，1993年．

第11章 さらに進んだディジタル信号処理

第10章までは，ディジタル信号処理の基礎的な事項や中心的な部分について述べてきた．しかし，ディジタル信号処理はこれだけではなく，その先にさらに広い世界が広がっている．この章では，その先にさらに進んだディジタル信号処理としてどのようものがあるのかということに関心のある読者のために，その一部として複素信号処理と適応フィルタについて取り上げる．なお，これらについて，本格的に説明しようとするとかなり紙面を使い，とくに適応フィルタの場合はそれだけで一冊の本が書けるほどの内容を含んでいるため，この章では簡単に紹介するにとどめる．

11.1 複素信号処理

この節では最初に，複素信号の一種である解析信号とそれを作るためのヒルベルト変換について説明する．その後，解析信号を使う応用として，周波数変換器，AM復調器，PLLについて紹介する．

(a) 解析信号とヒルベルト変換

◆ 解析信号

解析信号(analytic signal)とは，複素信号(complex signal)の特別な場合で，負の周波数成分をもたない信号として定義される．これだけでは雲をつかむような話だと思うので，具体的な例で考える．まず，次のような角周波数 $\omega_0(\omega_0>0)$ をもつ実信号 $f_1[n]$ があるとする．

$$f_1[n] = A\cos[\omega_0 n] \quad \cdots\cdots (11\text{-}1)$$

この信号に対して，位相が $\pi/2$ だけ遅れた実信号を $f_2[n]$ とすると，次のように表すことができる．

$$f_2[n] = A\cos\left[\omega_0 n - \frac{\pi}{2}\right] = A\sin[\omega_0 n] \quad \cdots\cdots (11\text{-}2)$$

この二つの信号から，$f_1[n]$ を実部に，$f_2[n]$ を虚部にもった複素信号 $f[n]$ を考えると，次のようになる．

$$f[n] = f_1[n] + jf_2[n] = A\cos[\omega_0 n] + jA\sin[\omega_0 n] \quad \cdots\cdots (11\text{-}3)$$

この式を，オイラーの公式を使って複素指数関数で表現すると，

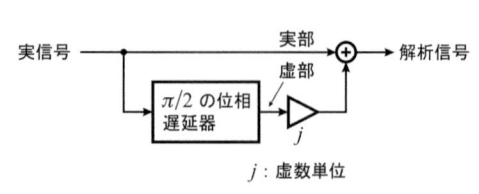

図11-1 実信号から解析信号を生成する方法

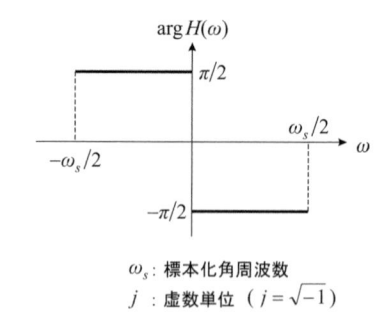

図11-2 離散的ヒルベルト変換器の位相特性

ω_s：標本化角周波数
j：虚数単位（$j=\sqrt{-1}$）

$$f[n] = A\exp[j\omega_0 n] \quad \cdots\cdots (11\text{-}4)^{注1}$$

になる．この式は正の角周波数である ω_0 を含むが負の角周波数 $-\omega_0$ を含まないので，$f[n]$ は負の周波数成分[注2]をもたない信号であるということができる．この信号が解析信号ということになる．

一般に，実信号から解析信号を生成するためには，その実信号に対して位相が $\pi/2$ だけ遅れた信号を作り，それを虚部にもってくればよいということになる．したがって，原理的には**図11-1**に示すシステムにより，実信号から解析信号を生成することができる．

◆ **ヒルベルト変換**

位相が $\pi/2$ だけ遅れた信号はヒルベルト変換器（Hilbert transformer）で生成することができる．ヒルベルト変換器[注3]は次に示す周波数特性 $H(\omega)$ をもっている．

$$H(\omega) = \begin{cases} -j, & 0 < \omega < \omega_s/2 \\ j, & -\omega_s/2 < \omega < 0 \end{cases} \quad \cdots\cdots (11\text{-}5)$$

ここで，ω_s は標本化角周波数である．つまり，ヒルベルト変換器とは，振幅特性は周波数によらず一定で，位相特性は正の周波数領域では位相が $\pi/2$ 遅れ，負の周波数領域では位相が $\pi/2$ 進むようなフィルタであると考えることができる[注4]．ヒルベルト変換器の位相特性を**図11-2**に示す．**図11-2**に示す特性と厳密に一致するヒルベルト変換器は理想的ヒルベルト変換器と呼ばれ，**コラムQ**で説明しているように，実際に実現することはできない．しかし，扱う周波数範囲を限定すれば，ヒルベ

注1：オイラーの公式を使うと，式(11-1)，(11-2)は次のようになる．

$f_1[n] = A\{\exp[j\omega_0 n] + \exp[-j\omega_0 n]\}/2$

$f_2[n] = -jA\{\exp[j\omega_0 n] - \exp[-j\omega_0 n]\}/2$

いずれの式も $-\omega_0$ を含むので，負の周波数成分をもっていることになる．これらの式を式(11-3)に代入すると，次のようになる．

$f[n] = A\{\exp[j\omega_0 n] + \exp[-j\omega_0 n]\}/2 + j[-jA\{\exp[j\omega_0 n] - \exp[-j\omega_0 n]\}/2]$
$\quad = A\exp[j\omega_0 n]$

注2：負の周波数については**第9章**の**コラムO**を参照のこと．
注3：ディジタル信号処理で扱う場合は離散的ヒルベルト変換器ということになるが，本文中では単にヒルベルト変換器と呼ぶ．
注4：$-j = \exp(-j\pi/2)$，$j = \exp(j\pi/2)$ であるから．

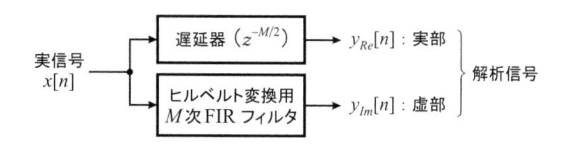

(a) 基本的な構成

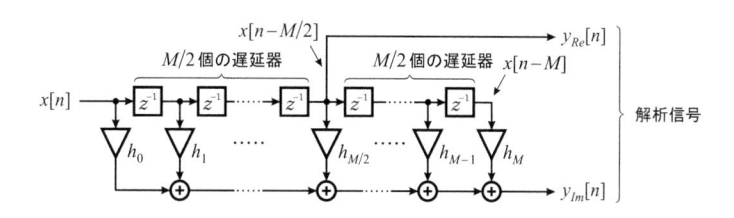

(b) M次のFIRフィルタを用いるヒルベルト変換器による構成

図11-3 実信号を解析信号に変換するシステムのブロック図

ルト変換器を十分な精度で近似することは可能になる．

ところで，本来，式(11-5)の特性をもつヒルベルト変換器は遅延を発生しない．しかし，実際にはヒルベルト変換器としてFIRフィルタを使う．そのため，リアルタイム処理を前提とすると，M次のFIRフィルタをヒルベルト変換用フィルタとして使った場合，$M/2$の遅延が発生する．そのため，虚部は実部に対して$M/2$の遅延を生じることになる．そこで，これを補正するため，実部も$M/2$の遅延を生じる遅延器を通して出力する必要がある．したがって，実信号を解析信号に変換するシステムの基本的な構成は**図11-3**(a)のようになる．この図で$z^{-M/2}$は単位遅延素子を$M/2$個縦続接続したものである．このシステムにより，実信号から解析信号の実部および虚部を求めることができる．

この構成をよく見ると，ヒルベルト変換用フィルタを直接形のM次のFIRフィルタで構成した場合，フィルタの$M/2$段目の遅延器の出力に現れる信号が遅延補正したものと同じことがわかる．したがって，この場合は独立した遅延器による補正は不要になる．そこで，実信号から解析信号を作るためのシステムの具体的な構成は**図11-3**(b)のようになる．

なお，解析信号を作る場合，$M/2$が整数でない場合は，標本化間隔の半分の遅れをもった遅延器が必要になるため，構成が難しくなる．そこで，通常はヒルベルト変換用フィルタの次数Mは偶数にする[注5]．

ヒルベルト変換用フィルタの係数は，**第6章**の付録で紹介したプログラムの中では，Parks-McClellanによるアルゴリズムのプログラムで求めることができる．このプログラムで設計したときに，与えたパラメータと設計されたフィルタの仕様の例を**表11-1**に示す．また，求められた係数に対応する振幅特性を**図11-4**に示す．振幅特性は0.4kHz ～ 4.6kHzの範囲で，0dBからの偏差が±0.07dB以内であることがわかる．なお，この図には位相特性を示していないが，0～5kHzの範囲で，

注5：M次のFIRフィルタの係数の個数は$M+1$になる．したがって，通常ヒルベルト変換用フィルタの係数の個数は奇数になる．

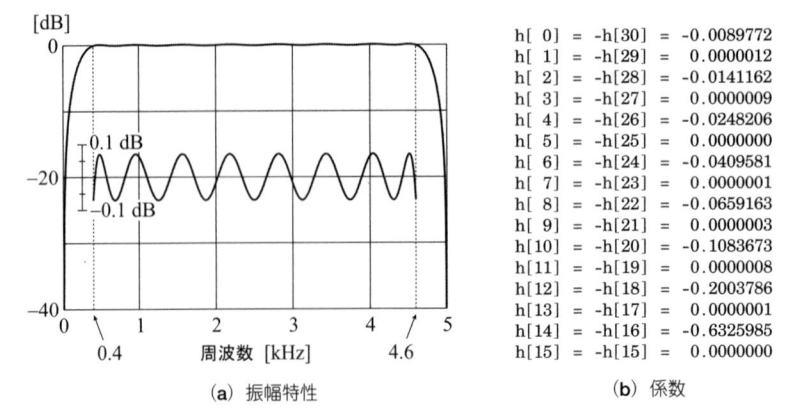

```
[dB]
 0
-20
-40
     0.1 dB
    -0.1 dB
       0   1   2   3   4   5
       0.4  周波数 [kHz]  4.6
         (a) 振幅特性
```

```
h[ 0] = -h[30] = -0.0089772
h[ 1] = -h[29] =  0.0000012
h[ 2] = -h[28] = -0.0141162
h[ 3] = -h[27] =  0.0000009
h[ 4] = -h[26] = -0.0248206
h[ 5] = -h[25] =  0.0000000
h[ 6] = -h[24] = -0.0409581
h[ 7] = -h[23] =  0.0000001
h[ 8] = -h[22] = -0.0659163
h[ 9] = -h[21] =  0.0000003
h[10] = -h[20] = -0.1083673
h[11] = -h[19] =  0.0000008
h[12] = -h[18] = -0.2003786
h[13] = -h[17] =  0.0000001
h[14] = -h[16] = -0.6325985
h[15] = -h[15] =  0.0000000
         (b) 係数
```

図11-4 Parks-McClellan法で設計されたヒルベルト変換用フィルタの振幅特性と係数の例

表11-1 図11-4のヒルベルト変換用フィルタを設計した際に与えたパラメータと得られたフィルタの仕様

設計方法	Parks-McClellan法
次数	30次
標本化周波数	10 kHz
下側帯域端周波数	0.4 kHz
上側帯域端周波数	4.6 kHz
フィルタの種類	ヒルベルト変換器
通過域のリップル	0.07005805 dB

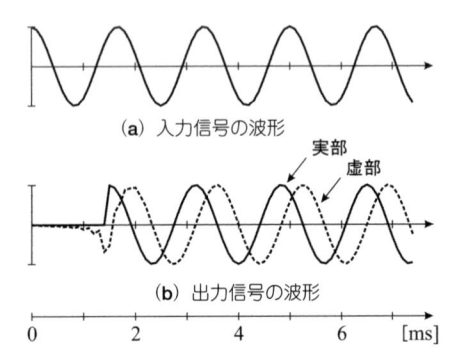

(a) 入力信号の波形

(b) 出力信号の波形 (実部, 虚部)

図11-5 図11-3のシステムで，図11-4に示す特性のヒルベルト変換用フィルタを使った場合の入出力波形

正確に$\pi/2$の遅れになる．

この係数を使ってヒルベルト変換器を作り，これにより生成された解析信号の例を**図11-5**に示す．この図から，虚部が実部に対して$\pi/2$，つまり1/4周期遅れているようすを見ることができる．なお，出力波形の初めの部分で，波形が正弦波になっていないのは，フィルタの過渡現象の影響である．

(b) 複素信号処理の応用1 ― 周波数変換器

解析信号を利用すると，周波数変換器を簡単に作ることができる．角周波数がω_0である解析信号を$\exp[j\omega_0 n]$とする．この角周波数を$\omega_0+\omega_1$に変換したい場合は，次のような乗算を行えばよい．

$$\exp[j(\omega_0+\omega_1)n] = \exp[j\omega_0 n] \cdot \exp[j\omega_1 n] \quad \cdots\cdots (11\text{-}6)$$

実信号に対して周波数変換を行う場合は次のような手順になる．最初に実信号を解析信号化する．次に，この信号に$\exp[j\omega_1 n]$を乗算する．最後に実部を取り出す．以上をまとめると周波数変換器のブロック図は**図11-6**(a)のようになる．

この処理では出力の虚部は結局のところ使われないので，これを計算するのは無駄になる．そこ

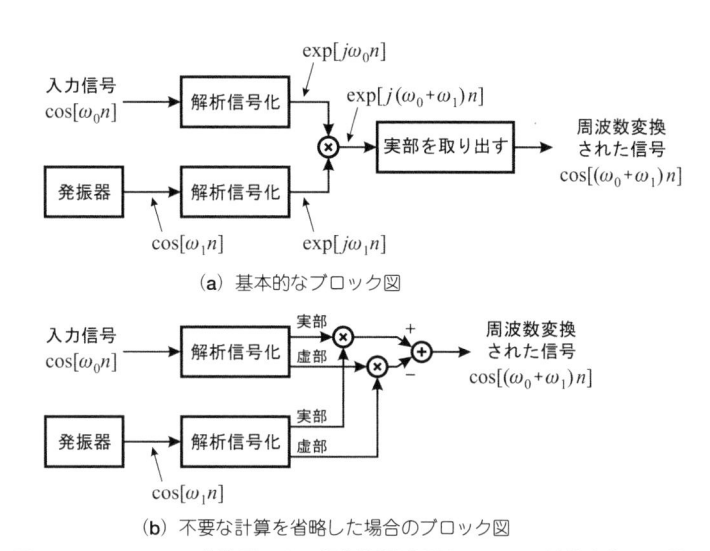

(a) 基本的なブロック図

(b) 不要な計算を省略した場合のブロック図

図11-6 ヒルベルト変換器による解析信号化器を用いる周波数変換器の構成

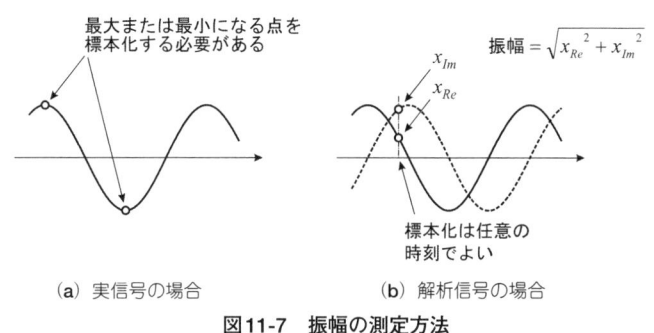

(a) 実信号の場合 **(b) 解析信号の場合**

図11-7 振幅の測定方法

で，出力の虚部を計算しないようにするため，式(11-6)の実部を計算すると次のようになる．

$$\mathrm{Re}\{\exp[j(\omega_0+\omega_1)n]\} = \mathrm{Re}\{\exp[j\omega_0 n]\cdot\exp[j\omega_1 n]\}$$
$$= \mathrm{Re}\{\exp[j\omega_0 n]\}\cdot\mathrm{Re}\{\exp[j\omega_1 n]\} - \mathrm{Im}\{\exp[j\omega_0 n]\}\cdot\mathrm{Im}\{\exp[j\omega_1 n]\}$$

……(11-7)

したがって，周波数変換器は図11-6(b)に示すブロック図のように構成することもできる．

(c) 複素信号処理の応用2 − AM復調器

　信号処理を行う際に解析信号を使うといろいろな利点がある．その一つに，振幅を瞬時に知ることができるという点がある．図11-7には実信号と解析信号それぞれについて，その振幅を測定する方法を示す．ただし，信号に直流分は含まれていないものとする．実信号の場合は信号の値が最大になる時点または最小になる時点で標本化しないかぎり，その振幅を正確に求めることができない．したがって，振幅を正確に求めるためには信号の1/2周期以上を観測する必要がある．一方，解析信号の場合は任意の時点で標本化した値からただちに振幅を知ることができる．

　解析信号から振幅を知るためには三角関数の$\sin^2\theta+\cos^2\theta=1$という性質を使う．つまり，任意の時

点での解析信号の実部の値を x_{Re}，虚部の値を x_{Im} とすると，振幅 A は次の計算で求めることができる．

$$A = \sqrt{x_{Re}^2 + x_{Im}^2} \quad \cdots\cdots\cdots\cdots\cdots\cdots\cdots\cdots\cdots\cdots\cdots\cdots\cdots\cdots\cdots\cdots\cdots\cdots\cdots\cdots\cdots\cdots (11\text{-}8)$$

したがって，振幅変調された信号のように振幅が時間とともに変化するような信号であっても任意の時刻の振幅を求めることができる[注6]．任意の時刻の振幅を求めるということは，振幅変調された

Column Q

離散的理想ヒルベルト変換器

ヒルベルト変換器(Hilbert transformer)とは，どのような周波数の入力信号に対しても，振幅は変化せず，位相は $\pi/2$ 遅れた信号を出力するという性質をもっている．実際には，そのようなものは実現できず，近似として実現することになるが，ここでは最初に理想的なヒルベルト変換器について説明する．また，ここではディジタル信号処理を考えているので，このコラム内では頭に"離散的"という修飾語を付けることにする[注A]．

理想的な離散的ヒルベルト変換器の周波数特性 $H(\omega)$ は，標本化角周波数を ω_s とすると，式(Q-1)のように与えられる[1]．

$$H(\omega) = \begin{cases} -j, & 0 < \omega < \omega_s/2 \\ j, & -\omega_s/2 < \omega < 0 \end{cases} \quad \cdots\cdots\cdots\cdots\cdots\cdots\cdots\cdots\cdots\cdots\cdots\cdots\cdots\cdots\cdots (Q\text{-}1)$$

これに対するインパルス応答が，離散的ヒルベルト変換器の係数そのものに一致する．$H(\omega)$ は角周波数軸で周期を ω_s とする周期関数なので，フーリエ級数展開した場合の係数がインパルス応答 $h[n]$ になる．その計算は以下のようになる．

$$\begin{aligned}
h[n] &= \frac{1}{\omega_s} \int_{-\omega_s/2}^{\omega_s/2} H(\omega) e^{j\omega nT} d\omega \\
&= \frac{1}{\omega_s} \left\{ \int_{-\omega_s/2}^{0} j e^{j\omega nT} d\omega - \int_{0}^{\omega_s/2} j e^{j\omega nT} d\omega \right\} \\
&= \frac{2\sin^2(n\pi/2)}{n\pi} \quad \cdots\cdots\cdots\cdots\cdots\cdots\cdots\cdots\cdots\cdots\cdots\cdots\cdots (Q\text{-}2) \\
&= \begin{cases} \dfrac{2}{n\pi}, & n：奇数 \\ 0, & n：偶数 \end{cases}
\end{aligned}$$

このインパルス応答を図Q-1に示す．このように，理想的な離散的ヒルベルト変換器のインパルス応答は，n が偶数の場合に係数の値が0になるという特徴をもっている．また，中心に対して奇対称(点対称)になるという特徴ももっている．逆にインパルス応答が中心に対して奇対称の場合，その位相特性は必ず図11-2のようになる．

注A：本文中ではとくに"離散的"という修飾語は付けない．

信号を復調するということとまったく同じと考えてよい．

以上のことに基づいてAM復調器の構成を考える．AM変調された信号を次のように仮定する．

注6：厳密にいえば，振幅が時間と変動している場合，任意の時刻の振幅を正確に求められるわけではない．しかし，AM変調波の場合，搬送波の周波数に比べて，振幅の変動が十分ゆっくりであれば，十分な近似で振幅の変動を求めることができる．

このインパルス応答はnについて＋側および－側に無限に続くため，そのままではフィルタの係数として使うことはできない．そこで，$h[n]$の$|n|\leq L$の部分だけを使い，$|n|>L$に対しては0にすることにより，離散的ヒルベルト変換は，$h[n]$の$|n|\leq L$の部分を係数とするFIRフィルタにより近似的に実現できる．

ただし，リアルタイム処理を行う場合に実現可能なFIRフィルタの係数は$n<0$に対して0でなければならない．そこで，$h[n]$に対して$n-L \to n$という置き換えを行う．つまり，

$$h[-L] \to h[0],\ h[-L+1] \to h[1],\ \cdots,\ h[L] \to h[2L]$$

となる．

しかし，このままでは，実現されたFIRフィルタの振幅特性に注目すると，大きなリップルが生じるので，それを防ぐための何らかの対策が必要になる．一つの方法は，FIRフィルタの設計でも使われる窓掛けを行うという方法で，この方法についてはすでに**第6章**で説明している．

その他にParks-McClellan法でもヒルベルト変換器の係数を求めることができ，**第6章**の付録で紹介したプログラムを使って設計することができる．

なお，Parks-McClellan法を使ってヒルベルト変換器を設計した場合，式(Q-2)に示すような，中心に対して係数が奇対称(点対称)になるという特徴は保持される．しかし，**図11-4(b)**に示す係数からわかるように，係数の値が一つおきに0になるという特徴は失われる．とはいっても，係数の値は一つおきに0に非常に近い値になる．

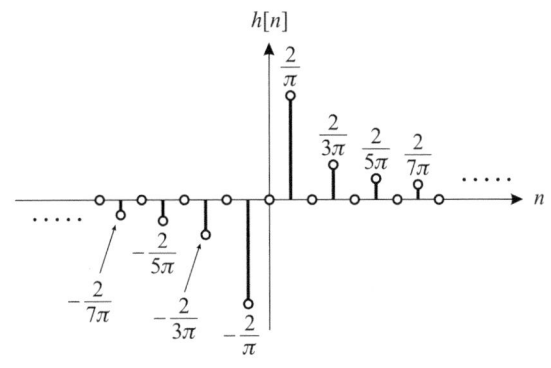

図Q-1　理想的な離散的ヒルベルト変換器のインパルス応答

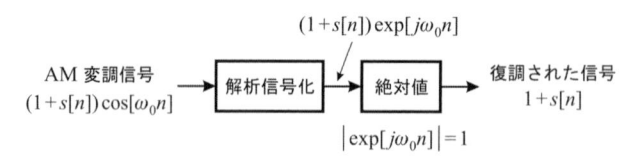

図11-8 解析信号を利用するAM復調器の構成

AM変調信号 $(1+s[n])\cos[\omega_0 n]$ → 解析信号化 → $(1+s[n])\exp[j\omega_0 n]$ → 絶対値 → 復調された信号 $1+s[n]$

$|\exp[j\omega_0 n]|=1$

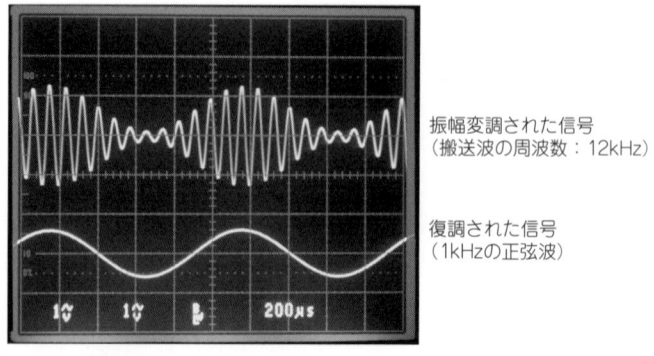

写真11-1 振幅変調された信号を復調しているようす

振幅変調された信号（搬送波の周波数：12kHz）
復調された信号（1kHzの正弦波）

$$g[n]=(1+s[n])\cos[\omega_0 n] \quad \cdots\cdots (11\text{-}9)$$

ここで，以下の計算が複雑になるので，式(11-9)の $(1+s[n])$ は一定と考える．そうすると，この信号から得られる解析信号は $\overline{g}[n]$ 次のようになる．

$$\begin{aligned}\overline{g}[n]&=(1+s[n])(\cos[\omega_0 n]+j\sin[\omega_0 n])\\&=(1+s[n])\exp[j\omega_0 n]\end{aligned} \quad \cdots\cdots (11\text{-}10)$$

なお，実際にはヒルベルト変換用フィルタの次数を M とすると，$M/2$ の遅延も考慮しなければならないが，実部および虚部ともに $M/2$ だけ遅延するので，この遅延は考えに入れなくてもかまわない．

式(11-10)で $1+s[n]\geq 0$ と仮定すると，$|\exp[j\omega_0 n]|=1$ であるから，この式で表される信号の絶対値 $|\overline{g}[n]|$ は次のようになる．

$$|\overline{g}[n]|=1+s[n] \quad \cdots\cdots (11\text{-}11)$$

したがって，AM変調された信号から求めた $|\overline{g}[n]|$ は復調された信号になる．以上の処理を**図11-8**にブロック図で示す．なお，式(11-11)で表される信号には直流分の1が含まれるので，必要に応じてこれを除く必要がある．

写真11-1に，DSPでAM復調器を作り，この入力信号と，復調された出力信号を示す．

図11-9 PLLの基本的な構成

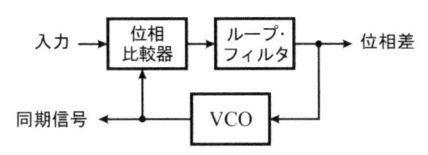

VCO：電圧制御型発振器（voltage-controlled oscillator）

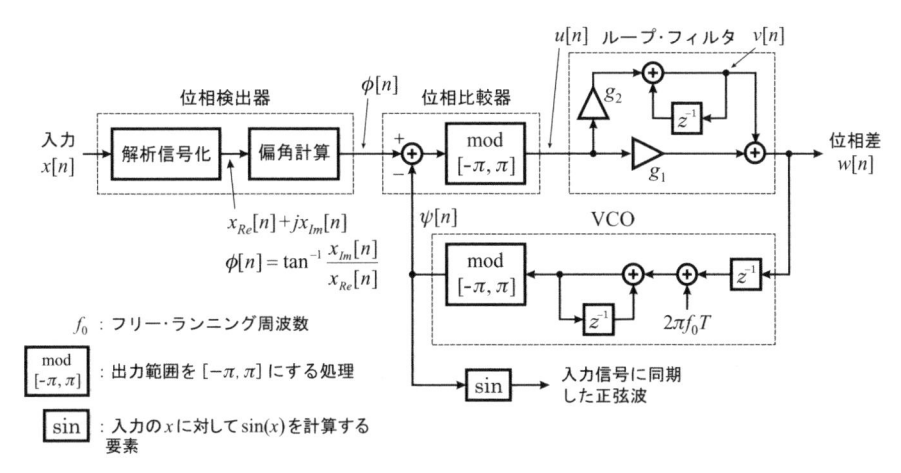

図11-10 解析信号を用いるPLL

f_0：フリー・ランニング周波数

$\boxed{\text{mod}\ [-\pi,\pi]}$：出力範囲を $[-\pi,\pi]$ にする処理

$\boxed{\sin}$：入力の x に対して $\sin(x)$ を計算する要素

$\phi[n] = \tan^{-1}\dfrac{x_{Im}[n]}{x_{Re}[n]}$

(d) 複素信号処理の応用3 − PLL

前の項では解析信号の振幅を瞬時に知ることができるという性質を使ったが，解析信号の位相も瞬時に知ることができる．この性質を使った応用として，この項ではPLL (phase-locked loop) について紹介する．

図11-9にはPLLの一般的な構成を示す．アナログ電子回路でPLLを作成する際は，位相比較器は乗算を利用することが多い．その場合，位相比較器の特性が非線形になるため，ひずみが発生したり，高周波成分が発生したりという問題があった．しかし，解析信号を利用すると位相比較器の特性を広い範囲で線形にできるため，そのような問題を解決することができる．

解析信号を利用するPLLの構成を示す．この場合は，位相比較器の前に入力信号の位相を検出するための要素を新たに追加する．そこで，**図11-10**に示すように，全体は，位相検出器，位相比較器，ループ・フィルタ，VCO (voltage-controlled oscillator) の四つの要素から構成されている．以下では，各要素について説明する．

◆ 位相検出器

位相検出は，実信号を解析信号に変換する部分と，その偏角を計算する，二つの部分から構成される．

実信号を解析信号に変換する部分は，図11-3と同じ構成になる[注7]．

得られた解析信号の実部を $x_{Re}[n]$，虚部を $x_{Im}[n]$ とすると，この信号の偏角 $\phi[n]$ は次の式で求められる．

$$\phi[n] = \tan^{-1} \frac{x_{Im}[n]}{x_{Re}[n]} \quad \cdots\cdots\cdots\cdots\cdots\cdots\cdots\cdots\cdots\cdots\cdots\cdots\cdots\cdots\cdots\cdots\cdots\cdots\cdots\cdots\cdots (11\text{-}12)$$

この計算をC/C++で標準にサポートされている関数atan2()を使う場合，求められる $\phi[n]$ の範囲は $[-\pi, \pi]$ になるのでそのままでよい．しかし，それ以外の手段で $\tan^{-1}$ の計算を行う場合は，求められた $\phi[n]$ の範囲が $[-\pi, \pi]$ になるように補正する必要がある．

◆ 位相比較器

位相比較器では，位相検出器の出力 $\phi[n]$ とVCOの位相出力 $\psi[n]$ を比較する．そのためには，単に $\phi[n] - \psi[n]$ という減算を行うだけでよい．ただし，位相検出器の出力 $\phi[n]$ とVCOの位相出力 $\phi'[n]$ の範囲はどちらも $[-\pi, \pi]$ になるので，$\phi[n] - \psi[n]$ の範囲は $[-2\pi, 2\pi]$ になる．そこで，その値の範囲が $[-\pi, \pi]$ になるように補正する処理を行う必要がある．

◆ ループ・フィルタ

位相比較器の出力は，ループ・フィルタに与えられる．ループ・フィルタには完全積分型のIIRフィルタを使うことにする．このフィルタの伝達関数 $H(z)$ は，次の式で与えられる．

$$H(z) = g_1 + \frac{g_2}{1 - z^{-1}} \quad \cdots\cdots\cdots\cdots\cdots\cdots\cdots\cdots\cdots\cdots\cdots\cdots\cdots\cdots\cdots\cdots\cdots\cdots\cdots (11\text{-}13)$$

ループ・フィルタの入力信号を $u[n]$，出力信号を $w[n]$ とすると，対応する差分方程式は次のようになる．

$$\begin{cases} v[n] = v[n-1] + g_2 u[n] \\ w[n] = g_1 u[n] + v[n] \end{cases} \quad \cdots\cdots\cdots\cdots\cdots\cdots\cdots\cdots\cdots\cdots\cdots\cdots\cdots\cdots\cdots (11\text{-}14)$$

このフィルタの係数 g_1，g_2 はPLLの特性を大きく左右し，場合によってはPLLの動作を不安定にすることもある．このPLLを安定に動作させるための係数 g_1，g_2 の範囲を図11-11に示す．詳しくは，参考文献2)の**1.5.4**の項を参考にしてほしい．

ループ・フィルタの出力 $w[n]$ には，入力信号とVCOの位相差に比例する成分が現れる．

◆ VCO

通常のVCOの出力は正弦波や方形波などになる．しかし，ここで実現する解析信号を利用するPLLの場合，位相比較器の入力は位相になっているので，VCOから正弦波や方形波などそのものを出力する必要はなく，位相を出力すればよい．したがって，この場合のVCOの構成は非常に簡単になる．ただし，そのままでは正しい位相差を求められなくなるので，VCOの出力 $\psi[n]$ の範囲が $[-\pi, \pi]$ になるように補正する処理を行ってから出力する．

図11-10のVCO部に示される f_0 はVCOのフリー・ランニング周波数である．したがって，VCOの入力が0の場合，f_0 がVCOの出力の周波数に対応する．

注7：入力信号に直流分が重畳している場合は，事前に直流分を除いておく必要がある．

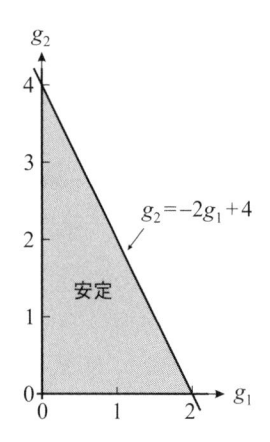

図11-11 図10-10のPLLが安定であるためのループ・フィルタの係数 g_1, g_2 の範囲

　入力信号に同期した正弦波を得たい場合には，VCO部の出力 $\psi[n]$ を**図11-10**に示すようにsin関数を計算する要素に与えればよい．このとき，この要素はC/C++で標準にサポートされている関数sin()のように，ラジアンの単位で与えられたデータに対してそのsinの値を計算する必要がある．

　なお，VCOの入力部に遅延器が入っているが，これはPLLを制御しているループがディレイ・フリー・ループになるのを防止するために入れている．ディレイ・フリー・ループについては，**コラムR**を参照していただきたい．

11.2　適応フィルタ

　ディジタル・フィルタを使うことの大きな利点は，**第1章**でもディジタル信号処理の大きな利点の一つとして説明したが，特性を簡単に変えられるということである．そこで，この節では入力信号に応じて自動的に特性を変えるフィルタである適応フィルタについて簡単に紹介する．なお，適応フィルタについて本格的に学びたい読者のために，参考文献3)を推薦する．

(a) 適応フィルタの考え方

　一般的な適応フィルタのブロック図を，**図11-12**に示す．この適応フィルタは，次のような働きをする．係数可変フィルタの出力信号 $y[n]$ は，所望信号（desired signal）$d[n]$ と比較され，その差が誤差信号 $\varepsilon[n]$ として得られる．係数修正アルゴリズムでは，誤差信号 $\varepsilon[n]$ の2乗の期待値がもっとも小さくなるように，この誤差信号を利用して係数可変フィルタの係数を修正する．その結果，係数可変フィルタの出力には，所望信号によく似た信号が得られることになる．これが適応フィルタの基本的な考え方である．

　図11-12で，可変係数フィルタの部分にはFIRフィルタがよく使われる．この部分をIIRフィルタで構成してもよいが，実際には実現する上で解決されていない問題があるため，特殊な場合を除いてあまり使われていない．

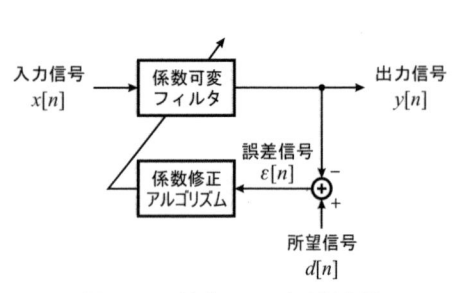

図11-12　適応フィルタの概念図

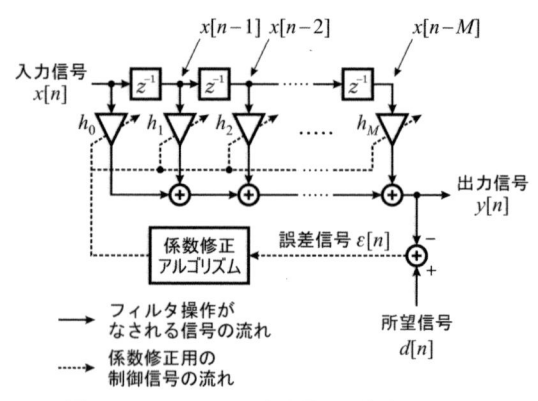

図11-13　FIRフィルタを用いる適応フィルタ

Column R

ディレイ・フリー・ループ

図R-1を使って，ディレイ・フリー・ループ(delay-free loop)について説明する．(a)の場合から考える．加算を実行するためには乗算器の出力$u[n]$の値が確定していなければならない．しかし，$u[n]$が確定するためには加算器の出力$y[n]$が確定していなければならない．したがって，いつまでたっても計算を実行することはできないので，このようなブロック図のシステムを実現することはできない．このように信号の流れるループに遅延器が入っていない場合，そのループはディレイ・フリー・ループと呼ばれる．

一方，(b)の場合は，乗算器の入力は$y[n-1]$であるため，この値は時刻nの時点ですでに確定しているから，乗算の出力$u[n]$の値も確定する．したがって，加算を実行することができる．その結果，このブロック図のシステムを実現することができる．

このように，ディレイ・フリー・ループをもつ離散時間システムを実現することはできないので，離散時間システムを構成する場合はディレイ・フリー・ループをもたないようにする必要がある．図11-10に示すPLLで，VCO部の入力に遅延器を置かない場合，ディレイ・フリー・ループをもつので，システムを実現することはできない．

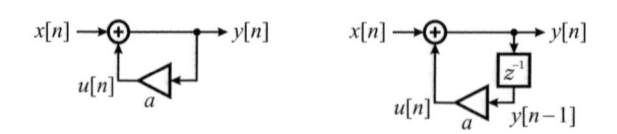

(a) ディレイ・フリー・ループを
　　もつブロック図

(b) ディレイ・フリー・ループを
　　もたないブロック図

図R-1　ディレイ・フリー・ループの説明

可変係数フィルタの部分にFIRフィルタを使うと，適応フィルタは**図11-13**のようになる．この図で，実線はフィルタ処理がなされる信号の流れを表し，破線は係数を修正するための制御信号の流れを表す．

この適応フィルタの出力信号$y[n]$は，次の式で与えられる．

$$y[n] = \sum_{m=0}^{M} h_m x[n-m] \quad \cdots\cdots (11\text{-}15)$$

また，誤差信号$\varepsilon[n]$は次のようになる．

$$\varepsilon[n] = d[n] - y[n] \quad \cdots\cdots (11\text{-}16)$$

したがって，適応フィルタでは次のように係数を修正していくことになる．

$$E\{\varepsilon^2[n]\} \to \text{最小化}$$

ここで，$E\{\}$は期待値(expected value)を表す．

(b) 適応フィルタのアルゴリズム

適応フィルタのアルゴリズムを考える際には，入力信号$x[n]$と所望信号$d[n]$は定常不規則過程(stationary stochastic process)で，その平均値は0であると仮定する．これを式で表すと，次のようになる．

$$E\{x^2[n]\} = 一定, \quad E\{x[n]\} = 0 \quad \cdots\cdots (11\text{-}17\text{-a})$$
$$E\{d^2[n]\} = 一定, \quad E\{d[n]\} = 0 \quad \cdots\cdots (11\text{-}17\text{-b})$$

適応フィルタでは，誤差の2乗の期待値$E\{\varepsilon^2[n]\}$が最小になるように係数を少しずつ逐次的に更新していくという方法がよく使われる．その際のアルゴリズムとしてLMS(least mean square)法がよく使われる．このアルゴリズムは最急降下法(steepest descent method)を簡略化したものと考えることができるので，最初に最急降下法から簡単に説明する．

◆ 最急降下法

期待値$E\{\varepsilon^2[n]\}$は，可変係数フィルタの係数により変化する．この可変係数フィルタがFIRフィルタの場合に，$E\{\varepsilon^2[n]\}$は係数に関する2次関数になることが知られている．ここでは話を簡単にするため，二つの係数h_0, h_1をもつフィルタを考える．この係数と$E\{\varepsilon^2[n]\}$の関係を等高線で表すと，理論的には**図11-14**のようになる．この図で，h_0^*, h_1^*は$E\{\varepsilon^2[n]\}$が最小になるときの係数の値に対応する．$E\{\varepsilon^2[n]\}$と(h_0, h_1)の関係は3次元の曲面になるが，この曲面は誤差特性曲面と呼ばれている．

最急降下法では，n時点の係数$h_k[n]$, $(k=0, 1, \cdots, M)$を次の式により更新し，$n+1$時点の係数$h_k[n+1]$, $(k=0, 1, \cdots, M)$を求める．

$$h_k[n+1] = h_k[n] - \mu \nabla_k[n], \quad k = 0, 1, \cdots, M \quad \cdots\cdots (11\text{-}18)$$

ここで，$\nabla_k[n]$はn時点での誤差特性曲面のh_k方向の傾きの大きさを表し，μはステップ・サイズ・パラメータと呼ばれる定数である．この係数の更新を繰り返していくのが最急降下法である．

二つの係数h_0, h_1をもつフィルタの場合，この二つの係数更新を繰り返していくときのようすを**図11-14**の上に重ねて示す．この図でわかるように，式(11-18)を繰り返すということは，傾きのもっとも急な方向へ降りていくことに相当する．μはこのときの進み方を決める定数と考えることが

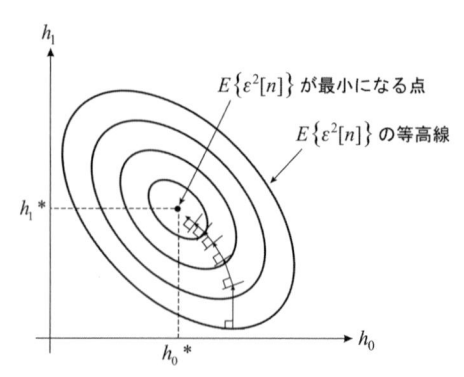

図11-14　誤差特性曲面の等高線表示と最急降下法による係数更新の方法

できる．したがって，μを十分小さな値にすれば，最終的には期待値$E\{\varepsilon^2[n]\}$が最小になるような係数$h_0{}^*$，$h_1{}^*$にたどり着くことになる．

したがって，最急降下法では$\nabla_k[n]$を求める必要がある．式の導出は参考文献3）などを参照することとし，結果は次のようになる．

$$\nabla_k[n] = -2E\{\varepsilon[n]x[n-k]\}, \quad k = 0, 1, \cdots, M \quad\quad\quad (11\text{-}19)$$

◆ **LMS法**

式(11-19)は期待値を求める操作が入るため，実用的ではない[注8]．そこで，この期待値を求める操作を省略したものがLMS法である．したがって，LMS法では次の式でフィルタの係数を更新していく．

$$h_k[n+1] = h_k[n] + 2\mu\varepsilon[n]x[n-k], \quad k = 0, 1, \cdots, M \quad\quad\quad (11\text{-}20)$$

になる．この方法は非常に大ざっぱな近似のように思われるかもしれないが，実際にはこの式を何度も繰り返して係数を求めることになる．したがって，結果として平均化されることになり，期待値を求める操作とほぼ同等のことを行っていると考えることができる．

なお，式(11-20)では"μ"の前に"2"という定数がついているが，これは式の導出の過程で現れたもので，LMS法にとっては本質的なものではない．したがって，2μをあらためてμと置いてもさしつかえないので，以降ではLMS法の係数更新の式として次の式を使うことにする．

$$h_k[n+1] = h_k[n] + \mu\varepsilon[n]x[n-k], \quad k = 0, 1, \cdots, M \quad\quad\quad (11\text{-}21)$$

図11-15には，LMS法を使った適応フィルタのブロック図を示す．ここでは図を簡潔にするために，$M=2$（係数はh_0，h_1，h_2の3個）の場合とした．

LMS法ではステップ・サイズ・パラメータμの選び方が重要になる．**図11-16**には，μが大きい場合と小さい場合で，係数の更新の繰り返し回数と誤差信号の2乗の期待値$E\{\varepsilon^2[n]\}$の関係を模式的に示している．この図で，$e_{\min}$は最急降下法の場合の，$E\{\varepsilon^2[n]\}$の理論的な最小値である．LMS法は最急

注8：期待値を求めるということは，同じシステムで何度も試行を繰り返し，その平均値を求めるということであるから，事実上リアルタイムで期待値を求めることはできない．

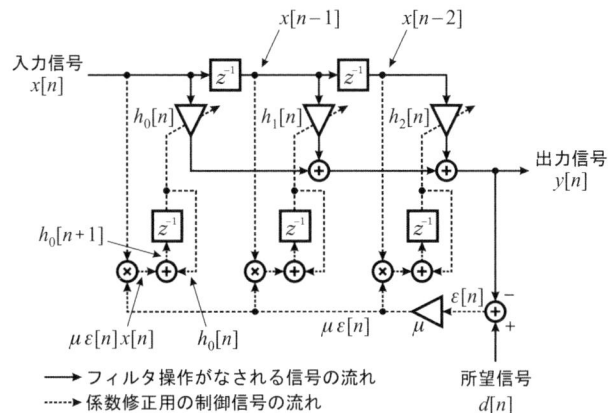

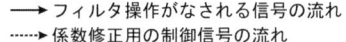

図11-15 LMS法による係数更新の方法（$M=2$の場合）

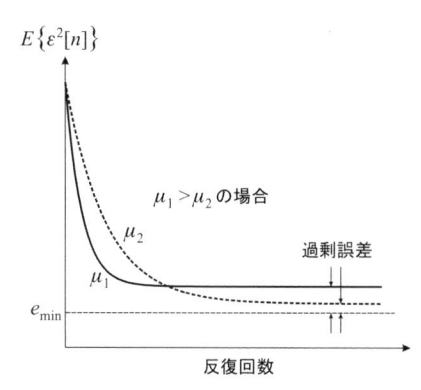

図11-16 LMS法における，ステップ・サイズ・パラメータμに対する反復回数と誤差信号の2乗の期待値$E\{\varepsilon^2[n]\}$の関係

降下法の近似であるため，式(11-21)を何度繰り返しても，$E\{\varepsilon^2[n]\}$は$e_{\min}$には一致せず，必ず$e_{\min}$よりも大きい値に収束する．LMS法で$E\{\varepsilon^2[n]\}$が一定値に収束したときの値と$e_{\min}$との差は過剰誤差（excess mean-square error）と呼ばれている．

図11-16から，μが大きい場合は$E\{\varepsilon^2[n]\}$が一定の値に収束するまでの時間が短くなっているのに対して，過剰誤差が大きくなっているようすがわかる．逆に，μが小さい場合は$E\{\varepsilon^2[n]\}$が一定の値に収束するまでの時間が長くなっているのに対して，過剰誤差は小さくなっているようすもわかる．

LMS法で，$E\{\varepsilon^2[n]\}$が一定の値に収束するための条件は理論的に求められており，それは次のようになる[4]．

$$0 < \mu < \frac{2}{\sum_{k=0}^{M} E\{x^2[n-k]\}} \quad\quad\quad (11\text{-}22)^{注9}$$

この式で決まる上限よりもμを大きな値に設定すると，$E\{\varepsilon^2[n]\}$は一定の値には収束せずに発散してしまうため，適応フィルタとしてはうまく働かない．

◆ **LMS法のバリエーション**

LMS法を変形した方法として，Leaky LMS法と学習同定法について簡単に紹介する．

LMS法を十分な精度で実行できない場合に，誤差が蓄積して動作が不安定になる場合がある．また，LMS法は入力信号や所望信号が定常であるという仮定の下に導き出された方法であるため，非定常な信号に対してはうまく働かない場合がある．これらの問題を解決する方法の一つとして，Leaky LMS法が提案されている．

この方法では，係数を更新する際に，式(11-21)ではなく，次の式を使う．

$$h_k[n+1] = \gamma h_k[n] + \mu \varepsilon[n] x[n-k], \quad k=0,1,\cdots,M \quad\quad\quad (11\text{-}23)$$

注9：上限を決める式の分子が"2"になっているのは，式(11-20)ではなく，式(11-21)で考えているから．

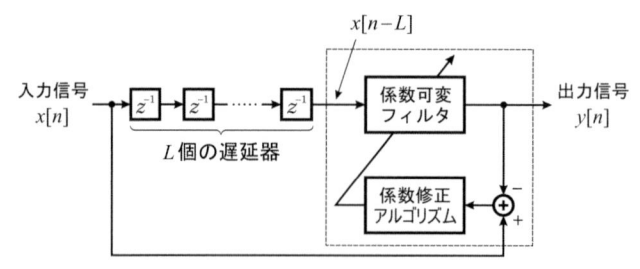

図11-17 適応線スペクトル強調器のブロック図

ここで，γは1よりもわずかに小さい定数とする．この式を使って係数を更新していくと，より過去の係数ほど，現在の係数への寄与が減少する．そのため，誤差の蓄積を防ぐことができ，非定常な信号へも対応できるようになる．

一方，学習同定法[注10]は式(11-22)の収束条件を考慮した方法である．通常のLMS法では式(11-22)にしたがってステップ・サイズ・パラメータμの値を設定しなければならないが，そのためには$\sum_{k=0}^{M}E\{x^2[n-k]\}$の値を前もって知っている必要がある．非定常な場合，この量は変動するためこれを式(11-21)に組み入れたものと考えることができる．したがって，係数更新の式は次のようになる．

$$h_k[n+1] = h_k[n] + \frac{\alpha}{\sum_{k=0}^{M}E\{x^2[n-k]\}}\varepsilon[n]x[n-k], \quad k=0,1,\cdots,M \quad \cdots\cdots(11\text{-}24)$$

$$\text{ただし，} 0 < \alpha < 2$$

(c) 適応フィルタの応用 — 適応線スペクトル強調器

適応フィルタの応用にはいろいろあるが，ここでは適応線スペクトル強調器(adaptive line enhancer)について説明する．

周期信号に雑音が混入している場合に，そこから雑音を取り除くという処理は，信号処理の中でも重要な処理の一つである．周期信号の基本周波数がわかっていれば，その基本周波数とその整数倍の周波数成分のみを通過させるようなフィルタを使えばよい．しかし，基本周波数が未知の場合にはそのようなフィルタを準備することができない．このような場合には適応線スペクトル強調器[注11]が役に立つ．

線スペクトル強調器の構成を図11-17に示す．この図で，破線で囲んだ部分は基本的な適応フィルタになっている．この構成で，所望信号$d[n]$としては雑音の混入した周期信号を直接入力する．一方，適応フィルタの入力には，$d[n]$に対して遅延した信号を加える．そのため，遅延器を縦続接続された遅延器を通している．

注10：正規化LMS法と呼ばれる場合もある．
注11：周期信号の周波数成分は，基本周波数とその整数倍のところにのみ存在するので，そのスペクトルは線スペクトル(line spectrum)になる．一方，雑音の周波数成分は広い範囲に分布する．したがって，線スペクトル線分のみを強調すれば，雑音は相対的に小さくなる．

リスト11-1 線スペクトル強調器のプログラム

```c
    const int ORDER = 200;      // FIR フィルタの次数
    const int DELAY = 5;        // 遅延素子の数
    const int N_ALL = ORDER + DELAY;
    const float mu = 1.0E-5;    // ステップ・サイズ・パラメータ

    int main()
    {
        float xn[N_ALL+1], hk[ORDER+1], err_mu, yn;
// 線スペクトル強調器の初期化
        for (int n=0; n<=N_ALL; n++) xn[n] = 0.0;
        for (int k=0; k<=ORDER; k++) hk[k] = 0.0;

        while (1)
        {
            xn[0] = input();    // 入力

// FIR フィルタの処理
            yn = 0.0;
            for(int k=0; k<=ORDER; k++)
                yn = yn + xn[k+DELAY]*hk[k];

// 係数の更新
            err_mu = (xn[0] - yn)*mu;
            for(int k=0; k<=ORDER; k++)
                hk[k] = hk[k] + err_mu*xn[k+DELAY];

// データの移動
            for (int k=N_ALL; k>0; k--) xn[k] = xn[k-1];

            output(yn);         // 出力
        }
    }
```

　この遅延器は，適応フィルタの可変係数フィルタの入力信号と所望信号の間で，それぞれに含まれる雑音の相関をなくす働きをもっている．必要な遅延器の数は雑音の性質により決まる．雑音が完全な白色雑音であれば，1サンプル異なれば相関は0になるので，その場合には遅延器は1段でよい．通常は遅延器を5～10段程度縦続接続する．

　LMS法を使ったプログラムの例を**リスト11-1**に示す．ここで，input()はA-D変換器からアナログ信号を入力するための関数で，output()はD-A変換器からアナログ信号を出力するための関数とする．フィルタの係数 $h_k[n]$, $(k=0, 1, \cdots, M)$ には初期値を設定する必要がある．ここではすべて係数を0に設定している．リストでは係数に相当する配列 hk[] を0に初期設定している．フィルタの次数(ORDER)は200，遅延器の数(DELAY)は5とした．ステップ・サイズ・パラメータ μ に対応する変数はmuとした．

　このプログラム[注12]をDSP上で実行した場合の信号の波形を**写真11-2**に示す．入力信号として，

注12：このプログラムでは，線スペクトル強調器の処理についてはすべて記述している．しかし，ここで使ったDSPシステムに固有の部分は省略しているので，このプログラムを利用する場合は注意する必要がある．

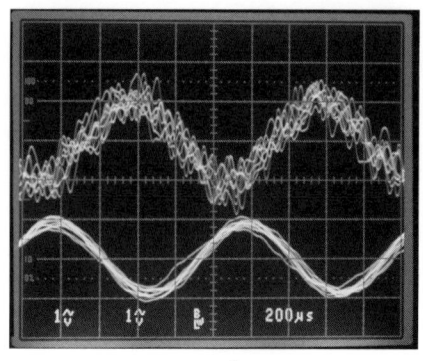

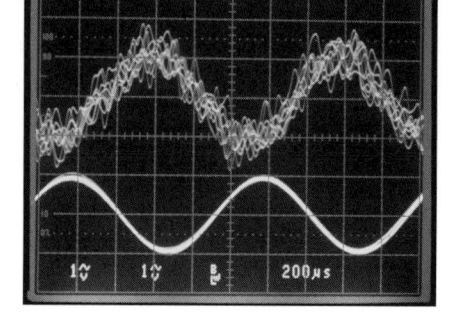

(a) $\mu = 1 \times 10^{-3}$ の場合　　(b) $\mu = 1 \times 10^{-5}$ の場合

写真11-2　適応線スペクトル強調器の入出力波形（上：入力信号，下：出力信号）

1kHzの正弦波に20kHzに帯域制限された白色雑音を加えたものを用いた．**写真11-2**(a)は $\mu=1.0\times10^{-5}$ の場合，(b)は $\mu=1.0\times10^{-3}$ の場合を示す．この写真から，ステップ・サイズ・パラメータ μ が小さいほど雑音を除去する能力が高いことがわかる．これは**図11-16**に示したものと一致する．

参考文献

1) A. V. Oppenheim, R. W. Schafer, with J. R. Buck；Discrete-time signal processing, 2nd Ed., Chapter 11, Prentice-Hall, 1998.
2) 萩原将文 他 編著；実用PLLシンセサイザ，第1章，総合電子出版社，1995年．
3) B. Widrow, S. D. Stearns；Adaptive signal processing, Prentice-Hall, 1985.
4) S. ヘイキン著，武部 幹 訳；適応フィルタ入門，p.115，現代工学社，1987年．

索 引

【数字】

0次の第1種変形ベッセル関数 ……………… 95
2乗算器形 …………………………………… 87
2の補数 ……………………………………… 115
2を基底とするアルゴリズム ………………… 142

【アルフベット】

A-D変換器 …………………………… 19, 116
AM …………………………………………… 126
AM復調器 …………………………………… 177
D-A変換器 ………………………………… 112
dB ……………………………………… 37, 148
dB/dec ……………………………………… 112
dB/oct ……………………………………… 112
DFT ……………………………………… 134, 147
DFTの性質 ………………………………… 138
DSP …………………………………………… 16
Dフリップフロップ ………………………… 128
FFT ……………………………………… 141, 147
FFTによるFIRフィルタ ……………… 158, 160
FIRフィルタ ………………………… 72, 173
FIRフィルタの設計 ………………………… 92
FM …………………………………………… 127
FPGA ………………………………………… 16
IDFT ………………………………………… 134
IIRフィルタ …………………………… 72, 81, 100
Leaky LMS法 ……………………………… 185
LMS法 ……………………………………… 184
modulo ……………………………… 140, 158
M系列信号 …………………………… 128, 169
Parks-McClellan法 ………………… 99, 106
PLL …………………………………………… 179
radix-2 ……………………………………… 142
Remezのアルゴリズム ……………………… 99
S/N比 ……………………………………… 116
s-z変換法 ………………………………… 100

VCO …………………………………… 127, 179, 180
z変換 …………………………………… 35, 36, 55
z変換の応用 ………………………………… 61
z変換の性質 …………………………… 35, 57
z変換の例 …………………………………… 57

【ア】

アナログ信号 ………………………… 19, 21, 22
アナログ・フィルタ ………………………… 101
アナログ・フィルタの伝達関数 …………… 102
アパーチャ効果 …………………………… 112
アパーチャ効果の対策 …………………… 113
アンチエイリアシング・フィルタ …… 24, 26, 111
安定 …………………………………… 67, 73
安定性 ………………………………………… 83

【イ】

位相 ………………………………………… 179
位相検出器 ………………………………… 179
位相差 ……………………………………… 66
位相特性 …………………………… 37, 39, 44
位相比較器 ………………………… 179, 180
位相ひずみ ………………………………… 76
移動平均 ………………………… 17, 18, 39
因果的 ………………………………… 55, 64
因果的システム …………………………… 55
因果的信号 ………………………………… 55
因果律 ……………………………………… 96
因数分解 …………………………… 80, 85
インパルス応答 ……………… 62, 65, 66, 72, 123
インパルス列 ……………………………… 27

【ウ】

ウィーナ・ヒンチンの定理 ………………… 165

【エ】

エイリアシング ……………… 24, 28, 111, 147

エイリアシングの対策 …………………… 111
枝 ……………………………………………… 53
演算誤差 ………………………………………118

【オ】

オイラーの公式 ………………………… 37, 38
応答 …………………………………………… 32
オーダリング ………………………………118
オーバフロー ………………………………118
オールパス・フィルタ ……………………… 44
重み …………………………………… 99, 107
重み付きチェビシェフ近似 ……………… 99
音響エコー ………………………………… 12
音響エコー・キャンセラ …………………… 13
音声合成用フィルタ ……………………… 88
音声信号 …………………………………… 155

【カ】

カイザー窓 …………………………… 94, 106
解析信号 …………………………… 171, 174
回転因子 …………………………………… 141
学習同定法 …………………………………186
角周波数 ……………………………… 36, 40
確率密度関数 ………………………………115
加算器 ……………………………………… 30
加算点 ……………………………………… 53
過剰誤差 ……………………………………185
片側z変換 ………………………………… 55
可変係数フィルタ …………………………183

【キ】

奇関数 ………………………………………139
期待値 ………………………………………183
基本周波数成分 ……………………………148
逆z変換 ……………………………… 55, 58, 124
逆z変換の例 ……………………………… 60
逆チェビシェフ特性 ……………………… 71

逆フーリエ変換 ……………………………133
共振器 ……………………………………… 43
共振周波数 ………………………………… 43
共振の帯域幅 ……………………………… 43
共役複素極 ………………………… 49, 50, 123
共役複素根 ………………………………… 43
共役複素零点 ………………………… 49, 50
極 …………………………………… 45, 47, 65, 83
極，零点の配置 …………………………… 47, 50
極形式 ……………………………………… 37
極配置 ……………………………………… 66
虚数単位 …………………………………… 36
虚部 …………………………………… 37, 139
切り捨て ……………………………………115

【ク】

偶関数 ………………………………………139
矩形波 ………………………………………148
クロス・スペクトル ………………………166

【ケ】

係数感度 ……………………………………117
係数更新 ……………………………………184
ゲートアレイ ……………………………… 16
減算器 ……………………………………… 30
減衰量 ……………………………………… 95

【コ】

高域通過フィルタ ………………… 42, 70, 96
格子形 ………………………………… 81, 87
格子形FIRフィルタ ………………… 81, 82
格子形IIRフィルタ ………………… 88, 89
高速フーリエ変換 …………………………141
公比 ………………………………………… 32
誤差 …………………………………………111
誤差信号 ……………………………………181
誤差特性曲面 ………………………………183

索 引

固定小数点演算 ……………………… 118
固有周波数 …………………………… 127

【サ】

再帰形 ………………………………… 72
再帰形のFIRフィルタ ……………… 74
最急降下法 …………………………… 183
サイド・ローブ ……………………… 157
雑音 …………………………………… 116
差分 …………………………………… 42
差分方程式 ……………… 10, 29, 30, 31, 32
サンプリング周波数 ………………… 23
サンプリング定理 …………………… 22

【シ】

時間軸上のシフト ……………… 35, 58
時間信号 ……………………………… 11
時間間引きアルゴリズム …………… 142
シグナル・フロー・グラフ ………… 53
自己相関関数 ………………… 164, 165
自己相関関数の例 …………………… 167
次数 …………………………… 73, 75
指数関数 ……………………… 33, 56
システム関数 ………………………… 35
実極 …………………………………… 65
実信号のDFT ………………………… 139
実部 …………………………… 37, 139
時不変システム ……………………… 63
遮断角周波数 ……………… 92, 96, 101
遮断周波数 ………………… 26, 70, 112
周期信号 ……………… 135, 149, 167, 186
周期的 ………………………………… 149
収束 …………………………………… 34
縦続形 ……………………… 80, 86
縦続形FIRフィルタ ………………… 80
縦続形IIRフィルタ ………………… 86
縦続形構成 …………………………… 51

収束領域 ……………………………… 57
周波数 …………………………… 40, 138
周波数応答 ……………………… 36, 66
周波数応答関数 ……………………… 36
周波数成分 …………………………… 135
周波数特性 ……………… 36, 40, 92, 117
周波数分解能 ………………… 154, 155, 157
周波数変換 …………………… 95, 103
周波数変換器 ………………………… 174
周波数変調 …………………………… 127
周波数間引きアルゴリズム ………… 142
周波数領域 …………………………… 35
出力点 ………………………………… 53
循環自己相関関数 …………………… 165
循環シフト …………………………… 140
循環畳み込み ………………… 141, 158
乗算器 ………………………… 30, 53
初項 …………………………………… 32
所望信号 …………………… 181, 186
振動数 ………………………………… 138
振幅 …………………………………… 175
振幅スペクトル ……………………… 147
振幅特性 ……………………… 37, 38
振幅比 ………………………………… 66
振幅変調 ……………………………… 126

【ス】

スケーリング ………………………… 118
ステップ応答 …………………… 32, 34
ステップ・サイズ・パラメータ … 183, 186
スペクトル解析 ……………… 147, 154

【セ】

正規化LMS法 ………………………… 186
正規化LPF …………………………… 102
正規化角周波数 ……………………… 40
正規化周波数 …………………… 40, 50

正弦波 ……………………………………66, 123
正弦波発生器 ……………………………125
整合z変換 ………………………………101
積分回路 ……………………31, 33, 34, 37, 38
絶対値 ………………………………37, 50, 139
節点 …………………………………………53
零位相 ………………………………………92
遷移域 ………………………………………70
遷移域の幅 …………………………95, 100
線形システム ………………………………63
線形時不変システム ………………………63
線形性 ……………………………35, 58, 138
線スペクトル ……………………………186

【ソ】

双一次z変換法 ………………101, 104, 107
相関関数 …………………………………163
相互相関関数 ………………………164, 165
相互相関関数の例 ………………………169
阻止域 …………………………70, 95, 99, 117

【タ】

帯域除去フィルタ …………………………70
帯域制限 ……………………………22, 23, 27
帯域阻止フィルタ …………………………70
帯域通過フィルタ …………………………70
楕円関数 ……………………………………71
楕円フィルタ ………………………………71
多項式近似 ………………………………124
畳み込み ………………………27, 58, 62, 65, 113
単位インパルス ……………………………27
単位円 …………………………………48, 67
単位ステップ関数 …………………………32
単位ステップ信号 ……………………32, 59
単位遅延素子 …………………………30, 53
単根 …………………………………………58

【チ】

チェビシェフ特性 …………………71, 102
チェビシェフの多項式 …………………102
遅延器 ……………………………………186
重複加算法 ………………………………160
重複保持法 ………………………………160
直接形 ………………………………75, 83
直接形FIRフィルタ ………………………75
直接形Ⅰ ……………………………………83
直接形ⅠのIIRフィルタ …………………84
直接形Ⅱ ……………………………………83
直接形ⅡのIIRフィルタ …………………84
直接形Ⅱの転置形 …………………………85
直線位相特性 ………………………73, 76, 96

【ツ】

通過域 ………………………………70, 99, 117
通過域のリップル ………………………102

【テ】

低域通過フィルタ …………24, 31, 38, 39, 70, 92
ディジタル信号 ……………………………19
ディジタル信号処理 ………………………11
ディジタル信号処理システム ……………19
ディジタル・フィルタ ……………………17
ディジタル・フィルタ設計プログラム …106
定常不規則過程 …………………………183
ディラックのデルタ関数 …………………27
ディレイ・フリー・ループ ………181, 182
適応線スペクトル強調器 ………………186
適応フィルタ ………………………………13
適応フィルタ ……………………………181
デシベル ……………………………………37
デルタ関数 ……………………………27, 56
電圧制御発振器 …………………………126
伝達関数 ………………………35, 36, 65, 66, 102

索 引

伝達関数の定義 …………………………………… 35
転置形 ……………………………………………… 78, 85
転置形FIRフィルタ ……………………………… 79

【ト】

等比数列 …………………………………………… 32
等リップル特性 …………………………………… 99
トランスミッタンス ……………………………… 53

【ニ】

入力点 ……………………………………………… 53

【ノ】

ノッチ・フィルタ ………………………………… 44

【ハ】

排他的論理和 ……………………………………… 128
ハウリング ………………………………………… 13
白色雑音 ……………………… 119, 127, 131, 167, 188
バタフライ演算 ………………………………… 142, 143
バタワース特性 ………………………………… 71, 102
発散 ………………………………………………… 34
ハニング窓 ………………………………………… 151
ハミング窓 ………………………………………… 151
パワー・スペクトル ……………………………… 165
ハンズフリー電話機 ……………………………… 12
搬送波 …………………………………………… 126, 127

【ヒ】

非再帰形 …………………………………………… 72
非循環自己相関関数 ……………………………… 165
非循環畳み込み …………………………………… 158
ビット逆順 ………………………………………… 142
微分方程式 ……………………………………… 31, 33
標準z変換 ……………………………………… 101
標準形 ……………………………………………… 83
標本化 …………………………………… 19, 27, 111, 147

標本化間隔 ………………………… 20, 22, 31, 36, 56
標本化周波数 ……………………………………… 23
標本化定理 …………………………………… 22, 26, 39
ピリオドグラム …………………………………… 165
ヒルベルト変換器 ……………………… 106, 172, 176

【フ】

不安定 …………………………………………… 34, 73
フィードバック ………………………………… 72, 83
フィルタ係数の量子化誤差 ……………………… 117
フーリエ級数 ……………………………………… 148
フーリエ級数展開 ……………………………… 92, 135
フーリエ展開係数 ………………………………… 92
フーリエ変換 …………………………………… 113, 133
複素関数 …………………………………………… 46
複素共役 …………………………………………… 139
複素極 ……………………………………………… 65
複素指数関数 ……………………………………… 171
複素信号 …………………………………………… 171
複素信号処理 ……………………………………… 171
複素数 ……………………………………………… 37
複素正弦波 ………………………………………… 66
複素平面 …………………………………………… 47
布線論理 …………………………………………… 15
負の周波数 ……………………………………… 135, 138
負の周波数成分 …………………………………… 171
部分分数展開 …………………………………… 58, 86
部分分数展開法 …………………………………… 58
ブラックマン窓 …………………………………… 151
フリー・ランニング周波数 ……………………… 180
プログラム論理 …………………………………… 15
ブロック図 ……………………………………… 30, 36
ブロック図の要素 ……………………………… 30, 36
分岐点 ……………………………………………… 53

【ヘ】

ペアリング ………………………………………… 118

【ヘ】

- 並列形 … 87
- 並列形IIRフィルタ … 87
- 並列形構成 … 52
- 偏角 … 50, 139
- 変調 … 126
- 変調度 … 126

【ホ】

- 方形窓 … 151

【マ】

- マイクロプロセッサ … 16
- 窓 … 149
- 窓掛け … 151
- 窓関数 … 94, 151
- 窓関数法 … 92, 106
- 窓の幅 … 149
- 丸め … 115

【ミ】

- ミニマックス近似 … 125

【ム】

- 無限等比級数 … 56

【メ】

- メイン・ローブ … 157

【ユ】

- 有限語長 … 114
- 有理関数 … 45, 58

【ラ】

- ラプラス変換 … 56
- ランダム・ドット・ステレオグラム … 48

【リ】

- リアルタイム処理 … 64
- 離散時間システム … 29, 32, 35, 55, 62, 63
- 離散的逆フーリエ変換 … 134
- 離散的信号 … 19, 20, 22, 27
- 離散的単位インパルス信号 … 62
- 離散的ヒルベルト変換器 … 176
- 離散的フーリエ変換 … 134
- 理想低域通過フィルタ … 111
- 理想的低域通過フィルタ … 23, 26
- 理想フィルタ … 70
- リップル … 70, 94, 97, 99, 107
- リミット・サイクル振動 … 119
- 留数 … 58
- 留数定理 … 58
- 両側z変換 … 55
- 量子化 … 19, 114
- 量子化誤差 … 115
- 量子化誤差の分散 … 116
- 量子化幅 … 19

【ル】

- ループ・フィルタ … 179, 180

【レ】

- 零次ホールド特性 … 113
- 零点 … 45, 47
- 連続信号 … 19
- 連立チェビシェフ特性 … 71, 104

著者紹介

三上 直樹（みかみ なおき）

1977年	北海道大学大学院修士課程修了
1977年	北海道大学工学部応用物理学科助手
1987年	工学博士
1987年	職業訓練大学校(現職業能力開発総合大学校)情報工学科勤務
2005年	職業能力開発総合大学校情報工学科(現情報システム工学科)教授，現在に至る
専門	音声信号処理，ディジタル信号処理，DSP応用

主な著書

『ディジタル信号処理入門』，CQ出版社，1989年．
『アルゴリズム教科書』，CQ出版社，1996年．
『ディジタル信号処理の基礎』，CQ出版社，1998年．
『ディジタル信号処理とDSP』，CQ出版社，1999年．
『C言語によるディジタル信号処理入門』，CQ出版社，2002年．

- ●**本書記載の社名，製品名について** ── 本書に記載されている社名および製品名は，一般に開発メーカーの登録商標です．なお，本文中では™，®，©の各表示を明記していません．
- ●**本書掲載記事の利用についてのご注意** ── 本書掲載記事は著作権法により保護され，また産業財産権が確立されている場合があります．したがって，記事として掲載された技術情報をもとに製品化をするには，著作権者および産業財産権者の許可が必要です．また，掲載された技術情報を利用することにより発生した損害などに関して，CQ出版社および著作権者ならびに産業財産権者は責任を負いかねますのでご了承ください．
- ●**本書に関するご質問について** ── 文章，数式などの記述上の不明点についてのご質問は，必ず往復はがきか返信用封筒を同封した封書でお願いいたします．ご質問は著者に回送し直接回答していただきますので，多少時間がかかります．また，本書の記載範囲を越えるご質問には応じられませんので，ご了承ください．
- ●**本書の複製等について** ── 本書のコピー，スキャン，デジタル化等の無断複製は著作権法上での例外を除き禁じられています．本書を代行業者等の第三者に依頼してスキャンやデジタル化することは，たとえ個人や家庭内の利用でも認められておりません．

JCOPY 〈出版者著作権管理機構委託出版物〉
本書の全部または一部を無断で複写複製(コピー)することは，著作権法上での例外を除き，禁じられています．本書からの複製を希望される場合は，出版者著作権管理機構(TEL：03-5244-5088)にご連絡ください．

はじめて学ぶディジタル・フィルタと高速フーリエ変換

2005年 5月1日 初版発行
2024年 6月1日 第12版発行

© 三上 直樹 2005

著　者　三上 直樹
発行人　櫻田 洋一
発行所　CQ出版株式会社
〒112-8619 東京都文京区千石4-29-14
☎03-5395-2122（編集）
☎03-5395-2141（販売）

乱丁・落丁本はお取り替えいたします．
定価はカバーに表示してあります．
ISBN978-4-7898-3088-1

DTP　美和印刷㈱
印刷・製本　三晃印刷㈱
Printed in Japan